Aachener Bausachverständigentage 2001

Nachbessern – Instandsetzen – Modernisieren
Probleme im Baubestand

Rechtsfragen für Baupraktiker

Register für die Jahrgänge 1975 bis 2001

Aachener Bausachverständigentage 2001

REFERATE UND DISKUSSIONEN

Arendt, Claus	Der Aussagewert und die Praxistauglichkeit von Feuchtemessmethoden bei aufsteigender Feuchtigkeit
Cziesielski, Erich	Hinterlüftete Wärmedämmverbundsysteme im Altbau – sinnvoll oder risikoreich?
Dahmen, Günter	Typische Schwachstellen der Luftdichtheit; die Luftdichtheit als Beurteilungsproblem
Grünberger, Anton	Biozide, schmutzabweisende und rissüberbrückende Beschichtungen – ein Erfahrungsbericht aus der Sicht eines Prüfinstitutes
Hegner, Hans-Dieter	Die energetische Ertüchtigung des Baubestandes Die Berücksichtigung der Luftdichtheit in der EnEV
Hilmer, Klaus	Schadensfälle bei Unterfangungen – die neue DIN 4123
Jagenburg, Walter	Rechtliche Probleme bei Bauleistungen im Bestand
Keldungs, Karl-Heinz	Die „Unmöglichkeit" und „Unverhältnismäßigkeit" einer Nachbesserung aus juristischer Sicht
Lamers, Reinhard	„Elektronische Wundermittel" und andere Exotika zur Beseitigung von Mauerfeuchte
Moriske, H.-J.	Luftwechselrate und Auswirkungen auf die Raumluftqualität
Oswald, Rainer	Alte und neue Risse im Bestand – Beurteilungsregeln und -probleme
Rahn, Axel C.	Bauteilbeheizung als Maßnahme gegen aufsteigende Feuchtigkeit
Reiß, Johann	Effektivität von Lüftungsanlagen in der Praxis – Wie groß ist der Einfluss des Nutzers?
Venzmer, H.	Dauerthema aufsteigende Feuchtigkeit in Ziegelmauerwerk – Programmierte Fehlschläge, Lösungsansätze und Perspektiven für die Baupraxis
Wetzel, Christian	Rechnerunterstützte, systematische Zustandsbeschreibung von Gebäuden – der epiqr-Gebäudepass
Zeller, Joachim	Möglichkeiten und Grenzen der Luftdichtheitsprüfung

Rainer Oswald (Hrsg.)
AIBau – Aachener Institut für Bauschadensforschung und angewandte Bauphysik

Aachener Bausachverständigentage 2001

Nachbessern – Instandsetzen – Modernisieren Probleme im Baubestand

Claus Arendt
Erich Cziesielski
Günter Dahmen
Anton Grünberger
Hans-Dieter Hegner
Klaus Hilmer
Reinhard Lamers
H.-J. Moriske
Rainer Oswald
Axel C. Rahn
Johann Reiß
H. Venzmer
Christian Wetzel
Joachim Zeller

Rechtsfragen für Baupraktiker

Karl-Heinz Keldungs
Walter Jagenburg

Register für die Jahrgänge 1975 bis 2001

Die Deutsche Bibliothek – CIP-Einheitsaufnahme
Ein Titeldatensatz für diese Publikation ist bei
Der Deutschen Bibliothek erhältlich.

DIN 4123:
Wiedergegeben mit Erlaubnis des DIN Deutsches Institut für Normung e. V. Maßgebend für das Anwenden der Norm in deren Fassung mit dem neuesten Ausgabedatum, die bei der Beuth Verlag GmbH, Burggrafenstraße 6, 107878 Berlin, erhältlich ist.

1. Auflage Oktober 2001

Der Verlag Vieweg ist ein Unternehmen der Bertelsmann Fachinformation GmbH.
www.vieweg.de

Konzeption und Layout des Umschlags: Ulrike Weigel, www.CorporateDesignGroup.de
Druck und buchbinderische Verarbeitung: Druckerei Hubert & Co., Göttingen
Gedruckt auf säurefreiem und chlorfrei gebleichtem Papier

ISBN 3-528-01737-6

Vorwort

Der große Anteil am gesamten Hochbauvolumen (er wird für 2001 auf 57 % geschätzt) aber auch die besonderen Schwierigkeiten von Bauleistungen im Bestand führen dazu, dass sich Planer, Ausführende und Sachverständige immer häufiger mit Problemen dieses Bausektors befassen müssen.

Nach 1996 behandelten daher die Aachener Bausachverständigentage im Jahre 2001 erneut das Gebiet der **„Nachbesserung, Instandsetzung und Modernisierung“**.

Einen Themenschwerpunkt bildeten Aspekte der Bestandserfassung und Bestandsbeurteilung, wie z. B. die rechnerunterstützte Zustandsbeschreibung, die Mess- und Beurteilungsmethoden von Mauerwerksfeuchtigkeit und die Beurteilung alter und neuer Risse.

Zum anderen standen typische Instandsetzungs- und Modernisierungsmethoden im Blickfeld: Unterfangungen und ihre Rissfolgen, Fassadenbeschichtungssysteme, hinterlüftete Wärmedämmverbundsysteme und besondere Methoden zur erfolgreichen oder auch nur vermeintlichen Bekämpfung von aufsteigender Mauerfeuchte.

Auch die juristischen Themen drehten sich um das Nachbessern und Instandsetzen. Sie befassten sich mit der Frage, wann aus juristischer Sicht eine Nachbesserung als „unmöglich“ oder „unverhältnismäßig“ anzusehen ist und beschrieben die besonderen rechtlichen Probleme bei Bauleistungen im Bestand.

Die Aachener Bausachverständigentage greifen seit Jahren ein aktuelles Thema besonders detailliert auf, beleuchten es aus der Perspektive verschiedener, namhafter Fachleute und diskutieren die Streitpunkte intensiv. 2001 war dies das Thema der notwendigen Luftdichtheit von Gebäuden vor dem Hintergrund der zukünftigen Energieeinsparverordnung.

Der Leser des vorliegenden Tagungsbandes findet nicht nur eine detaillierte Dokumentation der Vorträge einschließlich der während der Tagung gezeigten Abbildungen, sondern auch die Zusammenfassung der wichtigsten Diskussionsbeiträge der vier Podiumsdiskussionen.

Das Baugeschehen ist ein sehr komplexer Vorgang und die offenen Fragen lassen sich meist nicht schlagwortartig beantworten. Es ist uns daher seit Jahren daran gelegen, während der Aachener Bausachverständigentage nicht doktrinär Lehrmeinungen zu verkünden, sondern die komplexe Wirklichkeit klar strukturiert zu beschreiben und Lösungsansätze für die anstehenden Probleme aufzuzeigen. Nur mit einem solchen, komplexen Fachwissen kann der Ingenieur als Planer und als Sachverständiger angemessen auf die Vielfalt der gerade im Bestand stark variierenden Situationen reagieren.

1100 Kolleginnen und Kollegen haben im Jahre 2001 zugehört, miteinander diskutiert und beim abendlichen Treffen die Diskussionen fortgesetzt oder auch ganz Persönliches ausgetauscht.

Ich danke den Referenten und den Tagungsteilnehmern und bin sicher, dass der vorliegende Tagungsband einer breiten Fachöffentlichkeit eine gute Informationsquelle über neue Erkenntnisse und Entwicklungen auf diesem wichtigen Teilgebiet des Bauens bietet.

Rainer Oswald

Inhaltsverzeichnis

Die „Unmöglichkeit" und „Unverhältnismäßigkeit" einer Nachbesserung aus juristischer Sicht

Karl-Heinz Keldungs, Vorsitzender Richter am Oberlandesgericht Düsseldorf

1. Unmöglichkeit der Mangelbeseitigung

Bei objektiv gegebener Unmöglichkeit der Mangelbeseitigung hat der Auftraggeber gemäß § 13 Nr. 6 Satz 1 VOB/B gegen den Auftragnehmer einen Minderungsanspruch. Objektive Unmöglichkeit liegt vor, wenn weder der Auftragnehmer noch irgendein anderer Unternehmer in der Lage ist, den aufgetretenen Mangel zu beseitigen (vgl. BGHZ 42, 232 = NJW 1965, 152). Die objektive Unmöglichkeit der Mangelbeseitigung hängt von einer sachgerechten technischen Beurteilung ab (Beispiele: Ein Haus oder eine Wohnung wurde mit nicht unerheblich geringerer Wohn- oder Nutzfläche als vertraglich vereinbart errichtet; eine vertraglich vorgesehene Wohnhöhe ist nicht erreicht worden.).

Eine objektive Unmöglichkeit liegt allerdings noch nicht darin, dass für die Mangelbeseitigung ein wirtschaftlicher Aufwand erforderlich ist, der kostenmäßig einer Neuherstellung gleichkommt (vgl. OLG Düsseldorf BauR 1982, 587). Keine Unmöglichkeit ist gegeben, wenn der vertragsgemäße Zustand der Leistung durch Nachbesserungsarbeiten auf einem anderen als dem im Vertrag vorgesehenen Weg erreicht wird und die Grundsubstanz der Leistung erhalten bleibt (Beispiel: Eine fehlerhaft gebaute Decke wird durch Unterzüge tragfähig gemacht; vgl. hierzu BGHZ 58, 30, 33 = NJW 1972, 526 = BauR 1972, 176).

Ist die Mangelbeseitigung unmöglich, besteht kein Nachbesserungsanspruch, sondern der Auftraggeber kann in diesen Fällen nur Minderung der Vergütung verlangen. Allerdings kann der Auftragnehmer verpflichtet sein, eine technisch gleichwertige Art der Nachbesserung durchzuführen, wenn die geschuldete Ausführung der Werkleistung unmöglich ist (vgl. BGHZ 96, 111 = NJW 1986, 711 = BauR 1986, 93).

Rechtliche Unmöglichkeit liegt vor, wenn die Mangelbeseitigung zwar aus technischer Sicht möglich ist, aber rechtliche Hinderungsgründe entgegenstehen (z.B. Baugenehmigung liegt nicht vor oder öffentlich-rechtliche Bestimmungen stehen einer Mangelbeseitigung entgegen). Rechtliche Unmöglichkeit liegt auch vor, wenn die Vertragsparteien einvernehmlich auf die Mangelbeseitigung verzichtet haben oder das Gebäude, in dem sich die mangelhafte Leistung befindet, zwangsversteigert worden ist.

Subjektive Unmöglichkeit (Unvermögen des Auftragnehmers) reicht für einen Minderungsanspruch nicht aus. In diesen Fällen muss der Auftragnehmer einen anderen Unternehmer, der die entsprechenden Fähigkeiten hat, mit der Nachbesserung beauftragen. Auch finanzielle Unmöglichkeit des Auftragnehmers ist unbeachtlich. Deshalb führen Konkurs des Unternehmers oder Geschäftsaufgabe nicht zu einer Unmöglichkeit der Mangelbeseitigung.

Lässt sich der Mangel nur teilweise beheben (teilweise Unmöglichkeit), so ist der Auftragnehmer verpflichtet, den behebbaren Teil seiner Werkleistung nachzubessern, für den restlichen mangelhaft bleibenden Teil besteht dann ein Minderungsanspruch. Das setzt allerdings voraus, dass eine dem Auftraggeber zumutbare Teiltauglichkeit erzielt wird, ansonsten ist er zur Gesamtminderung berechtigt (vgl. Wirth in Ingenstau/Korbion, VOB, 14. Aufl., § 13 Rdnr. 619).

Es ist unzulässig, die Unmöglichkeit nur nach allgemeinen Erfahrungssätzen ohne konkrete Beziehung auf das Einzelobjekt zu beurteilen. Das muss auch von Bausachverständigen beachtet werden, wenn sie die Frage der objektiv völligen oder teilweisen Unmöglichkeit zu beurteilen haben (vgl. Wirth a.a.O.).

Beweispflichtig für die Unmöglichkeit der Mangelbeseitigung ist der Auftraggeber.

2. Unverhältnismäßigkeit einer Nachbesserung

Ist der Aufwand zur Beseitigung aufgetretener Mängel einer Werkleistung unverhältnismäßig, so ist der Auftragnehmer sowohl beim BGB-Werkvertrag (§ 633 Abs. 2 Satz 3 BGB)

als auch beim VOB-Bauvertrag (§ 13 Nr. 6 Satz 1 VOB/B) berechtigt, die Mangelbeseitigung zu verweigern.

Unverhältnismäßig ist der Mangelbeseitigungsaufwand, wenn der Aufwand für die Beseitigung in keinem vertretbaren Verhältnis zu dem erzielten Erfolg steht (vgl. BGH BauR 1992, 627; 1995, 540). Es ist deshalb entscheidend auf das Wertverhältnis zwischen dem zur Beseitigung des Mangels erforderlichen Aufwand des Auftragnehmers an Arbeit und Material einerseits und dem Vorteil, den die Mangelbeseitigung dem Auftraggeber andererseits bringt, abzustellen (vgl. BGH BauR 1996, 858). Unverhältnismäßig ist ein Aufwand, wenn es sich bei dem Mangel um einen die Gebrauchsfähigkeit kaum beeinträchtigenden Schönheitsfehler handelt (geringfügige Kratzer an einer Fensterscheibe; optische Beeinträchtigungen an Fassadensteinen, wenn sie nur durch Erneuerung der Fassade beseitigt werden können).

In den vergangenen zwei Jahren hat sich ein Streit an der Frage der Gesamtbewertung der Situation bei der Beurteilung der Unverhältnismäßigkeit des Mangelbeseitigungsaufwandes entzündet. Hervorgerufen wurde der Streit durch Ausführungen von Oswald in der 1. Auflage des Werkes Oswald/Abel, Hinzunehmende Unregelmäßigkeiten bei Gebäuden, und die heftige Reaktion des ehemaligen Bundesrichters Quack hierauf auf dem Frankfurter Bausachverständigentag 1999 und in der Festschrift für Vygen S. 368 ff. Oswald hatte wohl nicht ausreichend bedacht, dass der Bundesgerichtshof das Bestellerinteresse im Allgemeinen stärker im Auge hat als die meisten Bausachverständigen. Das zeigt sich vor allem an der Rechtsprechung zur Vollmacht der Architekten zur Vergabe von Zusatzaufträgen, der Entscheidung zu Behinderungen des Bauunternehmers durch mangelhafte oder zögerliche Vorunternehmerleistungen (vgl. BauR 2000, 722) und der Entscheidung zu Abschlagszahlungsvereinbarungen bei Bauträgerverträgen vom 22.12.2000 (VII ZR 310/99). Hatte er dies schon unberücksichtigt gelassen und deshalb Widerspruch hervorgerufen, so fiel die Reaktion wohl heftiger als erwartet und nötig aus, weil Quack sich offensichtlich darüber geärgert hatte, dass sich Oswald auf juristisches Terrain begeben hatte und glaubte, Einfluss auf juristische Definitionen nehmen zu können.

Auch bei gelassenerer Betrachtungsweise erscheint diese Kritik Quacks berechtigt. Die Abgrenzung zwischen einer technischen und einer juristischen Sichtweise, wie man sie auch bei anderen Bausachverständigen wie Kamphausen vorfindet, ist verfehlt (nunmehr von technischer Logik zu sprechen – siehe Oswald/Abel, Hinzunehmende Unregelmäßigkeiten bei Gebäuden, 2. Aufl., S. 119 –, wird nicht gerade zu einer Entspannung der Situation führen). Denn sie verkennt, dass sich die Bautechniker innerhalb eines juristischen Gebildes bewegen, nämlich des Bauvertrages. Es gibt keine eigenständige technische Sichtweise. Bei der Frage, was vertragsgemäß oder vertragswidrig ist, geht es immer um die juristische Sichtweise. Die Techniker unterstützen die Juristen lediglich mit ihrem technischen Sachverstand. Auch die Auslegung sog. unbestimmter Rechtsbegriffe wie „Unverhältnismäßigkeit" ist allein Aufgabe der Juristen. Aufgabe der Techniker ist es dagegen, den Juristen die Parameter an die Hand zu geben, die nötig sind um festzustellen, was vertragsgemäß ist oder nicht.

Craquelérisse werden beispielsweise von einem Teil der Sachverständigen nicht als Mangel bezeichnet, ein anderer Teil stuft sie als optische Mängel ein. Wenn aber Craquelérisse vermieden werden können, was durch geeignete Maßnahmen möglich ist, wieso kann man dann von Mangelfreiheit sprechen? Es handelt sich wohl um hinzunehmende Unregelmäßigkeiten. Diese Definition kennen die Juristen aber nicht. Das macht das Dilemma deutlich, in dem sich Techniker befinden, wenn sie sich auf juristischem Boden bewegen.

Auch Kniffka (vgl. Kniffka/Koeble, Kompendium des Baurechts, 6. Teil Rdnr. 247) hat zu Recht bemängelt, dass Sachverständige nicht selten die Unverhältnismäßigkeit der Mangelbeseitigung feststellen. Das ist nicht ihre Aufgabe. Das ist nicht einmal bei Schiedsgutachten ihre Aufgabe, es sei denn die Aufgabenstellung bezieht die Beantwortung dieser Frage ausdrücklich mit ein. Die Bausachverständigen sind nicht dazu da, dem Auftragnehmer die Entscheidung abzunehmen, ob er wegen (von ihm angenommener) Unverhältnismäßigkeit die Mangelbeseitigung verweigert. Verweigert der Unternehmer die Mangelbeseitigung nicht, stellt sich die Frage der Unverhältnismäßigkeit nicht.

Dies wird aus der Formulierung in § 633 Abs. 2 Satz 3 BGB „Der Unternehmer ist berechtigt ..." und der Formulierung in § 13 Nr. 6 VOB/B „würde die Beseitigung des Mangels einen unverhältnismäßig hohen Aufwand erfordern und wird sie deshalb vom Auftragnehmer verweigert..." deutlich. Es geht bei der Beurteilung dieser Frage durch die erkennenden Gerichte also darum, ob die Entscheidung des Auftragnehmers, die Mangelbeseitigung als unverhältnismäßig einzuschätzen, richtig war. Bei der Überprüfung dieser Entscheidung sind die Bausachverständigen Gehilfen des Gerichts, nicht des Unternehmers. Allerdings scheint Quack mitunter aus den Augen zu verlieren, dass es um eine – unter Berücksichtigung der Interessen des Bestellers – getroffene Entscheidung des Auftragnehmers geht.

Losgelöst von dem zwischen Oswald und Quack ausgebrochenen Streit muss folgendes festgestellt werden: Nach der Rechtsprechung des Bundesgerichtshofs liegt eine Unverhältnismäßigkeit der Nachbesserungskosten, die den Unternehmer zur Verweigerung der Nachbesserung berechtigt, vor, wenn einem objektiv geringen Interesse des Bestellers an einer völlig ordnungsgemäßen Vertragsleistung ein ganz erheblicher und deshalb unangemessener Aufwand zur Beseitigung des Mangels gegenübersteht (vgl. BauR 1996, 858). Wird die Funktionsfähigkeit des Werkes spürbar beeinträchtigt, so kann die Nachbesserung regelmäßig nicht wegen hoher Kosten verweigert werden (vgl. BGH a.a.O.). Der Bundesgerichtshof lässt den Kostenaufwand für die Leistungserbringung außerhalb des normalen Leistungszusammenhangs sowie den Kostenaufwand für die Beseitigung der mangelhaften Leistung bei der Berechnung der Nachbesserungskosten außer Betracht (vgl. BGH a.a.O.; siehe auch Wirth in Ingenstau/Korbion, VOB, 14. Aufl., § 13 Rdnr. 623). Dies erscheint jedoch bedenklich.

Zum Nachbesserungsaufwand gehören Abrisskosten und Entsorgungskosten ebenso wie zusätzliche Gerüstkosten, wenn das Gerüst inzwischen wieder abgebaut worden ist. Diese Kosten aus dem Nachbesserungsaufwand herauszunehmen und dem Erfüllungsrisiko des Unternehmers zuzurechnen (so der BGH a.a.O.), stellt eine Verkennung des Begriffs „Nachbesserung" dar. Nachbesserung bedeutet Herstellung einer mangelfreien Leistung durch Beseitigung einer mangelhaften Leistung. Wenn das Gesetz und mit ihm die VOB vom Nachbesserungsaufwand ausgehen, kann im Rahmen der Berechnung des Nachbesserungsaufwandes nicht so getan werden, als sei eine mangelhafte Leistung nicht vorhanden. Nachbesserungsaufwand ist deshalb alles, was der Unternehmer finanziell aufwenden muss, um den vorhandenen Mangel zu beseitigen. Unberücksichtigt bleiben allerdings Kostensteigerungen bei Arbeitslohn und Material, da der Unternehmer keinen Vorteil dadurch haben soll, dass er die Mangelbeseitigung verzögert hat (vgl. Wirth a.a.O.; Heiermann/Riedl/Rusam, VOB, 9. Aufl., § 13 Rdnr. 163; Vygen, Bauvertragsrecht nach VOB und BGB, 3. Aufl., Rdnr. 552).

Leider wird weder aus dem von Quack immer wieder zitierten Urteil noch aus dem Beitrag von Quack in der Festschrift für Vygen deutlich, warum der Bundesgerichtshof einen Teil der den Mangelbeseitigungsaufwand darstellenden Kosten herausrechnet und dem Erfüllungsrisiko des Unternehmers zuordnet. Warum ist denn dann die gesamte Mangelbeseitigung nicht Gegenstand des Erfüllungsrisikos? Wird auf diese Weise nicht – auf kaltem Wege – der Einwand der Unverhältnismäßigkeit zunichte gemacht?

Bedenklich ist auch, dass der Bundesgerichtshof bei der Beurteilung der Unverhältnismäßigkeit eines Mangelbeseitigungsaufwandes den Begriff der „Gesamtinvestition" in die Gesamtbetrachtung einfließen lässt, obwohl BGB und VOB allein auf den konkreten Mangel abstellen. In dem entschiedenen Fall hatte der BGH auch unter Berücksichtigung der Gesamtinvestition von 2 Millionen DM Mängelbeseitigungskosten an dem Hotelaufzug von 150000 DM als nicht unverhältnismäßig angesehen. Zu diesem Ergebnis hätte man auch kommen können, ohne auf die Gesamtinvestition zurückzugreifen, da die Größe und Funktionsfähigkeit eines Aufzuges für ein Hotel von großer Bedeutung sind. Bedenklich erscheint die Heranziehung der Gesamtinvestition aber gerade, wenn der Mangelbeseitigungsaufwand im Hinblick auf die Gesamtinvestition als unverhältnismäßig eingestuft wird, der Mangelbeseitigungsaufwand allein bezogen auf den Mangel aber verhältnismäßig ist.

Klarzustellen ist auch, dass eine Beurteilung allein nach dem Aufwand nach herrschender

Meinung in Rechtsprechung und Literatur nicht zulässig ist. Auch der Grad des Verschuldens und die Schwere des Verstoßes gegen die anerkannten Regeln der Technik sind in die Entscheidung, ob der Unternehmer die Mangelbeseitigung wegen Unverhältnismäßigkeit verweigern kann, einzubeziehen (vgl. BGH NJW 1988, 699; BauR 1995, 540 = ZfBR 1995, 197; Vygen a.a.O.). Auch kann der Unternehmer sich nicht auf Unverhältnismäßigkeit berufen, wenn der Mangel darauf beruht, dass er entgegen seiner vertraglichen Verpflichtung vorsätzlich billigeres und minderwertiges Material verwandt hat (vgl. Wirth a.a.O.; Vygen a.a.O.) oder den Mangel grob fahrlässig verursacht hat (vgl. OLG Düsseldorf BauR 1987, 572 = NJW-RR 1987, 1167 und BauR 1993, 82; Vygen a.a.O.). Dem hat auch Oswald inzwischen Rechnung getragen, indem er ein auf den reinen Mangelbeseitigungsaufwand bezogenes Beispiel aus der 1. Auflage seines Buches in der 2. Auflage nicht mehr verwandt hat.

Dies macht aber auch deutlich, warum es allein Aufgabe der Juristen ist, eine Unverhältnismäßigkeit festzustellen. Die Frage, was grob fahrlässig ist, ist ebenso aus juristischer Sicht zu beurteilen wie der Grad der Abweichung der ausgeführten Werkleistung von dem vertraglich vereinbarten Leistungsumfang. Zwar trifft Oswalds Befürchtung, dass die Frage der Unverhältnismäßigkeit eines Mangelbeseitigungsaufwandes auf sehr seltene Fälle beschränkt bleibt, nicht zu, die Zahl der Fälle im Gerichtsalltag ist jedoch weit geringer als viele Bausachverständige annehmen.

Wie bedenklich die Feststellung der Unverhältnismäßigkeit des Mangelbeseitigungsaufwandes durch Bausachverständige ist, zeigt sich auch aus dem weiteren Procedere nach Feststellung der Höhe der Mangelbeseitigungskosten. Es ist nunmehr nämlich Aufgabe des Unternehmers, den ursächlichen Zusammenhang zwischen den Tatsachen, aus denen er die Nachbesserung für unverhältnismäßig hält und der hierauf beruhenden Willenserklärung (Ablehnung der Mangelbeseitigung) herzustellen. Ist dieser Zusammenhang nicht gegeben, weil der Unternehmer aus einem anderen Grunde die Mangelbeseitigung verweigert, so ist ein Fall des § 633 Abs. 2 Satz 3 BGB oder § 13 Nr. 6 VOB/B nicht gegeben. Dann besteht ein Minderungsanspruch nicht, obwohl objektiv von einer Unverhältnismäßigkeit des Mangelbeseitigungsaufwandes auszugehen ist.

Es bedarf an dieser Stelle keiner weiteren Darlegungen zur Berechnung des Minderwertes, wobei allerdings deutlich gemacht werden soll, dass der nach § 472 BGB anzustellende Wertvergleich nach objektiven Kriterien wie der Nutzwertmethode nach Oswald oder der Zielbaummethode nach Aurnhammer vorzunehmen ist (vgl. Quack, Festschrift für Vygen, S. 372). Zutreffend ist, dass der Minderungsanspruch deutlich niedriger sein muss als die Höhe der Mängelbeseitigungskosten, da man ansonsten gedanklich nicht zu einer Unverhältnismäßigkeit gelangen kann (vgl. Oswald/Abel a.a.O., S. 119).

Aus meiner Sicht war der Meinungsstreit zwischen Oswald und Quack zwar für die juristische Diskussion interessant und hat insbesondere eine Auseinandersetzung mit der Rechtsprechung des Bundesgerichtshofes angeregt, zu einer Verunsicherung der Bausachverständigen konnte er jedoch nicht führen, da sie nur die Mängel und den Aufwand zur Beseitigung dieser Mängel festzustellen haben und deshalb die Diskussion, was verhältnismäßig oder unverhältnismäßig ist, den Juristen überlassen können.

Rechtliche Probleme bei Bauleistungen im Bestand

Rechtsanwalt Prof. Dr. Walter Jagenburg, Köln

Bauleistungen im Bestand machen, worauf schon in der Einladung zu den diesjährigen Aachener Bausachverständigentagen mit Recht hingewiesen worden ist, „einen erheblichen Anteil am Gesamtbauvolumen in Deutschland aus". Dieser wird sich nicht nur, wie in der Einladung ausgeführt, in Zukunft „weiter vergrößern".

1. Bauwirtschaftliche Bedeutung von Bauleistungen im Bestand

Bauleistungen im Bestand haben bereits in den vergangenen 10-20 Jahren erheblich an Gewicht gewonnen:

a) in den *alten Bundesländern*, weil besonders in innerstädtischen Bereichen die Zahl unbebauter Grundstücke nicht beliebig vermehrbar, d.h. fast jede *Baulücke* zugebaut war, und die vorhandene Nachkriegsbebauung „in die Jahre" gekommen, d.h. *sanierungsbedürftig* geworden war,

b) in den *neuen Bundesländern*, weil der dort vorhandene Bestand an *Alt- und Plattenbauten* schon als solcher zumeist nicht modernen Wohnbedürfnissen entsprach und die *steuergesetzliche Förderung* von Wohnbau-Modernisierungen in der Nach-Wendezeit, die sofortige Abzugsfähigkeit von Sanierungskosten als Werbungskosten und erhöhte Abschreibung des Herstellungsaufwandes bei denkmalgeschützten Objekten für Erwerber und Kapitalanleger Vorteile versprach, die sich im Nachhinein in vielen Fällen nicht „gerechnet" haben. Das ist jedoch ein anderes Thema, wenngleich nicht minder brisant.

Denn auch in Bezug auf die rechtlichen Probleme bei Bauleistungen im Bestand tickt eine „juristische Zeitbombe", wenn man dem folgt, was *Prof. Dr. Reinhold Thode*, Mitglied des VII. Zivilsenats, des Bausenats des Bundesgerichtshofes, in einem Artikel in der Frankfurter Allgemeinen Zeitung von 25. September 1998 auf Seite 52 dargelegt hat. Dieser Artikel ist überschrieben mit: „Viele falsche Verträge beim Erwerb sanierter Immobilien. Kauf- statt Werkvertrag und unangenehme Folgen für Haftung und Gewährleistung. Rechtsanwälte und Notare müssen mit erheblichen Problemen rechnen." Nach der Einschätzung von Prof. Dr. Thode, die auf zahlreichen Gesprächen mit Rechtsanwälten, Notaren, Angehörigen von Kreditinstituten, Anbietern und Erwerbern beruht, sind in den letzten Jahren, vor allem in den neuen Bundesländern, mehrere tausend Verträge als *Kaufverträge* abgeschlossen und beurkundet worden, die sanierte Objekte zum Gegenstand haben. Diese beschäftigen – mit der üblichen Nachlaufzeit, die Prozesse nun einmal an sich haben – zunehmend den BGH und stellen – so Prof. Dr. Thode – die Veräußerer vor ein *„kaum kalkulierbares wirtschaftliches Risiko"*.

2. Anwendung von Werkvertragsrecht – auch bei Bezeichnung als Kaufvertrag

Denn tatsächlich sind, weil die Parteien Vertragstyp und Rechtsfolgen nicht frei wählen können, alle diese Sanierungsobjekte *gewährleistungsmäßig nach Werkvertragsrecht* zu beurteilen, auch wenn der Vertrag insgesamt als Kaufvertrag bezeichnet ist. Gegenstand eines *Kaufvertrages* kann nur das – ganze oder anteilige – *Grundstück* sein. Soweit Bauleistungen erbracht werden, gilt Werkvertragsrecht.

Werkvertraglich beginnt die Gewährleistung, die nach § 638 BGB regelmäßig 5 Jahre beträgt, aber erst mit der *Abnahme*. Da die Parteien notariell einen *Kaufvertrag* abgeschlossen haben und – gewährleistungsmäßig – daran glauben, kommt es laut Prof. Dr. Thode trotz Inbenutzungnahme jedoch nie zu der für den Beginn der werkvertraglichen Gewährleistung erforderlichen Abnahme, weil es den Parteien an dem dafür erforderlichen *Abnahmewillen* fehlt. Die Folge wäre eine *„Gewährleistung ohne Ende"*, die mein Schüler und Kollege Georg Sturmberg schon vor

mehr als 10 Jahren in Frage gestellt hat (NJW 1989, 1833 ff).
Ich halte die Meinung von Prof. Dr. Thode, so sehr sie dogmatisch auf den ersten Blick besticht, deshalb für zu theoretisch und nicht der Praxis entsprechend. Denn Otto Normalverbraucher wird, wenn er sein Haus oder seine Eigentumswohnung bezieht oder durch seine Mieter beziehen lässt, mit Sicherheit nicht darüber nachdenken, ob er vor dem Notar einen Kauf- oder Werkvertrag abgeschlossen hat, sondern nach der Devise „my home is my castle" sein Eigentum in Besitz nehmen bzw. nehmen lassen, und zwar mit m.E. nicht zu bestreitendem Abnahmewillen.

2.1 Kaufvertrag nur bei Veräußerung ohne Bauverpflichtung

Richtig ist allerdings, dass selbst der für Grundstücksverkäufe zuständige V. Zivilsenat des Bundesgerichtshofes *Kaufvertragsrecht* nur angenommen hat, wenn eine bestehende Immobilie *ohne Bauverpflichtung* veräußert worden ist, insbesondere bei Veräußerung aus zweiter Hand.

2.2 Werkvertrag bei Veräußerung mit Bauverpflichtung

Bei Erstveräußerungen dagegen hat der VII. Zivilsenat des BGH, dem Prof. Dr. Thode angehört, für die *Bauwerksleistungen* – im Gegensatz zum Grundstück, auf dem das Bauwerk errichtet worden ist – stets *Werkvertragsrecht* angenommen, auch wenn die Bauleistungen bereits erbracht waren, das Bauvorhaben zur Zeit der Veräußerung also *schon fertiggestellt* war. Denn maßgebend ist nach der Rechtsprechung des VII. Zivilsenats die in diesen Fällen der Ersterrichtung im Vordergrund stehende *Bauverpflichtung*, während der Zeitpunkt der Veräußerung – ob vor oder nach Fertigstellung – eher zufällig ist.

a) Neubauten

So hat der BGH durch Urteil vom 06. Mai 1982 entschieden, dass sich die Gewährleistungsansprüche des Erwerbers eines *Musterhauses* auch dann nach Werkvertragsrecht richten, wenn dieses für eine Ausstellung bestimmt, bei Vertragsschluss bereits fertiggestellt war und erst *6 Monate später* veräußert worden ist (BGH NJW 1982, 2243 = BauR 1982, 493).

Gleiches hat der BGH rund 3 Jahre später durch Urteil vom 21. Februar 1985 für eine fertiggestellte Eigentumswohnung entschieden, die erst nach *zweijährigem Leerstand* veräußert werden konnte (BGH NJW 1985, 1551 = BauR 1985, 314).

b) Sanierte Altbauten

Diese Rechtsprechung hat der VII. Zivilsenat des BGH weitere 3 Jahre später durch Urteil vom 07. Mai 1987 dann auch auf einen Fall der *Altbausanierung* übertragen, in dem ein um die Jahrhundertwende errichtetes größeres Wohnhaus 1978/79 modernisiert und nach Umwandlung in Eigentumswohnungen als *„Neubau hinter historischer Fassade"* veräußert worden war (BGH NJW 1988, 490 = BauR 1987, 439). Gleiches entschied der BGH rund 1 Jahr später durch Urteil vom 21. April 1988 in einem Fall, in dem ein aus *Garagen- und Werkstatträumen bestehender Altbau* in Eigentumswohnungen umgewandelt worden war (BGH NJW 1988, 1972 = BauR 1988, 464).
Diese Rechtsprechung gilt sowohl für gewerblich tätige Bauträger als auch für *private Bauherren*, die ihr zunächst für eigene Zwecke gebautes bzw. umgebautes Haus anschließend veräußern. Auch sie können ihre werkvertragliche Gewährleistung nicht einfach ausschließen.
Das ist in der Folgezeit bis heute immer wieder bestätigt worden:

- BGH NJW 1989, 2748 = BauR 1989, 597: *Umbau eines Bungalows in zwei Eigentumswohnungen*
- BGH NJW-RR 1990, 786 = BauR 1990, 466: *Umbau eines Ladenlokals in Eigentumswohnungen*
- OLG Hamm, BauR 1995, 846: *Sanierung eines 1954 gebauten Mehrfamilienhauses und Aufteilung in Wohnungseigentum*
- OLG Köln, BauR 2000, 1238 L = ZfBR 2000, 336: „Hat der Veräußerer eines älteren Wohnhauses an diesem umfangreiche *Renovierungs-, Sanierungs- und Umbauarbeiten* in Angriff genommen und verpflichtet er sich gegenüber dem Erwerber, diese Arbeiten fertigzustellen, führt dies dazu, dass sich die Gewährleistungsansprüche des Erwerbers insgesamt nach *Werkvertragsrecht* beurteilen".

3. Umfang der werkvertraglichen Gewährleistung

Da die werkvertragliche Gewährleistung an die ausgeführten Arbeiten anknüpft, ist zunächst einmal klar, dass diese *Arbeiten selbst* natürlich mangelfrei sein müssen und dafür nach Werkvertragsrecht gehaftet wird. Die Frage ist jedoch, ob bei Bauleistungen im Bestand vom Veräußerer über die ausgeführten Arbeiten hinaus *auch für den Bestand* gehaftet wird, d.h. für die Teile der Altbausubstanz, an denen keine Arbeiten ausgeführt worden sind. Das ist verschieden, je nachdem, ob es sich um bloße Renovierungen oder eine – mehr oder minder umfassende – Sanierung handelt.

3.1 Renovierung

Bei der bloßen Renovierung im Sinne von *Schönheitsreparaturen* werden lediglich Malerarbeiten, Fliesenarbeiten, Bodenbelagsarbeiten und ähnliches ausgeführt, für die zwar ebenfalls Werkvertragsrecht gilt. Die werkvertragliche Gewährleistung beschränkt sich jedoch auf diese Arbeiten und gilt nicht über sie hinaus für den *Altbaubestand* im übrigen, weil die auf bloße Schönheitsreparaturen beschränkten Arbeiten dem Vertrag nicht insgesamt das „Gepräge" geben. So zutreffend:

- Koeble, Probleme der Sanierungsmodelle, BauR 1992, 569 ff., 572
- ihm folgend Riedl, Rechtliche Probleme bei der Veräußerung eines .... renovierten oder sanierten Altbaus, in: Festschrift für Carl Soergel zum 70. Geburtstag 1993, S. 247 ff., 254
- vgl. neuestens auch Pause, Erwerb modernisierter, sanierter und ausgebauter Altbauwohnungen vom Bauträger, NZBau 2000, 234 ff.

3.2 Sanierung

Anders liegen die Dinge bei der Sanierung eines Altbaus, weil diese sich nach Ziel und Inhalt nicht auf bloße Schönheitsreparaturen beschränkt, sondern das *Gebäude insgesamt* wiederherstellen will. Das geschieht regelmäßig durch

- *Umbauten*, das sind nach § 3 Nr. 5 HOAI Umgestaltungen eines vorhandenen Objektes mit wesentlichen Eingriffen in Konstruktion und Bestand,
- *Modernisierungen*, das sind nach § 3 Nr. 6 HOAI bauliche Maßnahmen zur nachhaltigen Erhöhungen des Gebrauchswertes eines Objektes, wie Verbesserung der Wohnqualität durch bessere Raumausnutzung, Belichtung, Belüftung, bauliche Maßnahmen zur Verbesserung der Verkehrswege, wie Aufzüge und verbessernde Maßnahmen für Behinderte und ältere Menschen,
- *Instandsetzungen*, das sind nach § 3 Nr. 10 HOAI Maßnahmen zur Wiederherstellung des zum bestimmungsgemäßen Gebrauch geeigneten Zustandes.

In allen diesen Fällen handelt es sich um „Arbeiten von einigem Gewicht für das *gesamte Gebäude*" (Koeble, BauR 1992, 572; Riedl, FS Soergel, S. 252).

3.3 Einbeziehung der gesamten Altbausubstanz

Wie weit die Sanierungspflicht des Veräußerers geht, wenn darüber – wie zumeist – keine eindeutigen Vereinbarungen getroffen sind, ist durch *Auslegung aus der Sicht des Erwerbers* zu beantworten. Dieser kann, wie Riedl mit Recht betont (a.a.O. S. 252 unten), „erwarten, dass der Veräußerer all die bei wirtschaftlich vernünftiger Betrachtungsweise erforderlich erscheinenden und *notwendigen Bauwerksfunktionen* wiederherstellen lässt."

In einer *Baubeschreibung* genannte einzelne Leistungen besagen lediglich, dass der Veräußerer nicht mehr für erforderlich hielt, „um das Ziel der *vollständigen Sanierung* zu erreichen". Sie bedeuten nicht automatisch eine *Beschränkung* der Sanierungspflicht auf diese Leistungen (Riedl, a.a.O.).

Ebenso bedeutet die Vereinbarung einer *Teilsanierung* nicht, dass in den übrigen, nicht sanierten Bereichen mit Mängeln gerechnet werden muss, denn der Erwerber kann davon ausgehen, dass der Veräußerer vor der Sanierung die *Altbausubstanz sachgerecht überprüft* und insoweit keine schadensgeneigten oder schadensanfälligen Bauteile vorgefunden hat.

3.4 Prüfungs- und Hinweispflicht des Veräußerers

Anderenfalls muss der Veräußerer den Erwerber im Rahmen seiner Prüfungs- und Hinweispflicht, wie sie über § 4 Nr. 3 VOB/B hinaus nach § 242 BGB auch im Werkvertragsrecht gilt, entsprechend *aufklären*. Das gilt auch während der *Bauzeit*. Denn es ist kennzeichnend für das Bauen im Bestand, dass technische und qualitative Probleme vielfach „erst während der Ausführungszeit erkannt werden können". Dann muss das „Bausoll", der Umfang der Sanierungspflicht, erforderlichenfalls *„baubegleitend"* konkretisiert werden (Ganten in: Ganten/Jagenburg/Motzke, Großkommentar zur VOB/B, 1997, § 13 Nr. 1 VOB/B Rn. 50).

Für Dinge, für die der Veräußerer nicht haften will, muss er sich ausdrücklich im Vertrag *frei zeichnen.* Das geht nicht durch allgemeine Freizeichnungsklauseln, dass der Veräußerer für Mängel des verkauften Objektes nicht haftet. Vielmehr muss *konkret vereinbart* werden, für welche Teile der Altbausubstanz der Veräußerer keine Gewährleistung übernimmt, weil sie nach dem Ergebnis seiner Überprüfung mängelfrei sind.

So heißt es etwa in der Entscheidung *„Neubau hinter historischer Fassade"*: „Die Beklagten haben grundsätzlich auch für solche Mängel am gemeinschaftlichen Eigentum einzustehen, die *nicht auf eigene Bauleistungen* oder die Leistungen ihrer Beauftragten zurückzuführen sind. Wenn etwas anderes gelten sollte, hätte dies *unmissverständlich* zum Ausdruck gebracht werden müssen" (BGH NJW 1988, 490 = BauR 1987, 439). Deshalb hat in diesem Fall der Veräußerer auch für *Kellerfeuchtigkeit* gehaftet, weil er versprochen hatte, das Kellergeschoss in einen für Partyzwecke nutzbaren „Trockenraum" auszubauen, und dafür „bei einem achtzig Jahre alten Gebäude die Notwendigkeit einer *Neuabdichtung des Kellermauerwerks* auf der Hand liegt", so dass die Erwerber von entsprechenden Maßnahmen des Veräußerers „ohne weiteres ausgehen durften". Aber auch sonst darf, wenn das Gegenteil nicht ausdrücklich vereinbart ist, „der Erwerber eines sanierten Altbaus ... erwarten, dass dieser *keinen feuchten Keller* hat" (Riedl, a.a.O., S. 252, unter Hinweis auf OLG München vom 07.04.1992 – 9 U 6553/91).

Ebenso hat der BGH in dem schon erwähnten Fall, in dem *Garagen- und Werkstatträume* zu Eigentumswohnungen umgebaut worden waren, die Haftung des Veräußerers dafür bejaht, dass die Außenwände des Garagen- und Werkstattgebäudes nicht mit einer *Wärmedämmschicht* versehen worden waren und sich deshalb in einer Erdgeschosswohnung *Schimmel* gebildet hatte (BGH NJW 1988, 1972 = BauR 1988, 464). Erst recht wäre eine solche Haftung zu bejahen gewesen, wenn hier oder beim „Neubau hinter historischer Fassade" *Schwammbefall* festgestellt worden wäre.

3.5 Erhöhte Aufsichtspflicht des bauleitenden Architekten

Wird ein Gebäude umgebaut oder modernisiert, so schuldet auch der Architekt regelmäßig eine Bauaufsicht, die sich an den *Besonderheiten einer Altbausanierung* zu orientieren hat. In dem entschiedenen Fall (BGH vom 18. Mai 2000, BauR 2000, 1217) hatte der Architekt bei der Verlegung von Heizungsrohren im Erdgeschoss festgestellt, dass der *Fußbodenaufbau mangelhaft* und erneuerungsbedürftig war. Trotzdem zog er die naheliegende Möglichkeit, dass dies in den übrigen Geschossen ebenfalls so war, nicht in Betracht. Später mussten auch dort die Fußböden herausgerissen und durch einen teuren Trockenestrich ersetzt werden. In Höhe der damit verbundenen Mehrkosten und des Mietausfallschadens der Bauherren bejahte der BGH die Haftung des bauleitenden Architekten und führte zur Begründung aus: „Bei Umbauten und Modernisierungen eines Gebäudes treten häufig Probleme auf, die bei Beginn der Arbeiten nicht voraussehbar waren, so dass regelmäßig eine *intensivere Bauaufsicht als bei Neubauten* erforderlich ist. Tritt bei Bauarbeiten an *einer Stelle* der vorhandenen Altbausubstanz ein solches Problem auf, muss der Architekt den Bauherrn unverzüglich hierüber unterrichten. Er muss ihn ferner aufklären, ob und inwieweit *vergleichbare Probleme an anderen Stellen* auftreten können und ihn über mögliche Lösungen beraten."

4. Grenzen der Haftung bei Bauleistungen im Bestand

Die Grenzen der Haftung bei der Altbausanierung ergeben sich zunächst aus der *Natur des Altbaus* selbst, insbesondere aus seinem Alter.

4.1 Alter des Objektes

Ein Altbau ist, auch in ansonsten mängelfreiem Zustand, naturgemäß nicht mit einem *Neubau* zu vergleichen, sondern wird in der Regel „eine geminderte Beschaffenheit haben, die sich allein schon aus dem normalen *altersbedingten Verschleiß* ergibt". Von daher kann der Erwerber eines Altbaus „nicht von der Lebensdauer eines neuerrichteten Bauwerks ausgehen..., sondern nur von der verbleibenden *Restnutzungsdauer*" (Riedl, FS Soergel, S. 250). Das gilt insbesondere für alle Verschleißteile, z.B. Dachrinnen und Regenfallrohre, aber auch für Heizkörper und den Außenputz, soweit diese Bauteile bei der Sanierung noch funktionsfähig waren und deshalb nicht erneuert worden sind.

4.2 Anerkannte Regeln der Technik zur Zeit der Sanierung?

Auch die heute geltenden anerkannten Regeln der Technik können bei der Sanierung eines Altbaus, z.B. eines Gebäudes aus der Zeit um die Jahrhundertwende, regelmäßig nicht eingehalten werden, weil insbesondere die alten, gleichwohl aber noch funktionsfähigen *Holzbalkendecken* und *Wohnungstrennwände* nicht den heutigen Anforderungen an Schall-, Wärme- und Brandschutz entsprechen (Koeble, BauR 1992, 571; Riedl a.a.O., S. 253). Gleichwohl hat die Rechtsprechung die Anforderungen an die *Abgeschlossenheit* im Sinne des Wohnungseigentumsgesetzes in diesen Fällen bejaht, was lange Zeit streitig war.

Das *Bundesverwaltungsgericht* hatte zunächst verlangt, dass dafür die „gegenwärtigen bautechnischen Anforderungen" eingehalten sein müssten (BVerwG NJW 1990, 848). Der *Bundesgerichtshof* war dagegen nicht bereit, dem zu folgen, weil eine Abgeschlossenheit und eine Umwandlung von Altbauten in Eigentumswohnungen dann praktisch kaum mehr möglich gewesen wäre (BGH BauR 1991, 359 = ZfBR 1991, 116). Wegen der unterschiedlichen Meinungen der obersten Gerichte – Bundesverwaltungsgericht und Bundesgerichtshof – kam die Frage schließlich vor den *Gemeinsamen Senat der Obersten Bundesgerichte*, der am 30.06.1992 entschied, dass es für die Abgeschlossenheit bei der Umwandlung eines Altbaus in Eigentumswohnungen *nicht auf die Einhaltung der neuesten anerkannten Regeln der Technik* ankommt (NJW 1992, 3290).

Ähnlich entschied durch Urteil vom 04. Mai 1995 das OLG Hamm (NJW-RR 1996, 213 = ZfBR 1996, 96). Danach ist der Grundsatz, dass ein Verstoß gegen die allgemein anerkannten Regeln der Technik regelmäßig einen *Sachmangel* darstellt, bei der Veräußerung sanierter und modernisierter Altbauten *nicht ohne weiteres anwendbar.* Vielmehr kommt es darauf an, inwieweit sich aus dem Vertrag und den ihm zugrundeliegenden Umständen ergibt, dass das beanstandete Gewerk nach den *aktuellen anerkannten Regeln der Technik* herzustellen ist.

In dem entschiedenen Fall war vereinbart worden, dass die *Treppenstufen* eines Altbaus erneuert und mit Marmor belegt werden. Die *unterschiedliche* Höhe der Treppenstufen wurde vom Veräußerer dabei jedoch nicht beseitigt und vom Erwerber mit Erfolg beanstandet. Zur Begründung führte das OLG Hamm aus: „Inwieweit bei der Veräußerung sanierter und modernisierter Altbauten die im *Zeitpunkt der Modernisierung* geltenden Regeln der Technik einzuhalten sind, kann nicht allgemein, sondern nur anhand der konkreten Vertragspflichten beurteilt werden. Diese sind durch Auslegung des Vertrages zu ermitteln. Der Grundsatz, dass ein Verstoß gegen die allgemein anerkannten Regeln der Technik regelmäßig einen Sachmangel darstellt (BGH BauR 1975, 341), ist bei der Veräußerung sanierter und modernisierter *Altbauten* nicht ohne weiteres anwendbar. So kann es z.B. zweifelhaft sein, ob der *aktuelle Stand der Technik* auch hinsichtlich solcher Bauteile geschuldet wird, die von der Sanierungsmaßnahme erkennbar nicht erfasst sind, die also erkennbar nach altem Standard errichtet worden sind und unverändert angeboten werden. Es kommt darauf an, inwieweit sich aus dem Vertrag und den ihm zugrundeliegenden Umständen ergibt, dass das beanstandete Gewerk nach den *aktuellen allgemein anerkannten Regeln der Technik* herzustellen ist". Das hat das OLG Hamm in Bezug auf die Nivellierung der unterschiedlichen Tritthöhen der Treppenstufen zutreffend bejaht, weil diese ohne besonderen Aufwand und ohne Eingriffe in die sonstige Altbausubstanz möglich war.

5. Zusammenfassung

Zusammenfassend ist somit festzuhalten, dass es – wie in allen Fällen, in denen kein zwingendes Recht entgegensteht – in erster Linie darauf ankommt, was die Parteien *vereinbart haben.* Fehlt es an eindeutigen Vereinbarungen, ist das „Bausoll", der Inhalt der geschuldeten Leistung, durch *Auslegung* zu ermitteln, wobei regelmäßig darauf abzustellen ist, was der Erwerber aus seiner Sicht als *geschuldeten Erfolg der Mangelfreiheit* erwarten darf. Das ist in aller Regel mehr, als der Veräußerer aus seiner Sicht leisten und gewährleisten will. Jedoch muss er das dann eindeutig klarstellen und vereinbaren.

Die energetische Ertüchtigung des Baubestandes

Die Energieeinsparverordnung – neue Möglichkeiten für Planung und Ausführung im Neubau und bei der Modernisierung

Dipl.-Ing. Hans-Dieter Hegner, Bauoberrat, BMVBW Berlin

Die jetzt gültige Wärmeschutzverordnung war 1994 verkündet worden und 1995 in Kraft getreten. Mit ihr sollte der Einstieg in die Ära der Niedrigenergiehausbauweise erreicht werden. Ende Juni 1999 wurde durch die Bundesregierung der Referentenentwurf einer neuen Energieeinsparverordnung (EnEV) vorgelegt. Damit wurde ein lang geplantes Verordnungsgebungsverfahren zur Zusammenfassung der Wärmeschutzverordnung und der Heizungsanlagenverordnung eingeleitet.

Gegenüber dem Referentenentwurf vom Juni 1999 wurden vor allem folgende Veränderungen vorgenommen:

- Konsequente Umstellung der Hauptanforderung im Neubau auf Primärenergie als Bezugsgröße für die Berechnungen (besondere Regelung für Nachtstromspeicherheizungen in Kombination mit Lüftungs- und Wärmerückgewinnungsanlagen)
- Straffung durch Streichung von Nebenanforderungen und technischen Einzelheiten, statische Verweisung auf technische Regeln zur Entlastung des Verordnungstextes sowie aus Gründen der Rechtssicherheit und Eindeutigkeit der Anforderungen.
- Vereinfachung und Flexibilisierung des Berechnungsverfahrens für alle neu zu errichtenden Wohngebäude.
- Das Anforderungsniveau für Neubauten wurde auf Grundlage der aktuellen technischen Regelsetzung im Bereich kleiner Gebäude etwas verschärft.
- Durchgängige Einbeziehung der Warmwasserbereitung bei neu zu errichtenden Wohngebäuden.
- Wiederaufnahme der Denkmalschutzklausel
- Konkretisierung der Härtefallklausel
- Nachweisverfahren für Baustoffe und Bauteile entsprechend dem Ländervorschlag

Das Ziel der Verordnung, die Anforderungen für den Neubau um 30 % zu verschärfen, mehr Transparenz durch Energiepässe zu schaffen und stärkere Impulse im Gebäudebestand zu geben, wurde so gestärkt. Am 29.11.2000 stellten die Bundesminister Bodewig und Müller den überarbeiteten Referentenentwurf der Öffentlichkeit vor und luden die Fachöffentlichkeit und die Länder zu einer abschließenden Diskussion ein. Die Beschlussfassung im Bundeskabinett erfolgte am 07.03.2001. Der nachfolgende Beitrag erläutert die Eckpunkte der neuen Regelungen.

1. Ein ganzheitlicher Ansatz für ein komplexes Problem

Zentraler Ansatzpunkt für die weitere Absenkung des Heizenergiebedarfs ist das Zusammenspiel zwischen dem Gebäude und seiner Heiztechnik. Immerhin liegen die Verluste, die bei der Umwandlung des Energieträgers (z.B. Öl oder Gas) in Wärme entstehen, im Durchschnitt bei 20 % der Gesamtverluste in der Energiebilanz des Gebäudes. Bei ungünstigen Bauweisen (unterkellerter Bungalow) und ineffizienter Anlagentechnik können diese Verluste bis zu 30 % betragen.

Die Einbeziehung der Heizungsverluste erfordert eine etwas komplexere Methodik seitens der Anforderungen und des Nachweisverfahrens. Die gut entwickelten Energiebilanzierungsmodelle sind dabei ein gutes Hilfsmittel. Während bisher die zur Verfügung zu stellende Raumwärme die Zielgröße ist und damit die „Bilanzgrenze" vor dem Heizkörper endet, muss der neue Ansatz als Zielgröße die Energiemenge haben, die an der Gebäude- (Grundstücks-)grenze für die Beheizung des Gebäudes (und die ggf. vorhandene Warmwasserbereitung) notwendig ist. Die Anforderungskurve der neuen Energieeinsparverordnung bezieht sich deshalb in Abhängigkeit vom Verhältnis zwischen wär-

meübertragender Umfassungsfläche zum beheizten Volumen des Gebäudes nicht mehr auf Heiz*wärme*, sondern auf Heiz*energie* (Abb. 1).
Der Bezug auf die Endenergie hat auch einen praktischen Hintergrund. Als sogenannter „rechnerischer Verbrauch" ist er ein vernünftiger Anhaltspunkt für Vergleiche mit realen Verbrauchswerten. Da dieser „rechnerische Verbrauch" unter genormten Randbedingungen entsteht, geht es hier allerdings eher um den Vergleich der Energieeffizienz von Gebäuden ähnlich wie beim Vergleich des s.g. „Drittelmix" bei Kraftfahrzeugen. Der sich tatsächlich einstellende Verbrauch hängt natürlich neben den baulichen und anlagetechnischen Gegebenheiten von klimatischen Randbedingungen und dem Nutzerverhalten ab.
Der „Referenzfall" für die Festlegung der Anforderungen ist so gewählt, dass von einer heute üblichen modernen Heizungsanlage ausgegangen wird, die zu einem durchschnittlichen Gesamtnutzungsgrad von etwa 80 % führt. Die Konsequenz ist, dass Defizite im Bereich des baulichen Wärmeschutzes mit effizienter Anlagentechnik in einem gewissen Maße ausgeglichen werden können. Eine Verbesserung der Heizungssysteme mit heutigen Techniken kann den gesamten Nutzungsgrad auf rund 95 % erhöhen. Andererseits müssen ineffiziente Systeme durch höhere Anforderungen an den Baukörper ausgeglichen werden.
Wegen der gesetzlichen Grundlage im Energieeinsparungsgesetz muss sich die Energiebilanz der künftigen Verordnung auf das Gebäude beschränken. Durch einen Bezug der Anforderungen auf Endenergie dürfen aber keine ungerechtfertigten Vorteile für einzelne Wärmeversorgungsarten entstehen, deren Umwandlungsverluste außerhalb des Gebäudes entstehen. Zur Berücksichtigung unterschiedlicher Vorketten bei der Energieumwandlung und zur Berücksichtigung des elektrischen Hilfsenergiebedarfs (ca. 1 bis 2 % bei konventionellen Heizungsanlagen) soll der Jahres-Heizenergiebedarf primärenergetisch bewertet werden.
Der alleinige Bezug auf die Endenergie ist aus Sicht des Umweltschutzes, aber auch aus Gründen der Gleichbehandlung bei der Wirtschaftlichkeit nicht ideal. Hinsichtlich des Primärenergiebedarfes orientieren sich die Anforderungen an einen Referenzfall, der auf den hauptsächlich verwendeten Energieträgern Heizöl und Gas basiert. Vom Referenzsystem abweichende Systeme, z.B. solche mit erhöhtem Strombedarf, dürfen somit insgesamt keinen höheren Energiebedarf aufweisen als das Referenzsystem und müssen dies durch andere Verbesserungen ausgleichen.
Die Verordnung ist so konzipiert, dass der Jahres-Primärenergiebedarf bei verpflichtender Ausweisung des Endenergiebedarfes (Angabe für den Verbraucher im Rahmen des Energiepasses) nachzuweisen ist.

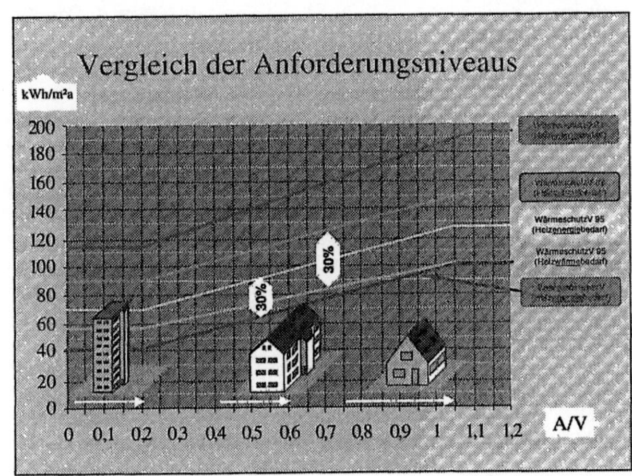

Abb. 1: Prinzipdarstellung Entwicklung des Anforderungsniveaus von der 2. Wärmeschutzverordnung zum Entwurf der Energieeinsparverordnung

2. Rechnerischer Nachweis auf der Basis europäischer Normen

Die Methode des Nachweisverfahrens für den Neubau basiert weiterhin auf einem statischen Bilanzierungsmodell der Energieverluste und -gewinne. Die Rechenverfahren der neuen europäischen Normen unterstützen das gewählte Bilanzierungsmodell. Die neue Energieeinsparverordnung soll sich vor allem auf die fertiggestellte europäische Norm DIN EN 832 „Wärmetechnisches Verhalten von Gèbäuden“ abstützen.

Die Bilanzformel der DIN EN 832 sieht die Einbeziehung der Heizungsanlage vor. Das Normenwerk enthält jedoch keine Angaben zur Bestimmung dieser Verlustgrößen. Dies soll einer Norm vorbehalten werden, die jetzt bei der europäischen Normungsorganisation CEN begonnen wurde. Überschlägige Werte, wie sie für ein in der Vorplanung anzuwendendes Verfahren benötigt werden, sind im ersten Schritt europäisch nicht vorgesehen. Deshalb wurde auf Initiative des Bundesbauministeriums eine nationale Norm DIN 4701-Teil 10 als technische Regel für die Effizienzbewertung erarbeitet. Darin sind überschlägige Werte – vornehmlich in Tabellenform und als Grafiken – zu finden. Diese Vornorm soll solange in Kraft bleiben, bis auf europäischer Ebene ebenfalls ein vereinfachtes Verfahren vorgelegt wird.

Die deutsche Normung im Anlagenbereich hat sich nach langer Diskussion auf die Einbeziehung der Effektivität der Anlagentechnik über sogenannte Aufwandszahlen verständigt. Vorteil dieser Lösung in Anlehnung an die DIN EN 832 ist, dass auch der vielfach sehr hohe Einsatz von elektrischer Energie mitbewertet werden kann.

Der generelle Ansatz der DIN EN 832 stellt sich wie folgt rechnerisch dar:

$$Q = Q_h + Q_w + Q_t - Q_r$$

Dabei bedeuten:

- Q der Jahres-Heizenergiebedarf (Endenergie) in kWh/a
- Q_h der Jahresheizwärmbedarf in kWh/a
- Q_t die Wärmeverluste des Heizsystems und des Systems zur Warmwasserbereitung einschließlich des Bedarfs an elektrischer Hilfsenergie für Pumpen, Ventilatoren, Brennstoffvorwärmung, Begleitheizungen und sämtliche anderen Einrichtungen, die dem Betrieb der Anlagen zur Raumheizung, zur Lüftung und zur Warmwasserbereitung dienen
- Q_w der Nutzwärmebedarf für die Warmwasserbereitung
- Q_r vom Heizsystem oder Zusatzeinrichtungen aus der Umwelt genommene Wärme.

Der daraus weiterentwickelte Ansatz der DIN V 4701-10 ist folgender:

$$Q_p = (Q_h + Q_c + Q_d + Q_s) \cdot \sum_i (e_{g,i} \cdot \alpha_i \cdot f_{p,i}) +$$

$$(Q_w + Q_{c,w} + Q_{d,w} + Q_{s,w}) \cdot \sum_i (e_{g,w,i} \cdot \alpha_i \cdot f_{p,i}) + Q_{HE,P}$$

Dabei bedeuten:

- Q_h der Jahresheizwärmebedarf
- Q_w der Nutzwärmebedarf für Warmwasser
- Q_c die Verluste bei der Wärmeübergabe im Raum für die Heizung
- $Q_{c,w}$ die Verluste bei der Wärmeübergabe im Raum für das Warmwasser
- Q_d die Verluste bei der Wärmeverteilung für die Heizung
- $Q_{d,w}$ die Verluste bei der Wärmeverteilung für das Warmwasser
- Q_s die Speicherverluste der Heizung
- $Q_{s,w}$ die Speicherverluste bei der Warmwasserbereitung
- e_g die Aufwandszahl für die Erzeugung der Heizwärme
- $e_{g,w}$ die Aufwandszahl für die Erzeugung des Warmwassers
- $f_{p,}$ die Primärenergie-Umwandlungszahl nach DIN 4701-10
- α der Deckungsanteil
- Q_{HE} die elektrische Hilfsenergie, die für die Übergabe, Verteilung, Speicherung und Erzeugung der Wärme sowohl für Heizung als auch Warmwasser notwendig ist.

Wird die Deckung des Heizwärmebedarfes und des Bedarfes an Warmwasser mit verschiedenen Anlagen-Systemen realisiert (nachstehend mit Index i gekennzeichnet), so sind die jeweiligen Verluste nach ihrem Deckungsanteil α zu wichten. Auch der Einsatz regenerativer Energien wird in diesem Zusammenhang nicht durch Q_r, sondern durch den entsprechenden Deckungsanteil α beschrieben. Passive solare Gewinne werden ausschließlich bei der Berechnung von Q_h berücksichtigt.

Zur Umsetzung des generellen Bilanzierungsansatzes müssen nationale Regelungen zur Umsetzung der europäischen Normenansätze (wie z. B. Festlegungen zu Klimadaten, nutzungs- und lebensstandabhängige Daten wie Innentemperaturen und interne Wärmegewinne u.ä.) getroffen werden. Diese Funktion übernimmt auf der „Bauseite“ die neue DIN V 4108-6, die als nationale Berechnungsnorm das Umsetzungsdokument für die in Bezug zu nehmenden europäischen Normen ist. Das Nachweisverfahren kann in einen „Baupfad“ nach DIN V 4108-6 und einen „Anlagenpfad“ nach DIN V 4701-10 getrennt werden. Beide Seiten kommunizieren eng miteinander. Dieses Vorgehen führt dazù, dass bereits in frühen Planungsphasen eine enge Abstimmung von baulichem Wärmeschutz und Anlagentechnik notwendig wird. Im Nachweisverfahren werden auf beiden Seiten ausführliche und vereinfachte Verfahren angeboten.

3. Vereinfachter Nachweis der Verordnung

Für Wohngebäude (einschließlich teilweiser wohnähnlicher Nutzung, wie Büros und Praxen) wird in der Verordnung ein s. g. „Vereinfachtes Verfahren“ als Handrechenmethode angeboten. Dieses Verfahren ist in Nachfolge zum Verfahren der bisherigen Wärmeschutzverordnung ein „Heizperiodenbilanzverfahren“. Während das Monatsbilanzverfahren die monatlichen Temperaturdifferenzen berücksichtigt, wird der Verlauf der Außentemperatur beim „Vereinfachten Verfahren“ über eine Heizgradtagszahl abgebildet. Diese Heizgradtagszahl ermittelt die korrekten Werte nur unter der Annahme, dass der Wärmeschutz nach der EnEV „zielgenau“ ausgelegt wird (Standard-Anlage unterstellt). Ein verbesserter Wärmeschutz liegt infolge einer kleineren Heizgrenztemperatur auf der sicheren Seite. Das „Vereinfachte Verfahren“ kann Effekte wie zusätzliche Gewinne durch Glasvorbauten, transparente Wärmedämmung u. ä. nicht abbilden, zeichnet sich aber trotz Flexibilität durch einen einfachen Rechengang aus. Die Ermittlung des Jahres-Primärenergiebedarfs erfolgt auf der Grundlage des Jahres-Heizwärmebedarfs mit einer Anlagenaufwandszahl nach DIN V 4701-10:

$$Q_p = (Q_h + Q_w) \cdot e_p$$

Dabei bedeuten

Q_h der Jahres-Heizwärmedarf nach dem „Vereinfachten Verfahren“

Q_W der Warmwasserbedarf

e_p die Anlagenaufwandszahl nach DIN V 4701-10

Bei der Ermittlung von Q_h sind feste Randbedingungen zu beachten, von denen nicht abgewichen werden darf. Die wichtigsten Ansätze sind in der Tabelle 1 enthalten.

Die Anlagenaufwandszahl zur Ermittlung des Jahres-Primärenergiebedarfes im vereinfachten Verfahren kann entweder über Tabellen nach DIN V 4701-10 oder über eine entsprechende Grafik bestimmt werden. Derartige grafische Darstellungen gibt es für alle üblichen Heizungssysteme. Die Kennlinien sind abhängig von der Nutzfläche A_N und dem Jahres-Heizwärmebedarf Q_h. Abbildung 2 zeigt beispielhaft eine solche Darstellung für ein System mit Brennwert-Technik.

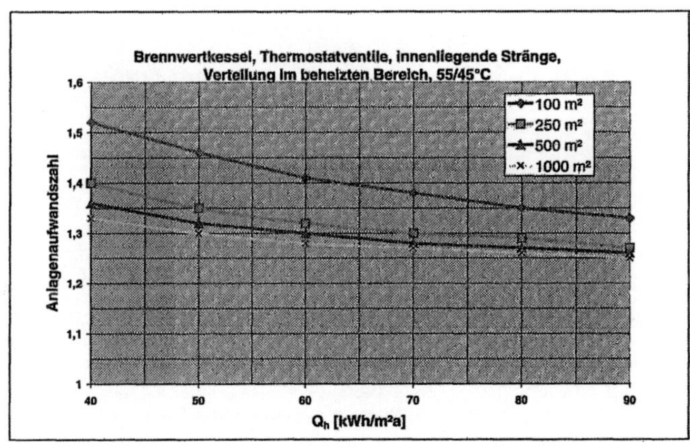

Abb. 2: Beispielhafte Darstellung zur Ermittlung von e_p

Tab. 1: Vereinfachtes Verfahren der EnEV

Zeile	Zu ermittelnde Größen	Gleichung	Zu verwendende Randbedingung
	1	2	3
1	Jahres-Heizwärmedarf Q_h	$Q_h =$ 66 $(H_T + H_V)$-0,95(Q_s+Q_i)	
2	Spezifischer Transmissionswärmeverlust H_T	$H_T = \Sigma (F_{xi} U_i A_i) + 0{,}05 A$	Es sind die festgelegten Temperatur-Korrekturfaktoren F_{xi} zu verwenden. Die Wärmedurchgangskoeffizienten der Bauteile U_i sind nach DIN EN ISO 6946 : 1996-11 und DIN EN ISO 10077-1 : 2000-11 zu ermitteln oder technischen Produktspezifikationen zu entnehmen. Die Flächen der Bauteile A_i sind mit Außenmaßen zu ermitteln. Die wärmeübertragende Umfassungsfläche A ist nach EnEV zu ermitteln.
3	Spezifischer Lüftungswärmverlust H_V	$H_V = 0{,}19\ V_e$	Diese Gleichung ist zu verwenden, wenn *keine* Dichtheitsprüfung durchgeführt wird.
4		$H_V = 0{,}163\ V_e$	Diese Gleichung ist zu verwenden, wenn eine Dichtheitsprüfung durchgeführt wird.
5	Solare Gewinne Q_S	$Q_S =$ $\Sigma (I_s)_{j,HP}\ \Sigma\ 0{,}567\ g_i\ A_i$	Solare Einstrahlung $\Sigma(I_S)_{j,HP}$: Süd 270 kWh/m²a Ost bzw. West 155 kWh/m²a Nord 100 kWh/m²a Dach (Neigung < 30°) .225 kWh/m² Die Fläche der Fenster A_i mit der Orientierung j (Süd, West, Ost, Nord und horizontal) ist nach den lichten Fassadenöffnungsmaßen zu ermitteln. Der Gesamtenergiedurchlassgrad g_i ist technischen Produktspezifikationen zu entnehmen oder nach DIN EN 410 : 1998 – 12 zu ermitteln.
6	Interne Gewinne Q_i	$Q_i = 22\ A_N$	Gebäudenutzfläche A_N ist nach EnEV zu ermitteln.

Die Anlagenaufwandszahl zur Ermittlung des Jahres-Primärenergiebedarfes im vereinfachten Verfahren kann entweder über Tabellen nach DIN V 4701-10 oder über eine entsprechende Grafik bestimmt werden. Derartige grafische Darstellungen gibt es für alle üblichen Heizungssysteme. Die Kennlinien sind abhängig von der Nutzfläche A_N und dem Jahres-Heizwärmebedarf Q_h. Abbildung 2 zeigt beispielhaft eine solche Darstellung für ein System mit Brennwert-Technik.

4. Gebäudedichtheit

Im rein baulichen Bereich, der insbesondere für die Senkung des Heizwärmebedarfes Q_h verantwortlich ist, bietet der Referentenentwurf der EnEV Neuigkeiten für Planung und Ausführung an. Zum einen ist dies die Berücksichtigung der Dichtheit des Gebäudes und zum anderen ist es die Möglichkeit zur Verringerung (und rechnerischen Berücksichtigung) von Wärmebrücken.

Die luftdichte Ausführung von Gebäuden – nach dem jeweiligen Stand der Technik- war schon immer eine baulich-energetische Anforderung, die bereits in der gültigen Wärmeschutzverordnung verankert ist. Praxistests hatten jedoch gezeigt, dass Planung und Ausführung durchaus große Probleme bei der Realisierung einer luftdichten Gebäudehülle haben. Der berühmte „Orkan aus der Steckdose" war ein Beispiel dafür, dass bei der Wahl der Luftwechselrate für die stationäre Wärmebilanz moderat vorgegangen werden musste, um nicht zu starke Abweichungen des errechneten Energiebedarfs von sich einstellenden Energieverbräuchen zuzulassen.

Die europäische Norm DIN EN 832 „Wärmetechnisches Verhalten von Gebäuden" hat deshalb Ansätze aufgenommen, um bei nachweislich dicht ausgeführten Neubauten (mit einem deutlich geringeren In- und Exfiltrationsanteil) die Luftwechselrate zu verringern. Die Norm ermöglicht hier eine Absenkung um $n = 0{,}1\ h^{-1}$. Die Frage ist nun: Was ist ausreichend dicht und wann darf man sich über die Dichtheit sicher sein? Der Verordnungsgeber will die Option des rechnerischen Ansatzes über die Energieeinsparverordnung weitergeben und ist der Auffassung, dass diese Option nur durch einen Dichtheitsnachweis genutzt werden darf.

Die Dichtheitsprüfung ist im Referentenentwurf der EnEV eine *Option*, die nach einer europäischen Norm als Differenzdruckverfahren bei 50 Pa Über-/Unterdruck durchgeführt werden kann. Im Kleinhausbau sind für eine Prüfung mit der s.g. „Blower Door" ca. 600 bis 1200 DM einzukalkulieren. Diese Investition lohnt sich. In der Planung wird man mit einer Verringerung des rechnerischen Luftwechsels belohnt. Als durchschnittlicher „Standardluftwechsel" soll ein Wert von $n = 0{,}7\ h^{-1}$ angesetzt werden. Für dichtheitsgeprüfte Gebäude mit freier Lüftung kann der Wert für den Luftwechsel auf $n = 0{,}6\ h^{-1}$ abgesenkt werden. Bei Einbau von Lüftungsanlagen insbesondere mit Wärmerückgewinnung kann dieser Wert in Abhängigkeit vom Anlagenluftwechsel bzw. dem Nutzungsfaktor des Wärmetauschersystems ggf. noch weiter abgesenkt werden.

Der Dichtheitsnachweis und darüber hinaus der Einbau einer modernen Lüftungsanlage wird durch die geringeren Lüftungswärmeverluste Spielräume für die Auslegung der Wärmedämmung des Gebäudes anbieten. Die konsequente Planung und Ausführung von luftdichten Details hilft allein beim Wärmebedarf ca. 10 % einzusparen.

5. Wärmebrücken

Untersuchungen zeigen, dass Wärmebrücken insbesondere bei gut gedämmten Konstruktionen einen Anteil von bis zu 20 % der Transmissionswärmeverluste haben. Deshalb gilt es, mit der neuen Methodik die Berücksichtigung der Wärmebrückenwirkung zu erfassen und zur Vermeidung von Wärmebrücken beizutragen. Die Planungen in der Verordnung geben bisher 3 Wege an, um den Nachweis zu führen. Zum einen kann ohne Nachweis ein pauschaler Wärmebrückenzuschlagskoeffizient $\Delta U_{WB} = 0{,}1\ W/m^2 \cdot K$ angesetzt werden. Mittlerweile gibt es jedoch auch technische Regeln, die zur Vermeidung von Wärmebrücken anhalten. Hierzu sei auf das neu erarbeitete Beiblatt 2 zur DIN 4108 hingewiesen, wo besonders wärmebrückenarme Konstruktionsbeispiele dargestellt sind. Bei Anwendung dieser Konstruktionen muss nur der halbe Zuschlag für Transmissionswärmeverluste über Wärmebrücken angesetzt werden. Alternativ kann natürlich auch ein genauer Nachweis der Wärmebrücken nach DIN EN 10211-1:1995 und DIN EN 10211-2:1999 geführt werden. Dabei ist der längenbezogene Wärmedurchgangskoeffizient Ψ, der auch als Wärmebrückenverlustkoeffizient bezeichnet wird, aus Wärmebrückenkatalogen zu entnehmen oder gesondert zu berechnen. Zu beachten ist allerdings, dass der öffentlich-rechtliche Nachweis nach der Wärmeschutzverordnung sich ausschließlich an Außenmaßen orientiert.

6. Umfassende Auswirkungen der EnEV auf den Gebäudebestand

Das technische Einsparpotential im Gebäudebestand beläuft sich gemäß Enquete-

Kommission des Deutschen Bundestages zum "Schutz der Erdatmosphäre" auf 70 bis 90 %. Experten schätzen – gestützt auf gutachterliche Analysen – das wirtschaftliche Einsparpotential auf etwa 50 %, eine optimale Nutzung vorausgesetzt.
Derzeitig gibt es für den Bestand sogenannte bedingte Anforderungen (Bauteilanforderung). Sie greifen dann, wenn das Bauteil ohnehin (aus welchen Gründen auch immer – Austausch bei physischem Verschleiß, Beseitigung von Mängeln und Schäden, Verschönerungen etc.) verändert wird. In diesem Zusammenhang soll auch die energetische Qualität auf neuestes Niveau gebracht werden, da die Kopplung der energetischen Ertüchtigung mit „Ohnehin-Maßnahmen" wirtschaftlich darstellbar ist. Auch den Anforderungen, die bei der Änderung von Außenbauteilen gestellt werden, liegen Wirtschaftlichkeitsuntersuchungen zugrunde. Der Verordnungsgeber ist hier an das verschärfte Wirtschaftlichkeitsgebot für bestehende Gebäude gebunden (§ 4 Abs. 3 i.V.m. § 5 Abs. 1 Satz 3 EnEG). Da die bestehenden Bauteilschichten auf die neuen Anforderungen angerechnet werden können, sind die Maßnahmen in der Regel sehr moderat (siehe auch Tabelle 2). Zu beachten ist allerdings, dass die Wärmedurchgangskoeffizienten nach europäischen Normen berechnet werden müssen und damit in einigen Fällen ungünstiger ausfallen, als das die bisherigen DIN-Normen vorgaben.
Obwohl auch in Zukunft vom Grundsatz bedingter Anforderungen nicht abgewichen werden soll, ergibt sich dennoch ein erstaunliches Zugriffspotential. Das Instrument der bedingten Anforderungen wurde dem neuesten Stand der Technik und Wirtschaftlichkeit angepasst. Die Erweiterung der Anwendungsfälle wurde geprüft. So könnte z. B. der Tatbestand des Entfernens des Außenputzes und dessen Erneuerung mit wärmetechnischen Forderungen belegt werden. Wird bei einem bestehenden Bauteil mit einem Wärmedurchgangskoeffizienten > 0,9 W/m² • K der Außenputz erneuert, dann muss wärmetechnisch nachgerüstet werden.
Das führt zu Modernisierungsmaßnahmen mit einer 8 bis 10 cm starken zusätzlichen Dämmung (ggf. als WDVS). Bei 10 cm Dämmstoffstärke liegen gemäß gutachterlicher Untersuchung die Zusatzkosten eines Wärmedämmverbundsystems gegenüber der „Ohnehin-Maßnahme" Putzerneuerung bei 35 %. Bei typischen Altbaukonstruktionen in Deutschland ist diese Maßnahme wirtschaftlich. So ergibt sich bei der Dämmung einer Außenwand mit einem k-Wert von 1,25 W/m² • K mit 10 cm Dämmstoff eine statische Amortisationszeit von ca. 9 Jahren.

Tab. 2: Vergleich der bedingten Anforderungen nach bestehender Wärmeschutzverordnung und Energieeinsparverordnung

	Bauteil	**Max. Wärmedurchgangskoeffizient k-Wert (U-value)[W/m² · K)]**	
		EnEV	**WschV 95**
1	Außenwände (Innendämmung, Gefacherneuerung)	0,45	0,50
2	Außenwände (Bekleidung, Zusatzdämmung, Putzerneuerung)	0,35	0,40
3	Fenster	1,7	1,8
4	Decken, Dächer, Dachschrägen (Steildach)	0,30	0,30
5	Flachdach	0,25	0,30
6	Decken und Wände gegen unbeheizte Räume bzw. Erdreich (Dämmung auf der Kaltseite)	0,40	0,50
7	Decken und Wände gegen unbeheizte Räume bzw. Erdreich (Dämmung auf der Warmseite)	0,50	0,50

Aber auch Maßnahmen mit Kerndämmung oder die Ausfachung von Fachwerkwänden sollen mit einbezogen werden. Es ist auch möglich, verschiedene, bereits jetzt bestehende Tatbestände weiter zu differenzieren und dann mit entsprechenden unterschiedlichen Anforderungen zu belegen. Das betrifft insbesondere die vielfältigen Maßnahmen an Steil- und Flachdächern wie auch an Wänden und Decken gegen unbeheizte Räume und gegen Erdreich.

Die Anforderungen an Fenster, Fenstertüren sowie Dachflächenfenster sollen auf Grund der vorliegenden Wirtschaftlichkeitsuntersuchung leicht verschärft werden. Die Mehrscheiben-Isolierverglasungen, die heute den Markt bestimmen, weisen Wärmedurchgangskoeffizienten von 1,1-1,3 W/(m²·K) auf. Bei der Bemessung der Anforderungen in der EnEV wurde aber berücksichtigt, dass die Wärmedurchgangskoeffizienten der Fenster (Rahmen und Verglasung) zukünftig nach einer europäischen Norm (DIN EN ISO 10077-1) zu ermitteln sind, mit der u. a. die Wärmebrücke im Glas-Rand-Verbund in den Rechengang einbezogen wird. Damit ergibt sich für dasselbe Fenster künftig ein etwas höherer Wärmedurchgangskoeffizient als nach der heute geltenden nationalen Norm (DIN 4108-4).

Darüber hinaus ist auch berücksichtigt, dass bei Multifunktionsgläsern (Wärmeschutzeigenschaften kombiniert mit Schallschutzmaßnahmen / Angriffshemmung / Brandschutzmaßnahmen) aus konstruktiven Gründen die Grenze der Wirtschaftlichkeit in der Regel bei etwas größeren Wärmedurchgangskoeffizienten liegt als für den Fall, dass ausschließlich Wärmeschutzeigenschaften gefragt sind.

Bei Außentüren werden erstmals moderate Mindestanforderungen festgelegt. Zwischenzeitlich haben Anbieter von Außentüren – wegen der Anforderungen bei neuen Gebäuden in der Wärmeschutzverordnung – entsprechend wärmegedämmte Konstruktionen in ihr Angebot aufgenommen. Diese Maßnahme ist wirtschaftlich vertretbar.

Der Tatbestand der Erneuerung von Vorhangfassaden wurde erstmalig aufgenommen. Dies dient unter anderem der Klarstellung, denn solche Systeme sind bisher weder eindeutig den Außenwänden noch den Fenstern zuzurechnen, so dass Zweifel aufkommen könnten, ob die in der Wärmeschutzverordnung enthaltenen Tatbestände auch Maßnahmen an Vorhangfassaden betreffen. Da zu erwarten ist, dass derartige Fassaden zunehmend saniert werden müssen, sollen nunmehr auch energetische Mindestanforderungen in die Verordnung aufgenommen werden.

Tabelle 3 zeigt die in der Verordnung angegebenen bedingten Anforderungen für den Gebäudebestand als Bauteilverfahren. Die EnEV enthält wie die Wärmeschutzverordnung eine Bagatellregelung (Anforderungen gelten ab Erneuerung von mindestens 20% der Bauteilfläche gleicher Orientierung).

Nachrüstungen können im baulichen Bereich unter Beachtung wirtschaftlicher Randbedingungen nur punktuell zum Zuge kommen. Das betrifft vor allem die zusätzliche Dämmung der obersten Geschossdecken unter nicht ausbaufähigen Dachräumen.

Im Regelungsbereich der geltenden Heizungsanlagenverordnung wurden auch bisher Nachrüstverpflichtungen eingeführt, die sowohl wirtschaftlich als auch hinsichtlich ihres Investitionsmittelbedarfes als verhältnismäßig anzusehen sind. Derartige Potentiale sollen auch mit der geplanten Energieeinsparverordnung erschlossen werden. Nach statistischen Angaben sind noch rd. drei Millionen veraltete Heizkessel in Betrieb, die vor dem Inkrafttreten der 1. Heizungsanlagenverordnung eingebaut worden sind. Die Brennstoffausnutzung und damit die energetische Qualität dieser Kessel ist im Vergleich zum heutigen Standard allgemein schlecht. Sie sind häufig überdimensioniert und nur unzureichend gedämmt. Durch den Einbau neuer Kessel kann der Energieverbrauch im Durchschnitt um 20 % gesenkt werden, was ein CO_2-Minderungspotential von über 7,5 Mio. Tonnen/Jahr erschließen würde. Die Pflicht zur Erneuerung ist auch deshalb hoch wirtschaftlich, da diese Anlagen "physisch und moralisch völlig verschlissen sind". Ebenso soll eine Pflicht zur nachträglichen Dämmung zugänglicher Rohrleitungen und Armaturen in nicht beheizten Räumen eingeführt werden.

Auch für den Gebäudebestand wurden Bemühungen unternommen, die Flexibilität der Planung deutlich zu erhöhen und neue Freiräume zu schaffen. Denn im Grunde genommen ist eine deutliche Energieeinsparung über abgestimmte Maßnahmen wertvoller als eine spektakuläre Einzelmaßnahme. In diesem Zusammenhang wird dem Pla-

Tab. 3: Höchstwerte der Wärmedurchgangskoeffizienten bei erstmaligem Einbau, Ersatz und Erneuerung von Bauteilen

Zeile	Bauteil	Maßnahme nach	Gebäude mit normalen Innentemperaturen	Gebäude mit niedrigen Innentemperaturen
			maximaler Wärmedurchgangskoeffizient U_{max} [1)] in W / (m²·K)	
	1	2	3	4
1 a)	Außenwände	allgemein	0,45	0,75
b)		Bei Außendämmung, Putzerneuerung, zusätzliche Dämmschichten	0,35	0,75
2 a)	Außenliegende Fenster, Fenstertüren, Dachflächenfenster	Bei Ersatz, erstmaligem Einbau, zusätzliche Vor- oder Innenfenster	1,7 [2)]	2,8 [2)]
b)	Verglasungen	Bei Ersatz	1,5 [3)]	keine Anforderung
c)	Vorhangfassaden	allgemein	1,9 [4)]	3,0 [4)]
3 a)	Außenliegende Fenster, Fenstertüren, Dachflächenfenster mit Sonderverglasungen	Bei Ersatz, erstmaligem Einbau, zusätzliche Vor- oder Innenfenster	2,0 [2)]	2,8 [2)]
b)	Sonderverglasungen	Bei Ersatz	1,6 [3)]	keine Anforderung
c)	Vorhangfassaden mit Sonderverglasungen	allgemein	2,3 [4)]	3,0 [4)]
4 a)	Decken, Dächer und Dachschrägen	Bei Dacherneuerung (Dachhaut, Bekleidungen, Verschalungen, Dämmschichten)	0,30	0,40
b)	Flachdächer	Bei Dacherneuerung (Dachhaut, Bekleidungen, Verschalungen, Dämmschichten)	0,25	0,40
5 a)	Decken und Wände gegen unbeheizte Räume oder Erdreich	Außenseitige Erneuerung (Bekleidungen, Verschalungen, Feuchtigkeitssperren, Drainagen, Deckenbekleidung Kaltseite)	0,40	keine Anforderung
b)		Innenseitige Erneuerung (Bekleidungen, Verschalungen, Fußboden, Dämmung)	0,50	keine Anforderung

1) Wärmedurchgangskoeffizient des Bauteils unter Berücksichtigung der neuen und der vorhandenen Bauteilschichten
2) Wärmedurchgangskoeffizient des Fensters
3) Wärmedurchgangskoeffizient der Verglasung
4) Wärmedurchgangskoeffizient der Vorhangfassade

ner angeboten, eine Energiebilanz für das gesamte Gebäude durchzuführen. Die dann zu erreichenden Anforderungen sind bei wietem nicht so scharf, wie für die Neubauten. Bei wesentlichen Änderungen am Gebäude (umfassende Maßnahmen an Außenbauteilen gekoppelt mit einer Erneuerung der Heizungsanlage) ist dies ohnehin der einzig vernünftige Weg.

7. Energieausweis

Mit einer neuen Energieeinsparverordnung kann der bisher vorgeschriebene Wärmebedarfsausweis zu einem Energiebedarfsausweis weiter entwickelt werden, weil die neuen Anforderungen alle wesentlichen Energiebedarfsanteile eines Gebäudes erfassen. Der Energiebedarfsausweis soll so ausgestattet werden, dass er auch für Nichtfachleute lesbar ist. Er wird im Wesentlichen auf die Daten zurückgreifen, die ohnehin im Nachweisverfahren zu ermitteln sind, um die Einhaltung der Anforderungen an den Heizenergiebedarf rechnerisch nachzuweisen. Dieser Energiebedarfsausweis wird im Neubau sowie bei der wesentlichen Änderung von Gebäuden obligatorisch. Für den Bestand bleibt er eine freiwillige Option.

Er soll sowohl den Nachweis der Anforderungen dokumentieren als auch die Aufschlüsselung des Energiebedarfs nach den einzelnen Energieträgern enthalten. Der Energiepass kann – publizistisch richtig „verkauft" – das öffentliche Bewusstsein schärfen.

Dazu muss er aber gegenüber dem Wärmebedarfsausweis nach der geltenden Wärmeschutzverordnung nicht nur inhaltlich erweitert, sondern auch in der Darstellungsweise weiterentwickelt werden. Der Vorschlag eines Gutachters für eine graphische Aufbereitung der wesentlichen Kenngrößen Jahres-Heizenergiebedarf und Jahres-Primärenergiebedarf könnte hier weiter verfolgt werden (Abb. 3).

8. Literaratur

[1] Ehm, H./Schettler-Köhler, H-P.: Von der Wärmeschutzverordnung zur Energieeinsparverordnung. BbauBl 46 (1997) H.11, S.780

[2] Schettler-Köhler, H-P.: Wärmeschutz im Bestand. BbauBl 45 (1996) H.2, S.99

[3] Hegner, H-D.: Energieeinsparverordnung 2000 BbauBl 48 (1999) H.6, S.10

[4] Verordnung über einen energiesparenden Wärmeschutz bei Gebäuden (Wärmeschutzverordnung – Wärmeschutz-V) vom 16. August 1994, Bundesgesetzblatt I, S.2121

[5] Rathert, P./Hegner, H-D.: Wärmeschutzverordnung und Heizungsanlagenverordnung mit Erläuterungen. Bundesanzeiger-Verlagsgesellschaft, 2. überarbeitete und erweiterte Auflage, 1999

[6] DIN EN 832: 1998-12 „Wärmetechnisches Verhalten von Gebäuden – Berechnung des Heizenergiebedarfs". Beuth Verlag GmbH

[7] Feist, W.: Überprüfung der bedingten energetischen Anforderungen im Gebäudebestand bei Beibehaltung der gegenwärtigen Rechtsgrundlage der Wärmeschutzverordnung. Studie im Auftrag des Bundesministeriums für Raumordnung, Bauwesen und Städtebau, Dez. 1997

[8] Referentenentwurf der Energieeinsparverordnung des Bundesministeriums für Verkehr, Bau- und Wohnungswesen, Juni 1999/November 2000.

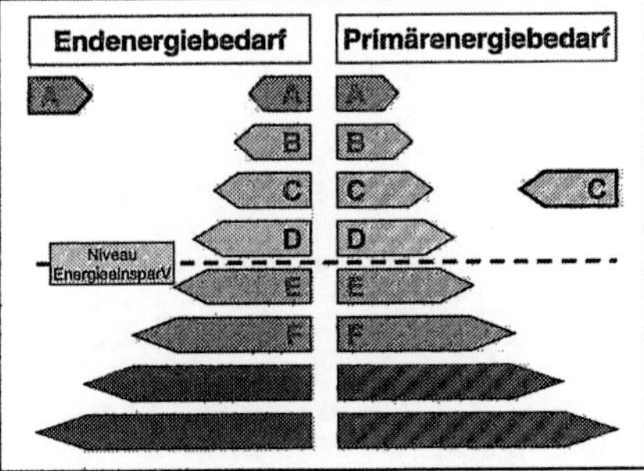

Abb. 3: Vorschlag für die graphische Darstellung der energetischen Qualität in einem künftigen Energiepass

Alte und neue Risse im Bestand – Beurteilungsregeln und -probleme

Prof. Dr.-Ing. Rainer Oswald, AIBau Aachen

1. Problemstellung

1.1 Typische Beurteilungssituationen

Während oder nach Neubau-, Kanal-, Straßen- und Umbauarbeiten wird häufig darüber gestritten, ob diese Arbeiten durch Erschütterungen oder Setzungen Risse an der bestehenden Nachbarbebauung verursacht haben. Da das zur Diskussion stehende gegebenenfalls ursächliche Ereignis meist nur über einen eng begrenzten, kurz zurückliegenden Zeitraum einwirkte, ist der Versuch naheliegend, die Vermutung eines Ursachenzusammenhangs über die Bestimmung des Alters der bemängelten Risse zu bestätigen oder zu widerlegen.

Auch bei Schäden durch den Bergbau (Bergschäden) kann eine Aussage über das Rissalter häufig zur Ursachenabgrenzung beitragen, da auch hier ein Beginn und ein Ende der bergbaulichen Einwirkungen feststeht.

Schließlich wird bei Streitigkeiten zwischen dem Käufer und Verkäufer von Immobilien gelegentlich die Frage nach dem Alter von Rissen gestellt, wenn geklärt werden muss, ob die Risse dem Verkäufer bekannt gewesen sein können und beim Verkauf arglistig verschwiegen wurden.

1.2 Bauzustandsdokumentation (BZD)

Wie der folgende Beitrag zeigt, kann eine methodische Untersuchung zwar häufig die Frage nach dem ungefähren Entstehungszeitpunkt eines Risses klären, trotzdem ist vor Neubaumaßnahmen eine Bauzustandsdokumentation sehr anzuraten. Im Zusammenhang mit Unterfangungen bei bestehenden Gebäuden formuliert DIN 4123: *„Es wird empfohlen, im Rahmen eines Beweissicherungsverfahrens vor Beginn der Bauarbeiten unter Mitwirkung aller Beteiligten den Zustand der bestehenden Gebäude festzustellen und Höhenmesspunkte, ggf. auch Verschiebungsmesspunkte, einzumessen.*" Ich halte dabei den von der Norm verwendeten Begriff „Beweissicherungsverfahren" für sehr unglücklich, da er mit dem Selbständigen Beweisverfahren im gerichtlichen Bereich verwechselt werden kann. Ich schlage daher hiermit vor, grundsätzlich in diesem Zusammenhang von „Bauzustandsdokumentationen" (BZD) zu sprechen. Ich meine, solche Dokumentationen sollten zur Regel werden.

Durch die auch für den Altbaubesitzer offene Dokumentation bereits vorhandener Risse können nämlich Streitigkeiten von vornherein minimiert werden. Zudem fällt dann auch der Untersuchungsaufwand wesentlich geringer aus – geht es doch bei der BZD um eine reine Dokumentation, während die nachträgliche Begutachtung wesentlich genauer nach Ursache und Alter forschen muss. Ich meine, dass man in Zweifelsfällen bei unterlassener BZD die Verantwortlichkeit eher beim Unternehmer suchen sollte, obwohl eine solche Beweislastregel juristisch nicht besteht.

Im Rahmen der Bergschäden liegt gemäß Bundesberggesetz (12.02.1990) im Zweifelsfall die Beweislast auf der Seite des Bergbauunternehmens. Das BbergG formuliert in § 120: *„'Bergschadensvermutung': entsteht im Einwirkungsbereich ... ein Schaden, der seiner Art nach ein Bergschaden sein kann, so wird vermutet, dass ... er ... vom ... Bergbaubetrieb verursacht worden ist.*"

Leider bestehen für eine aussagefähige Bauzustandsdokumentation keine verbindlichen Regeln. Das macht die übliche Beauftragung solcher Gutachten bei umfangreicheren Bauzustandsdokumentationen über Ausschreibung das Ausschreibungsergebnis völlig untransparent, da völlig unterschiedliche Dokumentationsleistungen angeboten werden können. Ich schlage vor, dass sich die Berufsgruppe der Bausachverständigen selbst darum kümmern sollte, Mindeststandards für Bauzustandsdokumentationen zu formulieren. Ich meine, dass in einer solchen Dokumentation folgende Informationen enthalten sein sollten:

- Planunterlagen (ggf. nach einem Grobaufmaß)

- Erfassung aller wesentlichen Gebäudebereiche
- Beschreibung der Oberflächenbehandlung der besichtigten Räume
- Beschreibung der ermittelten Schäden
- Angabe zu typischen Rissbreiten und Rissversätzen mit Dokumentation des jeweiligen Messortes
- zeichnerische / fotografische Dokumentation typischer Rissverläufe, ebenfalls mit Positionsangabe

Da es sich bei der Bauzustandsdokumentation um eine bei vielen Gebäuden in ähnlicher Weise ablaufende Begutachtung handelt, müsste sie ebenfalls sehr gut durch eine Computer-Software vorbereitet und rationalisiert werden können.

Wurden keine Bauzustandsfeststellungen durchgeführt, so gibt es immerhin noch eine größere Zahl von Lösungsansätzen für das Problem der Abgrenzung von alten und neuen Rissen. Darauf soll der folgende Beitrag eingehen.

2. Ursachenabgrenzung

Bei den meisten der oben skizzierten Fragestellungen geht es nicht in erster Linie um das Rissalter, sondern um die Frage, ob ein bestimmtes Rissbild einem bestimmten Erschütterungs- oder Setzungsereignis zuzuordnen ist oder nicht. Es geht also um eine Ursachenabgrenzung. Der beste Ansatz zur Lösung unseres Problems ist es daher, aus der konstruktiven Gesamtsituation und dem Rissbild auf die möglichen Ursachen zurückzuschließen. Das lässt dann häufig auch eine Aussage über das Rissalter zu.

2.1 Naheliegendste Rissursache

Zunächst sollte nach der offensichtlichsten Ursache der bemängelten Risse gesucht werden. Die Frage lautet also: Auf welche Ursachen (-Alternativen) lässt das Rissbild in der jeweiligen konstruktiven Situation naheliegend schließen?

In Sichtbetonwänden oder Brüstungen – z.B. Keller- oder Tiefgaragenwänden – treten häufig etwa im Abstand der doppelten Wandhöhe senkrechte Rissverläufe auf, die typisch für Hydratationswärmezwangzustände sind (Abb. 1). Da die Hydratationswärmeentwicklung im Wesentlichen bei den meisten Zementsorten auf die ersten beiden Tage nach dem Betonieren beschränkt sind, treten solche Zwängungsrisse also in den ersten Tagen der Errichtung des Gebäudes auf und können sich dann lediglich noch im Hinblick auf die Schwind- und Kriechverformungen der Stahlbetonbauteile etwas erweitern.

Da ein solches Rissbild auch durch übliche Erschütterungs- und Setzungsvorgänge nicht erklärt werden kann, ist eine relativ eindeutige Festlegung des Zeitpunktes der Rissentstehung – in diesem Fall ganz zu Beginn der Standzeit des Gebäudes – über die Rissursache möglich.

Werden Oberflächenschichten (z.B. Putz) auf völlig unzureichend vorbehandeltem Untergrund aufgebracht, so zeigen das Rissbild wie auch der Zustand des Untergrundes eindeutig, dass keine von außen einwirkenden Erschütterungen primär ursächlich sein können. So wurde bei einem verputzen Fachwerkbau behauptet, Putzrisse über dem Fachwerk seien auf Erschütterungen in der Nachbarschaft zurückführbar: Die Untersuchung zeigte, dass der Putz ohne jeden Putzträger über die Hölzer aufgetragen wurde (Abb. 2 und 3). Hier ist also dieser Putzmangel eindeutig ursächlich und es ist eher verwunderlich, dass die gesamte Putzschale nicht schon längst abgestürzt war.

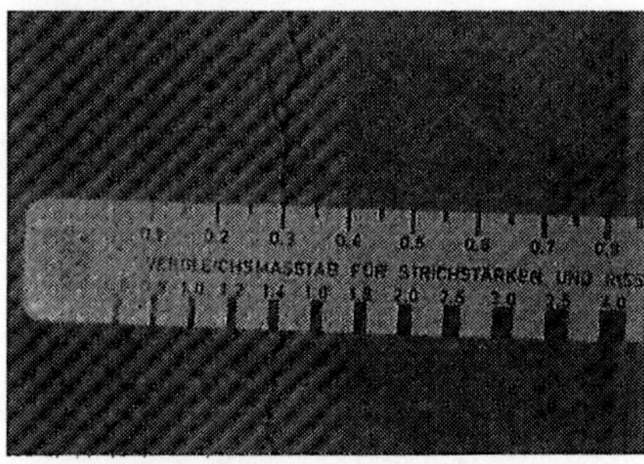

Abb. 1: Riss aus Hydratationswärmezwang in einer Tiefgaragenwand

2.2 Mögliches Schadensbild

Führt die soeben beschriebene Analyse nicht zu einem befriedigenden Ergebnis, so kann folgende Frage gestellt werden: Welches Schadensbild kann durch das streitige, ggf. schadensauslösende Ereignis überhaupt entstehen? Zur Beantwortung dieser Frage möchte ich im Hinblick auf Setzungen und Erschütterungen einige genauere Anmerkungen machen.

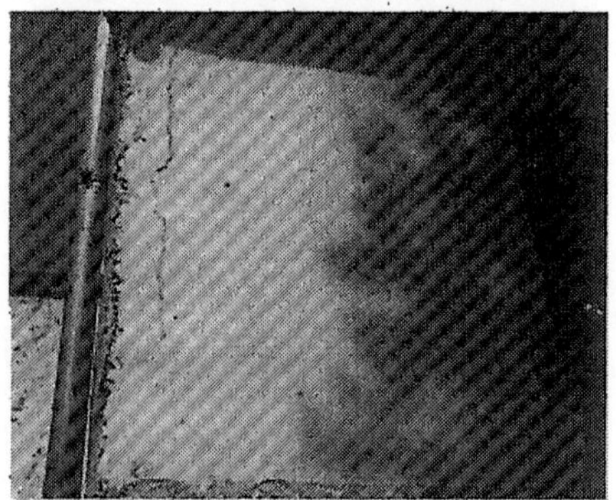

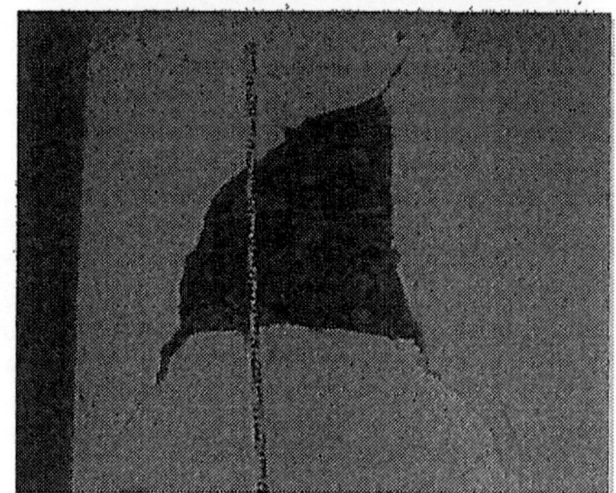

Abb. 2+3: Risse im Putz auf Fachwerk durch mangelhafte Untergrundvorbehandlung – es fehlt ein Putzträger über den Hölzern

Abb. 4+5: Diagonalrisse durch Setzungen der an die Nachbarbebauung grenzenden Fundamente eines Altbaus

2.2.1 Setzungen/Muldenlagen/Sattellagen

Bei durch Baumaßnahmen oder Bergbau ausgelösten Lageänderungen der Fundamente des Altbaus ist in aller Regel der Verformungsvorgang der Richtung und Größe nach relativ genau ermittelbar. Gebäude in Bergsenkungsgebieten weisen häufig mehrere, kontinuierlich vermessene Höhenmesspunkte auf, die Art der Lageänderung ist dann relativ genau bekannt. Damit ist fast immer auch eine deutliche Zuordnung der Hauptrisse möglich, da aus den entstehenden Zwangsspannungszuständen relativ sicher auf den möglich Rissverlauf geschlossen werden kann.

Durch Unterfangungsmängel bei der Errichtung des Nachbarhauses ist es am dargestellten Altbau (Abb. 4 und 5) zu Diagonalrissen in Brüstungen und Stürzen gekommen, deren Verlauf eindeutig auf die Setzung der zum Nachbarn gelegenen Giebelwand schließen lässt: Die Risse steigen zum sich setzenden Bauteil hin an. Die Situation ist hier wohl so eindeutig, dass niemand ernsthaft über die Rissursache und damit auch über das Rissalter streiten darf.

2.2.2 Erschütterungen

Bei Erschütterungen ist die Klärung alleine aufgrund des Rissverlaufs häufig nicht so einfach, da das Schwingungsverhalten der schadensbetroffenen Bauteile, die Frequenz und vor allem die Schwinggeschwindigkeit von großer Bedeutung sind. Sind die aufge-

tretenen Schwinggeschwindigkeiten rekonstruierbar – dies ist z.B. bei Dauererschütterungen durch Industrieanlagen durch Messungen der Fall – so kann auf der Grundlage der Grenzwerte von DIN 4015 Teil 2 (1999) Erschütterungen im Bauwesen, häufig deutlich ausgeschlossen oder bestätigt werden, ob Erschütterungen rissursächlich sind. So sind bei Dauererschütterungen selbst für denkmalgeschützte, höchst sensible Gebäude Schwinggeschwindigkeiten über 2,5 mm/sec. (gemessen im Keller und auf der obersten Geschossdecke) erforderlich, um Risse zu verursachen – diese bautechnisch harmlosen Erschütterungen sind aber schon deutlich spürbar und lassen Gläser in Schränken klirren (s. dazu Abb. 6 und 7).
Wie Abb. 7 zeigt, sind bei kurzfristigen Erschütterungen größere Schwinggeschwindigkeiten erforderlich, um Risse auszulösen.
Im Hinblick auf das Rissbild sind Erschütterungsrisse wesentlich weniger typisch ausgeprägt als Setzungsrisse. Sie gehen häufig von geschwächten Stellen der Wandfläche – z.B. Öffnungsecken – aus; das sind aber leider Zonen, die auch durch andere Zwangsspannungszustände reißen können. Sehr hilfreich zur weiteren Ursachenabgrenzung sind daher beim Themenkomplex „Erschütterungen" die im Abschnitt 3.2 beschriebenen Beobachtungen am Riss.
Insbesondere wenn die unter Abschnitt 3.2 dargestellten Beobachtungen nicht hinreichend zur Klärung des Problems führen, ist selbstverständlich anzuraten, im Hinblick auf die Schwingungsproblematik einen Spezialsachverständigen für dieses Gebiet hinzuzuziehen. Dies ist ohnehin schon erforderlich, um die ggf. notwendigen Erschütterungsmessungen durchzuführen.

3. Visuelle Untersuchungen im Rissverlauf

3.1 Verschmutzungsgrad

Insbesondere wenn die Beurteilung bald nach Eintritt des streitgegenständlichen Ereignisses möglich ist, kann der Verschmutzungsgrad in der Risstiefe einen Aufschluss geben. Sind die Rissufer erheblich eingeschwärzt und eingedunkelt, haben sie meist ein größeres Alter. Man kann dies den Verfahrensbeteiligten auch sehr gut demonstrieren, indem man ein Materialstück im Rissverlauf ausbricht und das Erscheinungsbild des neuen Bruchufers mit dem alten Rissufer vergleicht (s. Abb. 8). Sehr überzeugend ist das Argument des Verschmutzungsgrades allerdings selten, da meist zwischen streitgegenständlichem Ereignis und Beurteilungszeitpunkt so lange Fristen liegen, dass auch diese schon zur beobachteten Rissverschmutzung ausreichen.

3.2 Rückschlüsse aus zurückliegenden Arbeiten im Rissverlauf

Sehr gute und kaum widerlegbare Indizien für das Alter von Rissen ergeben meist genauere, leicht zerstörende Untersuchungen im Rissverlauf.

Gebäudeart	Schwinggeschwindigkeit [mm/s]
Gewerbe- / Industriegebäude	10
Wohngebäude / Gebäude ähnlicher Konstruktion	5
Besonders erhaltenswerte, erschütterungsempfindliche Gebäude	2,5

Anhaltswerte bei Dauererschütterungen DIN 4150-3: 1999-02
Oberste Geschossdecke, horizontal, alle Frequenzen

Gebäudeart	Schwinggeschwindigkeit [mm/s]			
	Fundament Frequenzen [Hz]			Oberste Decke; horizontal; alle Frequenzen
	1-10	10-50	50-100	
Gewerbe-/Industriegebäude	20	20-40	40-50	40
Wohngebäude / Gebäude ähnlicher Konstruktion	5	5-15	15-20	15
Besonders erhaltenswerte, erschütterungsempfindliche Gebäude	3	3-8	8-10	8

Anhaltswerte für kurzzeitige Erschütterungen DIN 4150-3: 1999-02

Abb. 6+7: Anhaltswerte für Dauerschütterungen und kurzzeitige Erschütterungen nach DIN 4150-3:1999-02

Abb. 8: Vergleich neuer Bruch (oben) und alter Riss mit Verschmutzung (unten)

Man klärt dazu, ob im Zeitraum vor dem streitgegenständlichen ggf. schadensauslösenden Ereignis irgendwelche Arbeiten im Rissverlauf oder an angrenzenden, benachbarten Bauteilen (Zuspachtelungsarbeiten, Anstricharbeiten, Renovierungs- und Anbauarbeiten) stattgefunden haben. In äußerst vielen Fällen stellt sich z.B. heraus, dass unter dem bemängelten Riss in der Oberflächenschicht (meist Putz, Anstrich oder Tapete) ein wesentlich breiterer, bereits nachgebesserter Altriss liegt. Abb. 9 und 10 zeigen z.B. einen ca. 0,4 mm breiten Riss in einem Fassadenanstrich, der darunter liegende Altputz zeigt einen über 2 mm breiten, zugemörtelten Altriss: Bereits bei den Anstricharbeiten war also ein sehr breiter Riss vorhanden. Häufig kann sogar an den vor längerer Zeit über dem Altrisse aufgebrachten Schichten die Rissbreite des Altrisses abgelesen werden. Abb. 11 und 12 zeigen die Probe eines Innen-

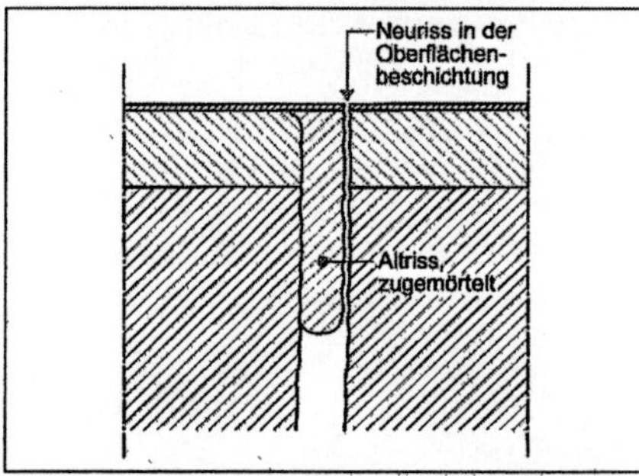

Abb. 9+10: Neuer schmalerer Riss im Beschichtungssystem über einem vor langer Zeit zugemörtelten Altriss

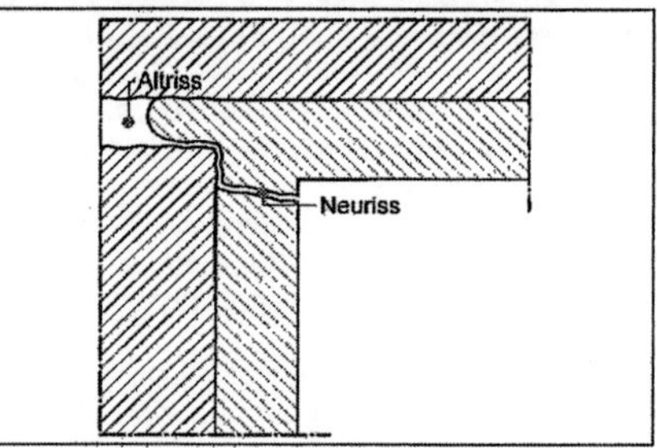

Abb. 11+12: Neu gerissener Innenputz im Bereich eines sehr breiten Altrisses

putzes, der selbst ca. 1 mm breit gerissen war, aber als Reparaturmörtel vor langer Zeit in einen 1 cm breiten Mauerwerksriss eingedrückt worden war.

Auch neu angemörtelte weitere Bauteile, die im Rissverlauf liegen und ihn rissefrei überdecken, können deutlich zeigen, dass die Risse bereits wesentlich älter als das streitgegenständliche Ereignis sind. Dann bleibt allerdings immer noch die Frage offen, ob der neue Anriss über dem Altriss durch das streitgegenständliche, ggf. schadensauslösende Ereignis hervorgerufen wurde. Wurden bei der Überarbeitung des Altrisses keine rissüberbrückenden Maßnahmen ergriffen, sondern wurde lediglich übergespachtelt oder überputzt, so kann man bei Altbauten in der Regel davon ausgehen, dass es auch ohne das streitgegenständliche Ereignis zu neuen Rissen über den einfachst überarbeiteten Altrissen gekommen wäre.

Bei neuen Anrissen über Altrissen streitet man sich im Übrigen um völlig andere Größenordnungen, da es dann nicht mehr um die Frage geht, wie ein ehemals ungerissenes Bauteil in seinen voll gebrauchstauglichen Zustand zurückversetzt werden kann bzw. welche Wertminderung sich aus der Störung des Bauteils ergibt, sondern nur noch um die Frage, wie eine erneute Risssanierung in der gleichen Qualität über dem Altriss aussehen kann.

3.3 Beobachtungen an Gipsmarken

Wirkt das streitgegenständliche Ereignis noch ein, so kann man versuchen, den Ursachenzusammenhang und damit auch das Rissalter über Gipsmarken einzugrenzen. Gipsmarken stellen eine sehr gute Möglichkeit dar, um insbesondere Rissaufweitungen zu untersuchen. Pilny hat dazu vor einer größeren Zahl von Jahren Untersuchungen durchgeführt (s. Abb. 13) und z.B. festgestellt, dass beim Aufweiten des Risses Gipsmarken bereits bei einer Rissbreitenänderung von 0,005 mm aufreißen. Derartig außerordentlich geringe Bewegungen sind aber an Gebäuden immer – allein schon aufgrund thermischer Belastungen – zu erwarten und sprechen insofern noch nicht für eine besondere Beanspruchung. Es ist daher immer erforderlich, wiederum die Rissbreite in der Gipsmarke selbst zu messen, um eine Aussage machen zu können. Ich denke, dass Rissweiten bis ca. 0,1 mm in Gipsmarken noch nicht für ein besonderes Schadensereignis sprechen, sondern lediglich auf überall mögliche thermische und hygrische Rissbreitenänderungen im Rissverlauf sprechen.

4. Chemische Untersuchungen im Rissverlauf

Bei aufklaffenden Rissen ist das Baumaterial im Bereich der Rissflanken der Außenluft und ggf. auch einer erhöhten Feuchtebelastung bei wasserbelasteten Oberflächen ausgesetzt. Diese Luft- oder Wasserbelastung können Veränderungen an der Oberfläche und im Inneren des gerissenen Baustoffs hervorrufen, über deren Untersuchung man ggf. auf das Rissalter schließen kann.
Bei bindemittelgebundenen Baustoffen ist z.B. die Karbonatisation infolge des Kontakts mit dem Kohlendioxyd der Luft ein durchaus lohnenswerter Untersuchungsansatz.
Bei Putzen ist eine solche Untersuchung der Karbonatisierungstiefe allerdings nicht sinnvoll, da Putze selbst bei hoher Dichtheit nach etwa einem Jahr völlig durchkarbonatisiert sind.

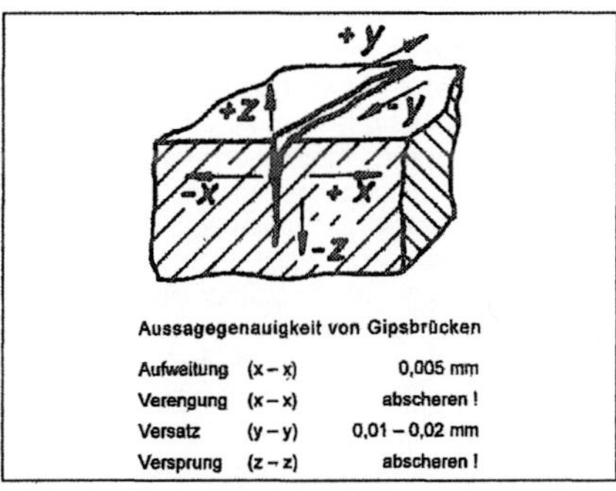

Aussagegenauigkeit von Gipsbrücken

Aufweitung	(x – x)	0,005 mm
Verengung	(x – x)	abscheren !
Versatz	(y – y)	0,01 – 0,02 mm
Versprung	(z – z)	abscheren !

Abb. 13: Untersuchungsergebnisse zur Wirkungsweise von Gipsmarken nach Pilny

Bei Kalksandsteinen kann nach Schubert von einer Karbonatisierungstiefe von ca. 40 mm nach drei Jahren ausgegangen werden. Deutlich in die Tiefe des Bauteils reichende Risse in Kalksandsteinen können also durchaus über den Phenolphtaleintest in dieser Hinsicht geprüft werden und eine Aussage über das Rissalter zulassen.
Erst recht ist diese Untersuchungsmethode natürlich bei Beton erfolgversprechend, da der durchkarbonatisierte Bereich z.B. bei B 25 bei guter Verdichtung je nach Zementart im Außenbereich z.B. nach 10 Jahren 9-12 mm beträgt. Die Rissflanken eines deutlich nach der Herstellung entstandene, klaffenden Risses zeigt dann im noch nicht karbonatisierten Bereich des Betons eine erheblich geringere Karbonatisierungstiefe (s. Abb. 14). Die Karbonatisierungsgeschwindigkeit nimmt in Rissen im Vergleich zur unmittelbar der Luft ausgesetzten Oberfläche deutlich ab. Schießl hat dazu bereits 1976 im Rahmen der Untersuchungen zu den zulässigen Rissbreiten in Stahlbetonbauteilen detailliert gearbeitet.

5. Zusammenfassung

Die Altersbestimmung von Rissen ist ein häufiges Problem im Bestand, insbesondere im Zuge von Neubaumaßnahmen im Nachbarbereich. Für die Klärung dieses Problems gibt es verschiedene Lösungsansätze. Es kann zunächst aufgrund einer Ursachenabgrenzung durch eine Interpretation des Rissbildes und durch eine Untersuchung der baukonstruktiven Rahmensituation geklärt werden, ob die Risse überhaupt durch das streitgegenständliche, ggf. schadensauslösende Ereignis hervorgerufen worden sein können, entweder weil das Rissbild eindeutig auf andere, bekannte Ursachen hindeutet oder weil der streitgegenständliche Vorgang gar nicht zu Rissen der bemängelten Art führen kann. Bei der Beantwortung dieser Frage ist es wichtig zu wissen, welche Schadensbilder überhaupt z.B. durch Setzungen oder Erschütterungen hervorgerufen werden können. Für Setzungen sind dabei recht klare Aussagen möglich. Bei Erschütterungen ist dies weniger eindeutig. Man kann durch Untersuchung der möglichen Schwinggeschwindigkeiten am Schadensort weitere aussagefähige Informationen erhalten.

Visuelle Untersuchungen am Riss sind häufig sehr erfolgversprechend. Der Verschmutzungsgrad an der Rissflanke ist – insbesondere wenn kurz nach Eintritt des Schadensereignisses besichtigt wird – schon ein sehr deutlicher Hinweis auf das Rissalter. Eine sehr wesentliche und überzeugende Methode ist es, nach älteren Arbeiten im Rissverlauf zu suchen, da dann der schon einmal früher erfolgte Verschluss des Risses meist nachgewiesen werden kann. Dann geht es nur noch um die Frage, ob der neue Riss über den Altriss allein oder überwiegend durch das streitgegenständliche Ereignis verursacht wurde.

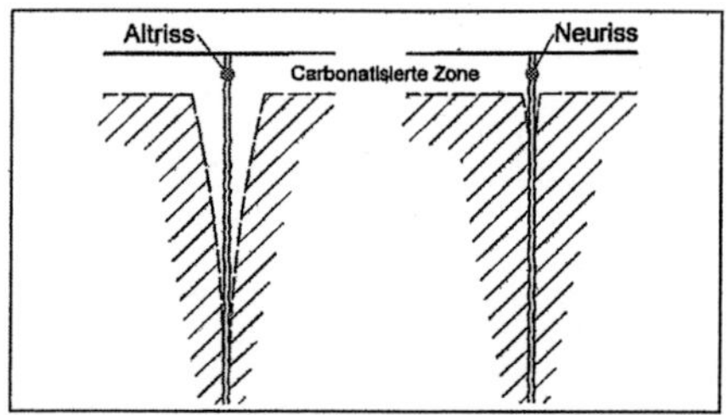

Abb. 14: Die unterschiedliche Karbonatisierungstiefe im Rissverlauf lässt Rückschlüsse über das Rissalter zu

Eine viel zu wenig genutzte Methode ist die Untersuchung der Änderung der Bauteileigenschaften am Rissrand. Insbesondere bei bindemittelgebundenen Bauteilen größerer Dicke – also bei Beton und Betonsteinen sowie Kalksandsteinen – kann nach Probenentnahme durch den Phenolphtaleintest festgestellt werden, ob die Karbonatisierungstiefe im Rissrandverlauf in ähnlicher Tiefe wie an der Bauteiloberfläche liegt. Auch über diesen Weg kann dann auf das Rissalter geschlossen werden.

Grundsätzlich muss festgehalten werden, dass in einer Anzahl von Fällen eine eindeutige Zuordnung nicht möglich ist. Insofern ist es grundsätzlich immer empfehlenswert, durch Bauzustandsfeststellungen vor der Baumaßnahme den Streit möglichst von vornherein zu vermeiden.

6. Literatur

- Bundesbergbaugesetz BbergG (12.02.1990) BGBl.I S. 215
- DIN 4123:2000-09: Ausschachtungen, Gründungen und Unterfangungen im Bereich bestehender Gebäude
- DIN 4150-3:1999-02: Erschütterungen im Bauwesen, Teil 3: Einwirkungen auf bauliche Anlagen
- Drisch, L.; Schürken, J.: Bewertung von Bergschäden und Setzungsschäden an Gebäuden, Hannover 1995
- Pilny, F.: Risse und Fugen in Bauwerken, Wien 1981
- Rybicki, R.: Bauschäden an Tragwerken, Teil 1, Düsseldorf, 1978
- Schießl, P.: Zur Frage der zulässigen Rissbreite und der erforderlichen Betrachtung im Stahlbetonbau unter besonderer Berücksichtigung der Karbonatisierung des Betons; DafStb Heft 255, Berlin 1976
- Wesche, K.; Schubert, P.: Baustoffe für tragende Bauteile, Band 2 – Beton, Mauerwerk. Wiesbaden und Berlin, 1993

Schadensfälle bei Unterfangungen – die neue DIN 4123

Prof. Dr.-Ing. Klaus Hilmer, Nürnberg

1. Einleitung

Die zunehmende Verknappung bebaubarer Grundstücksflächen im Zentrum der Städte zwingt zu einer immer stärkeren Ausnutzung der einzelnen Grundstücke und damit zur Anordnung von zusätzlichen Kellergeschossen. Dadurch kommt die Gründungssohle häufig unter die Fundamente einer bereits vorhandenen Bebauung zu liegen. Als technische und vor allem wirtschaftliche Lösung bietet sich oftmals eine Unterfangung mittels Verpresspfählen, Elementwänden, Bodenverfestigung oder Bodenvernagelung an (Abb. 1). Ausführlich wurden die genannten Verfahren von Hilmer [1], [2] beschrieben.

Dieser Beitrag wird sich im Wesentlichen mit der herkömmlichen Unterfangung befassen. Anlass ist die Neubearbeitung der DIN 4123 "Ausschachtungen, Gründungen und Unterfangungen im Bereich bestehender Gebäude"[3]. Diese Norm aus dem Jahr 1972 ist im Sommer 2000 im Weißdruck erschienen. Da der Verfasser wichtige Anregungen zur Neubearbeitung gegeben und an der Neufassung wesentlich mitgearbeitet hat, sollen im ersten Kapitel dieses Beitrages die bemerkenswerten Neuerungen der Norm kommentiert werden.

Des Weiteren sollen ein positives Beispiel aus Deggendorf und ein negatives Beispiel aus Nürnberg zeigen, wie komplex das Thema Unterfangung ist.

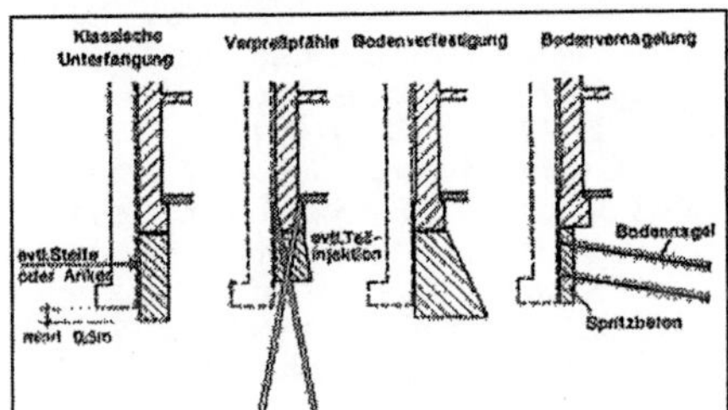

Abb. 1: Möglichkeiten zur Sicherung von Gebäuden durch Unterfangungen (aus: Grundbau - Vertiefungsvorlesung, Koreck, TU München)

2. DIN 4123 - neu (Kommentar)

2.1 Anwendungsbereich

Der Text der DIN 4123 ist in Kursivschrift zitiert. *Diese Norm gilt für Ausschachtungen, Gründungen und Unterfangungen im Bereich bestehender Gebäude, wenn:*

a) die vorhandenen Gebäude auf Streifenfundamenten oder auf biegesteifen Stahlbetonplatten gegründet sind;

b) die von den Streifenfundamenten bzw. den biegesteifen Stahlbetonplatten auf den Untergrund zu übertragende vertikale Fundamentlast bzw. Wandlast nicht mehr als 250 kN/m beträgt;

ANMERKUNG: Mit der angegebenen Streifenlast werden in der Regel Wohngebäude, Bürogebäude und vergleichbare Gebäude mit einem Kellergeschoss, fünf Vollgeschossen und einem gegebenenfalls ausgebauten Dach erfasst.

c) die zu unterfangende Wand aufgrund ihrer Beschaffenheit oder aufgrund von zusätzlichen Sicherungsmaßnahmen als Scheibe wirkt;

d) der Baugrund im Einflussbereich der geplanten Baugrube aus der bestehenden Gründung oder durch anderweitige Einflüsse, z.B. Verkehr oder Baubetrieb, überwiegend vertikale Lasten aufzunehmen hat;

e) der Baugrund sowohl im Bereich der bestehenden Gründung als auch im Bereich der geplanten Gründung oder Unterfangung ausreichend standsicher und tragfähig ist, das Grundwasser ausreichend tief ansteht oder abgesenkt wird und keine sonstigen, über das übliche Maß hinausgehenden Beanspruchungen vorliegen.

ANMERKUNG: Die Maßnahmen nach dieser Norm schließen auch bei sorgfältiger Planung und Ausführung geringfügige Verformungen der bestehenden Gebäudeteile je nach Zustand und Bauweise im allgemeinen nicht aus. Als weitgehend unvermeidbar gelten Haarrisse und Setzungen der unterfangenen Gebäudeteile bis zu 5 mm.

Die Norm hat nun die Anregung aufgenommen, auch eine Last von maximal $\overline{p}$ = 250 kN/m anzugeben. Wichtig ist der Hinweis unter c), dass die Wand als Scheibe wirkt, d.h. Türen und Fenster müssen entweder ausgemauert oder ausgesteift werden. Außerdem dürfen keine Einzelfundamente unterfangen werden!

Absatz d) soll besonders vor der Unterfangung von Gewölben warnen.

In der Anmerkung wird erstmals auf die Setzungsproblematik bei Unterfangungen eingegangen. Dabei werden Setzungen bis 5 mm als weitgehend unvermeidbar dargestellt. Dieser Wert bedeutet aber keineswegs, dass es vor allem bei älteren Bauwerken nicht zu stärkeren Rissen kommt. Vor allem in den Querwänden können Abrisse auftreten.

Ein weiteres Problem stellt der Hinweis auf die zulässigen Bodenpressungen nach DIN 1054 [4] dar. Denn selbst bei nichtbindigen Böden können unter Einhaltung der zulässigen Bodenpressung für setzungsempfindliche Bauwerke Setzungen von 5 - 10 mm auftreten.

Bei Anwendung der Tabellen 3 - 6 der DIN 1054 können sich bei bindigen Böden Setzungen von 20 - 40 mm ergeben. Dies ist sicher für Unterfangungen ein zu hoher Wert.

Eine Verbreiterung der Fundamentbreite, d.h. eine Herabsetzung der Bodenpressung, reduziert bei Streifenfundamenten die Setzungen nicht, da gemäß Abb. 2 die Setzungen gemäß Formel (1) näherungsweise nur von der Last abhängen.

$$s = \frac{\sigma_o \cdot b}{E_m} \cdot f \qquad s = \frac{\overline{p}/b \cdot b}{E_m} \cdot f \qquad s = \frac{\overline{p}}{E_m} \cdot f \qquad (1)$$

σ_o = mittlere Bodenpressung
s = Setzung
$\overline{p}$ = Streifenlast
b = Fundamentbreite
E_m = mittlerer Zusammendrückungsmodul
f = Setzungsbeiwert (kann näherungsweise gleich 1,0 gesetzt werden)

Dies hat Kézdi [5] bereits ausführlich in seinem Buch "Bodenmechanik", Band 2, dargestellt. Wenn deshalb bei bindigem Boden von steifer Konsistenz und hohen Fundamentlasten die Setzungen infolge Unterfangungen begrenzt werden sollen, müssen andere Verfahren der Lastabtragung, wie z.B. Verpresspfähle, gewählt werden.

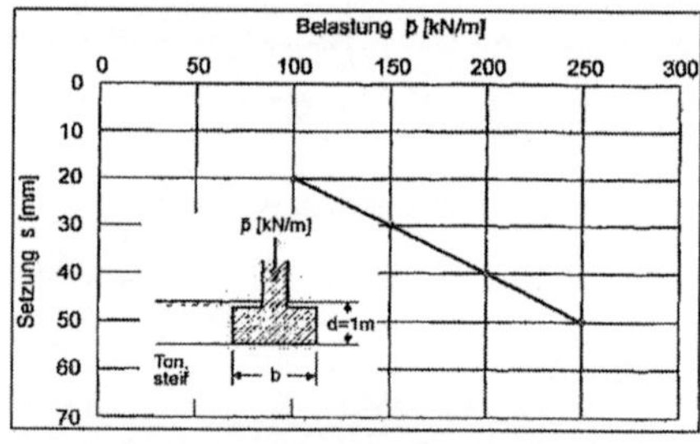

Abb. 2: Setzungen eines Streifenfundamentes in Abhängigkeit von der Belastung

2.2 Bautechnische Unterlagen

Die bautechnischen Unterlagen müssen vollständige Angaben über die vorhandenen und die geplanten Gebäude sowie über die Eigenschaften des Baugrunds und die Belastung des Baugrunds enthalten.

Hierzu gehören:

a) Konstruktionszeichnungen mit Grundriss- und Querschnittsdarstellungen des geplanten und des vorhandenen Gebäudes, insbesondere der Fundamente, Kellerfußböden und Kellerdecken unter Angabe der Baustoffe bzw. Bauprodukte.

b) Darstellung der Aushubgrenzen der Baugrube einschließlich der Baugrubensicherungen und der erforderlichen Unterfangungen.

c) Darstellung der Bodenschichten unter Angabe des Bodenzustands, des Grundwasserspiegels einschließlich der voraussichtlichen Grundwasserspiegelschwankungen und gegebenenfalls des Schichtenwassers.

d) Baubeschreibung unter Angabe der erforderlichen Sicherungsmaßnahmen und des Arbeitsplanes, in dem der zeitliche Ablauf der einzelnen Arbeitsschritte festgelegt ist.

e) Bei Ausschachtungen und Gründungen der Nachweis der Einhaltung der zulässigen Bodenpressungen nach DIN 1054 bzw. Nachweis der Grundbruchsicherheit für das Fundament des bestehenden Gebäudes nach DIN 4017-1 und DIN 4017-2.

f) Bei Unterfangungen eine Zusammenstellung der auf das bestehende Gebäude einwirkenden Lasten und ihre ungünstigsten Kombinationen sowie der Standsicherheitsnachweis für den Endzustand und gegebenenfalls die Zwischenbauzustände der Unterfangung.

g) Standsicherheitsnachweis für den vorgesehenen Verbau der Stichgräben im Bereich der Fundamente.

Hier wird eindeutig darauf hingewiesen, dass die Unterfangung zu planen ist. Die nachstehende Checkliste kann dabei wertvolle Dienste leisten:

Voruntersuchungen (Unterfangung)

Nachbargebäude:

- Baulicher Zustand
- Konstruktion
- Gründungsart
- Gründungstiefe
- rechtliche Absicherung
- Setzungsempfindlichkeit
- Beweissicherung

Baugrunduntersuchung:

- Bohrergebnisse, Schürfen
- Grundwasserverhältnisse (Schichtwasser, Stauwasser etc.)
- Bodenkennwerte (Körnungslinien, Lagerungsdichte, Scherparameter, Steifemoduln etc.)
- Bodenkontamination

Bau- und Ausführungsplanung:

- Sicherung des Nachbargebäudes (Anker, Abstützung etc.)
- statische Berechnung der Unterfangung
- Prüfung der statischen Berechnung
- Bauablaufplan
- Verbau der Stichgräben nach DIN 4124
- Setzungsmessungen

Zur Planungs- und Bauvorbereitung gehört die Erkundung des Baugrundes nach DIN 4020 [6]. Es gehört dazu die Erkundung der bestehenden baulichen Anlagen und insbesondere ein Beweissicherungsverfahren vor Beginn der Bauarbeiten. Setzungsmessungen sollten bei einer Unterfangung stets baubegleitend durchgeführt werden.

Zur eventuellen Sicherung des bestehenden Gebäudes gibt die neue DIN 4123 folgendes an:

a) Instandsetzung von Mauerwerk oder Beton, z.B. kraftschlüssiges Schließen von Rissen, welche die Standsicherheit beeinträchtigen;

b) Rückverankerung gefährdeter Gebäudeteile gegen Gebäudeteile, die nicht im Einflussbereich der geplanten Baumaßnahme liegen;

c) Versteifen von Wänden, deren Scheibenwirkung in Frage gestellt ist, z.B. durch Ausmauern von Öffnungen oder Anbringen von Zangen;

d) Verbesserung oder Sicherung des Verbundes zwischen der zu unterfangenden Wand und deren Querwänden, Decken und gegebenenfalls der Kellersohle;

e) Abstützen gefährdeter Gebäudeteile durch Aussteifungen gegen benachbarte Bauwerke oder andere Widerlager, wobei die auftretenden waagrechten und senkrechten Kräfte nur in Höhe von Massivdecken bzw. in aussteifende Querwände oder in Fundamentbalken bzw. -platten eingeleitet werden dürfen;

f) Aussteifen oder Verankern des bestehenden Gebäudes gegen bereits fertiggestellte Teile des neuen Gebäudes.

2.3 Herstellung der Unterfangungswand

Nach der neuen DIN 4123 sind bei der Unterfangung von Gebäuden folgende Voraussetzungen zu beachten:

a) Unterhalb der neuen Gründungsebene müssen mindestens mitteldicht gelagerte nichtbindige oder mindestens steife bindige Böden anstehen.

b) Der Grundwasserspiegel muss während der Bauausführung mindestens 0,50 m unter der neuen Gründungsebene liegen oder auf diese Tiefe abgesenkt werden.

c) Bei auf Streifenfundamenten gegründeten Gebäuden dürfen keine Nutzlasten $p > 3{,}5\ kN/m^2$ *unmittelbar über den Kellerfußboden auf den Untergrund einwirken.*

d) Während der Ausführung der Unterfangungsarbeiten dürfen keine Erschütterungen wirken, die das Gebäude oder die Unterfangungsarbeiten beeinträchtigen können.

ANMERKUNG: Die Unterfangung eines bestehenden Gebäudes und gegebenenfalls das Einbringen von Verankerungen bedürfen der Zustimmung des Eigentümers.

Die Unterfangungswand kann aus Mauerwerk (z.B. Vollsteine MZ 12) bzw. Beton B15 erfolgen. Die Wanddicke richtet sich nach der statischen Berechnung. Als Mindestdicke ist die Breite des zu unterfangenden Fundamentes zu wählen. Die Herstellung der Unterfangung kann nach Abb. 3 erfolgen.

Dabei kann abschnittsweise gemäß Abb. 4 oder Abb. 5 vorgegangen werden. Die neuen Fundamente können gemäß Abb. 3 abschnittsweise mit der Unterfangung hergestellt werden. Dies ist vor allem bei bewehrten Fundamenten nicht zweckmäßig, deshalb hat sich in der Praxis die Unterfangung bis 0,5 m unter geplante Gründungsebene gemäß Abb. 6a durchgesetzt. Außerdem ist

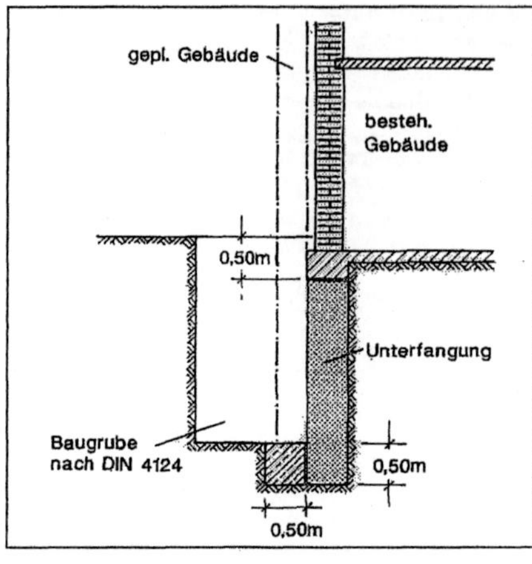

Abb. 3: Unterfangung nach DIN 4123

eine bewehrte Plattengründung sehr wirtschaftlich (Abb. 6b).
Eine besondere Problematik ergibt sich bei der Unterfangung von anschließenden Längs- und Querwänden. Smoltczyk [8] bemerkt im Grundbau-Taschenbuch kritisch: "Man sollte nie übersehen, dass dem Vorteil der Setzungsvergleichmäßigung beim Abtreppen immer der Nachteil der Querentspannung des Bodens gegenübersteht". Der Verfasser hat vor allem aus diesen Überlegungen und auch aus wirtschaftlichen Gesichtspunkten bisher nie Querwände unterfangen lassen.
Wesentlich ist, dass der Kraftschluss zwischen Unterfangung und altem Fundament gewährleistet ist, um Schäden am bestehenden Gebäude zu vermeiden bzw. zu minimieren. Dies ist aus eigener Erfahrung mit Beton sehr gut zu erreichen.

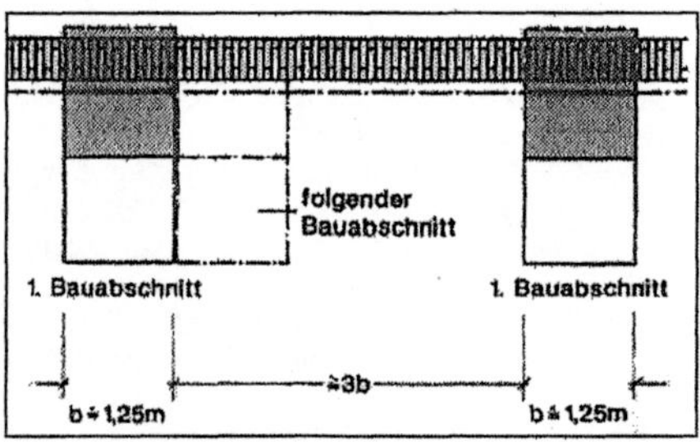

Abb. 4: Grundriss mit den einzelnen Gründungsabschnitten nach DIN 4123

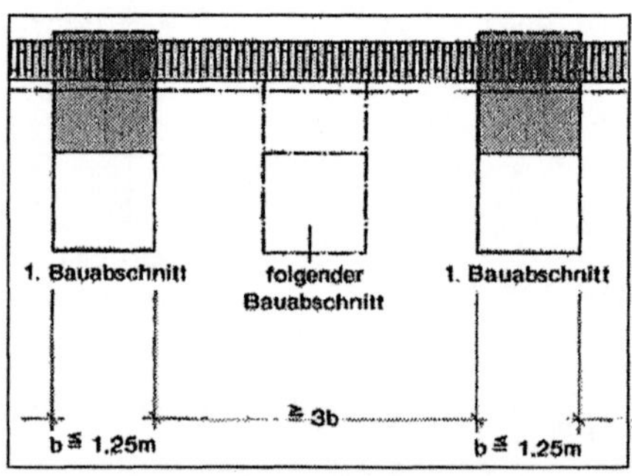

Abb. 5: Grundriss mit fortlaufenden Arbeitsabschnitten (nach Weißenbach, 1972 [7])

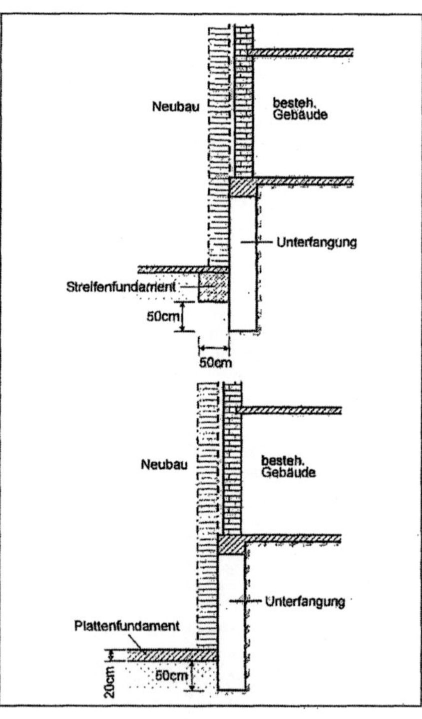

Abb. 6a und 6b: Unterfangungsbeispiele

2.4 Nachweis der Standsicherheit der Unterfangungswand

In der neuen DIN 4123 wird dem Nachweis der Standsicherheit ein umfangreiches Kapitel gewidmet. Damit wird endlich das Missverständnis der bisher gültigen Norm beseitigt. Der nachfolgende Satz aus der alten Norm verleitete viele Firmen, keine statischen Nachweise zu erstellen:

"Diese Norm gibt an, wie in einfachen Fällen Ausschachtungen und Gründungsarbeiten im Bereich bestehender Gebäude sowie Unterfangungen von Gebäudeteilen in der Regel ohne umfangreichen Standsicherheitsnachweis für die bestehenden Gebäudeteile so durchgeführt werden, dass die Standsicherheit dieser Gebäude gewährleistet bleibt und dass Gebäudeteile keine schädliche Bewegung erleiden."

Deshalb heißt es jetzt eindeutig in der neuen Norm: *Bei jeder Unterfangungswand ist für den Endzustand der Unterfangung und gegebenenfalls für die Zwischenbauzustände ein Standsicherheitsnachweis zu führen. Als Endzustand der Unterfangung wird der Zustand bezeichnet, in dem die Unterfangungswand, gegebenenfalls zusammen mit dem Fundament des neuen Gebäudes und gegebenenfalls einschließlich der erforderlichen Verankerungen, hergestellt worden ist. Als Zwischenbauzustand wird der Zustand bezeichnet, der entsteht, wenn ein Unterfangungsabschnitt nicht in einem Arbeitsgang abgeschlossen wird, sondern der Vorgang der Unterfangung sich wiederholt.*

Der Standsicherheitsnachweis für eine Unterfangungswand ist unter Berücksichtigung der Auflasten, der Erddruckkräfte sowie gegebenenfalls unter Berücksichtigung von waagrechten, auf die Unterfangung wirkenden Lasten zu führen. Maßgebend ist jeweils diejenige Kombination von senkrechten und waagrechten Einwirkungen, die zur kleinsten Sicherheit gegen Grundbruch, zur kleinsten Sicherheit gegen Gleiten bzw. zur größten Ausmittigkeit der Resultierenden in der Gründungsebene führt. Wird der Standsicherheitsnachweis mit Hilfe der zulässigen Bodenpressungen nach DIN 1054 geführt, dann muss die Einbindetiefe der Unterfangungswand mindestens 0,50 m unter die Bodenaushubgrenze für das neue Gebäude bzw. unter die Bodenaushubgrenze des Unterfangungsabschnittes im Zwischenbauzustand reichen.

Der Erddruck auf die Unterfangungswand ist unter Berücksichtigung von Bodeneigengewicht und Auflasten, z.B. der Nutzlasten auf dem Kellerfußboden und gegebenenfalls der Lasten aus Querwänden, zu ermitteln. Sofern keine Maßnahmen zur Beschränkung von Wandbewegungen vorgesehen sind, darf mit dem aktiven Erddruck nach DIN 4085 gerechnet werden. Ist dagegen zur Stützung der Unterfangungswand der Einbau von Ankern erforderlich, dann wird empfohlen, den Mittelwert zwischen Erdruhedruck und aktivem Erddruck anzusetzen. Die Anker sind auf die Gebrauchskraft F_W *nach DIN 4125 vorzuspannen, sofern nicht während des Vorspannvorgangs Verschiebungen des Fundamentes oder der Unterfangungswand beobachtet werden, die eine Begrenzung der Vorspannkraft nahe legen.*

Sowohl die Zwischenbauzustände als auch der Endzustand der Unterfangung sind für ständige Lasten und regelmäßig auftretende Verkehrslasten dem Lastfall LF 1 nach DIN 1054 zuzuordnen.

Wenn man die Standsicherheit des Unterfangungskörpers nachweisen will, muss man rechnerische Untersuchungen durchführen. Es darf nicht dem Gefühl eines Baupoliers überlassen werden, wie breit, wie tief und auf welche Länge unterfangen wird. Für die Berechnung müssen bekannt sein:

- das Wandgewicht einschließlich anteiliger Deckenlasten,
- die Nutzlasten der einzelnen Geschosse,
- die Windkräfte etc.,
- die Erddruckkräfte aus dem Bodeneigengewicht,
- die Erddruckkräfte aus Bauwerkslasten hinter der Unterfangung,
- alle sonstigen waagrecht wirkenden Kräfte.

Bei den Belastungen muss man immer mehrere Varianten untersuchen. Da z.B. lotrechte Lasten auf die Unterfangung das Standmoment erhöhen, sind die Berechnungen sowohl mit $\bar{p}_{min}$ als auch mit $\bar{p}_{max}$ durchzuführen. Gefährlich sind vor allem Unterfangungen bei Gebäuden mit geringen Auflasten, wie z.B. Garagen!

Über den Ansatz des Erddruckes sind in der DIN 4123 jetzt Angaben vorhanden. *Weißenbach* [7] schlägt den aktiven Erddruck vor. Der Verfasser vertritt die Auffassung, dass der Erddruckansatz bei besonderen Fällen im Einvernehmen von Tragwerksplaner und

Baugrundsachverständigem festgelegt werden muss. Für unverankerte Unterfangungen wird vom Verfasser in der Regel der Ruhedruck empfohlen, da dies bei Unterfangungen über 2 m Höhe in der Regel zu Verankerungen oder Aussteifungen führt, welche die Unterfangung sicherer machen und die horizontalen Verformungen verringern. Auf eine verankerte Unterfangung sollte in der Regel ein erhöhter, umgelagerter aktiver Erddruck angesetzt werden.
Für den Verbau im Bereich der Unterfangung gelten die Regeln der DIN 4124.

3. Beispiele

3.1 Allgemeines

Im Buch "Schäden im Gründungsbereich" [1] sind im Kapitel "Unterfangungen" viele Ausführungs- und Schadensbeispiele beschrieben worden. Um die Problematik der Unterfangung zu demonstrieren, wurde die Unterfangung beim Rathaus in Deggendorf gewählt. Ein Schadensfall aus Nürnberg zeigt, dass alle Veröffentlichungen und alle Normen nicht vor Schäden schützen werden. Vor allem die Vereinfachung der Baubestimmungen wird besonders bei den sogenannten "einfachen" Fällen noch häufiger zu Schäden und bei Unterfangungen zu tödlichen Unfällen führen, wie Abb. 7 zeigt.

Stützmauer begrub Bauleiter

Abb. 7: Unterfangungsschaden mit tödlichem Ausgang (aus: Nürnberger Nachrichten)

3.2 Rathaus in Deggendorf

3.2.1 Bauwerk

Beim Bau der Tiefgarage auf dem Rathausvorplatz in Deggendorf musste der Abluftkanal über das Treppenhaus des alten Rathauses zum Dach geführt werden. Der Kanal mit den Abmessungen 2 x 2 m wurde unterirdisch an das nichtunterkellerte Treppenhaus geführt. Das Treppenhaus des Rathauses wurde erst im 18. Jahrhundert an das bestehende Rathaus (16. Jahrhundert) angebaut und zeigte bereits vor Baubeginn der Unterfangung Rissbildungen.

3.2.2 Baugrunderkundung

Im Zuge des Tiefgarageneubaus wurde der Untergrund vom Grundbauinstitut der LGA untersucht. Im Bereich des Rathauses stand unter einer Auffüllung sandiger Schluff bis ca. 3 m Tiefe an. Darunter folgte Sand bis 7 m Tiefe und Kies bis 9 m Tiefe. Das Liegende bildete der tertiäre schluffige, tonige Feinsand. Das Grundwasser wurde bei 5 m unter Geländeoberkante eingemessen.

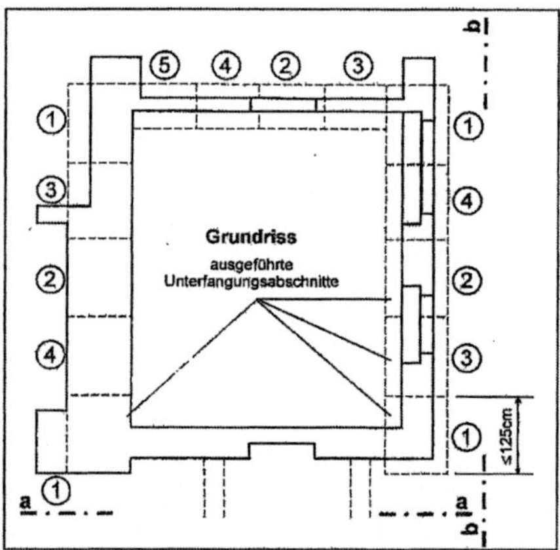

Abb. 8: Grundriss der geplanten Unterfangung

3.2.3 Statisches System der Unterfangung

Das statische System der Unterfangung wurde vom Büro Anselment + Möller, Karlsruhe, entwickelt. Abb. 8 zeigt den Grundriss, Abb. 9 und 10 zwei Schnitte.

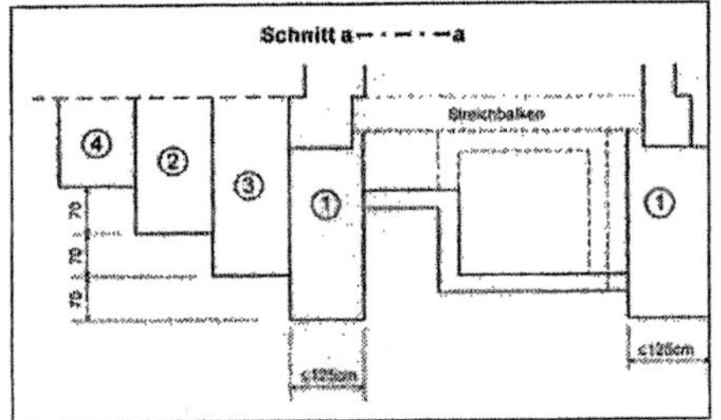

Abb. 9: Schnitt 1-1

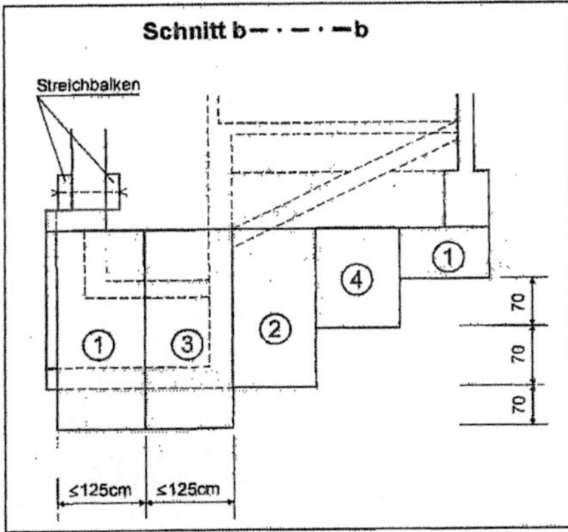

Abb. 10: Schnitt 2-2

Von der Altstadtsanierungs GmbH, Deggendorf, erhielt der Verfasser den Auftrag, die geplante Unterfangung zu begutachten und die Baustelle mit zu betreuen. In Abstimmung mit der Baufirma und der Altstadtsanierungs GmbH wurden die Fensteröffnungen (Abb. 12) ausgesteift. Außerdem wurde vereinbart, dass nur die in Abb. 8 gekennzeichneten Unterfangungsabschnitte ①, ② und ③, auszuführen sind. Die Abtreppungen und die Quer- und Längswände wurden nicht ausgeführt.

Nach der Herstellung des Streichbalkens wurden die Unterfangungsabschnitte ① hergestellt (Abb. 11).

Da die Auffüllung standsicher war, konnte auf einen Verbau nach DIN 4124 verzichtet werden. Zum Abtransport des Aushubmaterials im Treppenhaus musste die gesamte Wandlast über den Streichbalken auf die Abschnitte ① umgelagert werden.

Bei der Herstellung der Unterfangungsabschnitte ③ ergab sich eine Belastung des Unterfangungsabschnittes ① von 1,25 x 1,25 m mit ca. 450 kN. Bei einem angesetzten Reibungswinkel von $\varphi = 32°$ war die Grundbruchsicherheit gewährleistet. Bei einem Steifemodul von $E_m = 60$ MN/m^2 ergaben sich Setzungen von ca. 4 mm. Diese unvermeidbaren Setzungen durch Lastumlagerungen führten in dem sehr schlechten Mauerwerk zu Risseschäden (Abb. 12).

Abb. 11: Unterfangungsabschnitt ①

Abb. 12: Erweiterung bereits vorhandener Risse

Abb. 13: Abluftkanal

Nach Abschluss der Arbeiten wurden die Risse durch die Firma Rödl, Nürnberg, verpresst (Abb. 14). Hierzu wurde ein Spezialmörtel verwendet. Da eine Renovierung der Gesamtfassade des Rathauses geplant war, stellte sich das Gebäude später in neuem Glanz dar (Abb. 15).

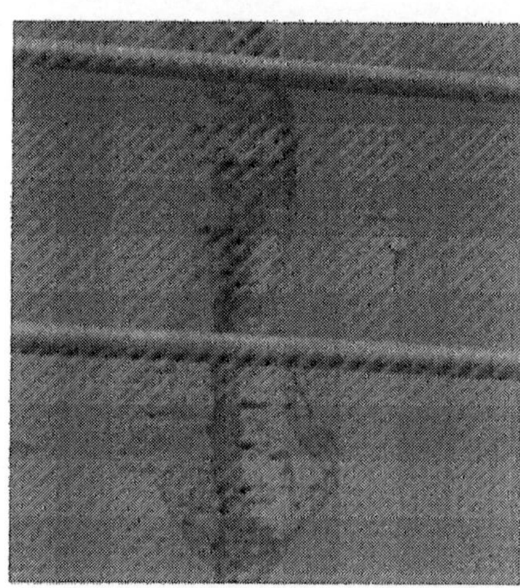

Abb. 14: Verpressen der Risse

Abb. 15: Rathaus nach der Renovierung (Altstadtsanierungs GmbH, Deggendorf)

3.3 Schadensbeispiel Nürnberg

3.3.1 Bauwerk und Nachbarbebauung

Neben einem erdgeschossigen, nicht unterkellerten Wohnhaus sollte in einer Baulücke im Frühjahr 1999 ein unterkellerter Nachbarbau errichtet werden.

3.3.2 Baugrunderkundung

Eine Baugrunderkundung wurde nicht durchgeführt. Im Baugelände stand Mittel- bis Grobsand an.

3.3.3 Geplante Unterfangung

Die Unterfangung wurde gemäß *Abb. 16* mit Hohlblocksteinen begonnen. Dabei kam es bereits bei den ersten beiden Unterfangungsabschnitten zu Rissschäden am Nachbargebäude und zu einem starken Bodenentzug unter dem Fußboden des Nachbargebäudes.

Der Nachbar schaltete umgehend das Grundbauinstitut der LGA zur Beweissicherung ein. Da Einsturzgefahr bestand, wurde durch das Bauordnungsamt der Stadt Nürnberg sofort die Einstellung der Unterfangungsarbeiten angeordnet. Zum Schutz des Nachbarbaus wurde gemäß Abb. 17 der Giebel abgestützt. Zudem wurde eine Sandberme im Fundamentbereich geschüttet.
Vom Ingenieurbüro Clement, Nürnberg, wurde ein Sanierungskonzept entwickelt, das mit dem Verfasser abgestimmt wurde. Die einzelnen Arbeitsschritte wurden wie folgt festgelegt:

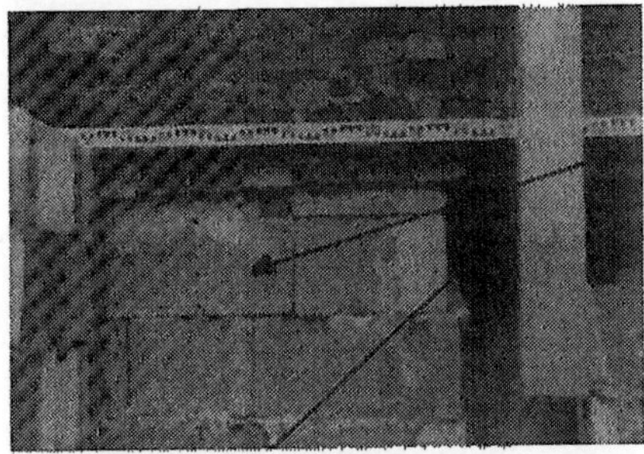

Abb. 16: Geplante Unterfangung

Abb. 17: Abstützung des Giebels und Sandberme

- Die vorhandene geböschte Sandverfüllung im Bereich des zu unterfangenden Giebels bleibt bis auf weiteres vorhanden. Sie dient nur dazu, ein weiteres Herausrieseln des Sandes unter dem Altbau zu verhindern. Zur Sicherung der Giebelwand und zur Abtragung vertikaler Auflagerkräfte ist sie ungeeignet, da diese, wie bereits erwähnt, untergraben war und kein Kraftschluss zwischen Fundament und Sandschüttung hergestellt werden konnte.
- Die vorhandene Abstützung der Giebelwand bleibt ebenfalls bis zum Abschluss der Unterfangungs- und Betonierarbeiten bestehen. Die Unterfangung erfolgt in zwei Abschnitten.

Arbeitsschritte:

1. Vor Beginn anderer Arbeiten ist das Giebelmauerwerk an 7 Stellen im Abstand von 1,00 m mit Stahlrohrstützen gegen die vorhandene Bodenplatte abzustützen.
2. Als nächstes wird die Baugrube im Bereich der Kelleraußenwand Straßenseite ausgehoben. Die Seiten- und Stirnflächen sind fachmännisch zu verbauen, um ein Nachrutschen des Sandes zu verhindern. Der Verbau ist gegen die Spundwand zu verbolzen. Die Vorderseite der Unterfangung wird geschalt und anschließend ausbetoniert. Auf ein mit der Giebelwand kraftschlüssiges Ausbetonieren ist zu achten!
3. Nun werden in gleicher Weise die nächsten beiden Abschnitte vorbereitet und betoniert.
4. Herstellen der letzten beiden Betonierabschnitte in gleicher Art und Weise.
5. Nach Abschluss der Unterfangungsarbeiten kann nun die Baugrube endgültig ausgehoben werden. Die bestehenden Unterfangungen sind ebenfalls gegen Wegrutschen zu sichern.
6. Als nächstes wird die Bodenplatte betoniert. Die sich in der Bodenplattenebene befindlichen Absteifungen sind beim Betonieren auszusparen und können erst nach dem Aushärten der Bodenplatte entfernt werden.
7. Vor die Unterfangung wird eine 25 cm starke Stahlbetonwand betoniert, anschließend wird die Kellerdecke betoniert. Es ist darauf zu achten, dass die schrägen Stahlrohrstützen erst nach dem

Betonieren und Aushärten der Stahlbetonkellerdecke zu entfernen sind. Außerdem ist darauf zu achten, dass zur Sicherung des Giebelmauerwerkes die vorhandene Abstrebung bestehen bleiben muss. Das bedeutet, dass trotz des erhöhten Arbeitsaufwandes die Kellerdecke nur abschnittsweise zwischen den schrägen Holzabstrebungen hergestellt werden kann.

8. Es werden die Mauerwerkswände im Erdgeschoss aufgemauert. Anschließend die Decke über dem Erdgeschoss betoniert. Auch dies kann nur abschnittsweise geschehen, da die Abstrebungen des Giebelmauerwerkes noch vorhanden sein müssen.
9. Nach dem Aushärten der Erdgeschossdecke kann damit begonnen werden, die Abstrebung des Giebelmauerwerkes zu entfernen. Da die Standsicherheit der alten Giebelwand nicht sicher zu gewährleisten ist, sind diese Arbeiten unter größter Vorsicht durchzuführen. Es darf sich vor allem niemand unter der Wand aufhalten.
10. Nach dem Entfernen der Abstrebungen kann nun an den vorhandenen Fehlstellen das Mauerwerk ergänzt und die vorhandenen Deckenschlitze ausbetoniert werden.

Da der Sand sehr trocken und rollig war, musste die Unterfangung gemäß Abb. 19 in zwei Abschnitten ausgeführt werden.
Nach Fertigstellung der Kellerdecke konnten die restlichen drei Holzsteifen ausgebaut und die Giebelwand erstellt werden (Abb. 21).

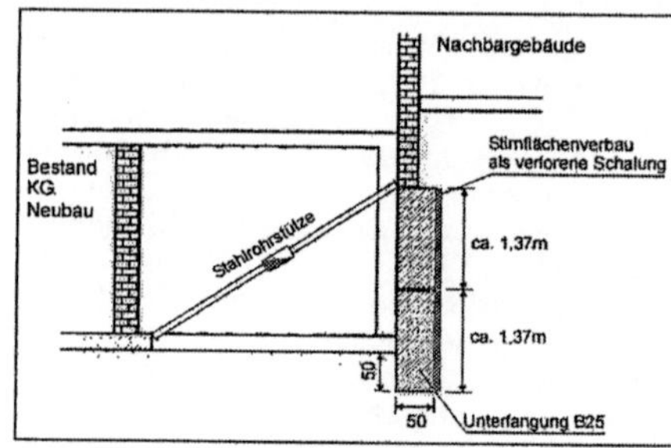

Abb. 18: Unterfangungsquerschnitt

Abb. 19: Unterfangung

3.3.4 *Stellungnahme*

Die Bauarbeiten wurden am Anfang vom Bauherrn mit seinen Verwandten ohne fachtechnische Betreuung durchgeführt. Erst nachdem Schäden am Nachbargebäude eingetreten waren, wurden das Grundbauinstitut, die Bauordnungsbehörde und ein Planungsbüro eingeschalten. Die Unterfangungsarbeiten wurden dann von einer erfahrenen Baufirma aus Nürnberg (Fa. Wittmann) ausgeführt.
Im Nürnberger Raum werden herkömmliche Unterfangungen im Sand über 0,50 m Höhe normalerweise nicht zugelassen, da der Sand sehr trocken und rollig ist und ein Bodenverlust unter den Nachbargebäuden unvermeidbar ist.

Abb. 20: Unterfangung

Abb. 21: Hilfsabsteifung durch die Kellerdecke

4. Schlussbemerkung und Ausblick

Dieser Beitrag sollte nur die technischen Aspekte der Unterfangung betrachten. Dennoch soll ein kurzer Auszug aus dem Codex Hammurabi zum Nachdenken anregen (Abb. 22).

Die rechtlichen Fragen sind von großer Bedeutung, vor allem die baurechtlichen, nachbarschaftsrechtlichen, haftungsrechtlichen und strafrechtlichen. Im Bürgerlichen Gesetzbuch wird in § 909 BGB die Vertiefung bzw. Unterfangung geregelt: "Ein Grundstück darf nicht in der Weise vertieft werden, dass der Boden des Nachbargrundstücks die erforderliche Stütze verliert, es sei denn, dass für eine genügende anderweitige Befestigung gesorgt wird." Das bedeutet aber noch lange nicht, dass der Nachbar einer Unterfangung zustimmen muss.

Produkthaftung aus dem Codex Hammurabi"

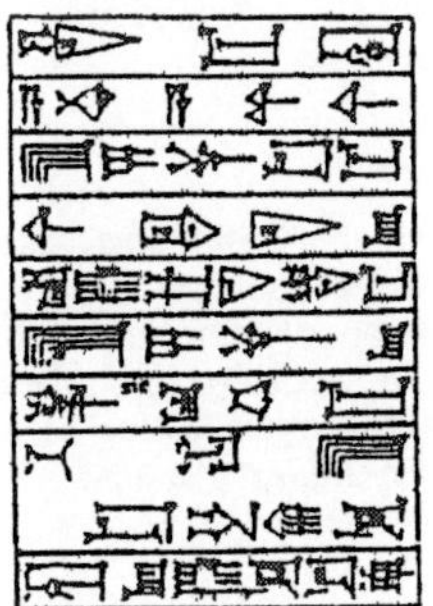

§ 229

Wenn ein Baumeister für jemanden ein Haus errichtet, dessen Konstruktion nicht fest genug ist, so daß das Haus einstürzt und den Tod des Bauherrn verursacht, so soll dieser Baumeister getötet werden.

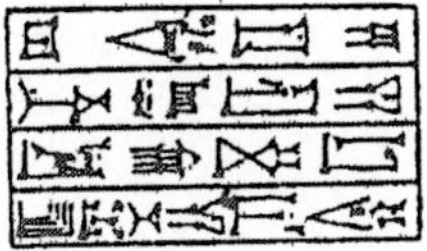

§ 230

Wenn der Einsturz den Tod des Sohnes des Bauherrn zur Folge hat, so soll der Sohn des Baumeisters getötet werden.

§ 231

Hat der Einsturz den Tod eines Sklaven des Bauherrn zur Folge, so soll der Baumeister dem Bauherrn einen gleichwertigen Sklaven zur Verfügung stellen.

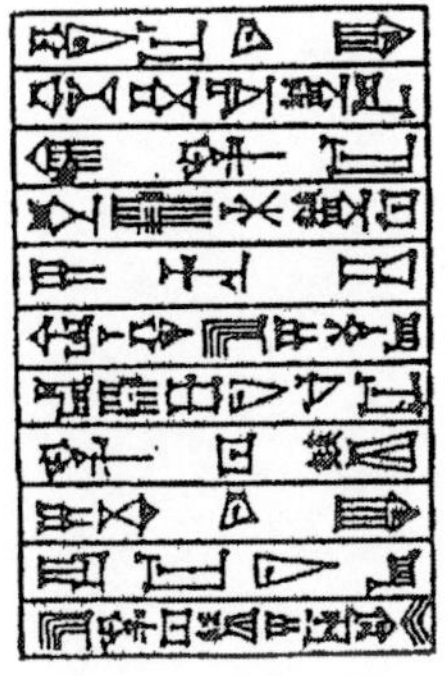

§ 232

Wenn durch den Einsturz Eigentum beschädigt wird, so ist der Baumeister verpflichtet, das wiederherzustellen, was zerstört wurde. Da der Einsturz des Hauses durch eine schlechte Konstruktion verursacht wurde, soll er (der Baumeister) dieses auf eigene Kosten wiederherstellen.

§ 233

Wenn ein Baumeister jemandem ein Haus erstellt hat und das Werk fehlerhaft ist, so daß eine Wand einstürzt, so soll der Baumeister auf eigene Kosten die Wand verstärkt wiedererrichten.

Reinhold Trinkner, Heidelberg

Abb. 22: Codex Hammurabi (R. Trinkner, 1985)

In einem Nachbarrechtsgesetz wird zur Unterfangung einer Grenzwand folgendes angeführt (Abs.1):

„Der Nachbar darf eine Grenzwand nur unterfangen, wenn

1. dies zur Ausführung seines Bauvorhabens nach den allgemein anerkannten Regeln der Baukunst unumgänglich ist, oder nur mit unzumutbar hohen Kosten vermieden werden könnte und
2. keine erheblichen Schäden des zuerst errichteten Gebäudes zu besorgen sind" (aus Engbert/Bauer, [9]).

Aus diesen kurzen Ausführungen wird deutlich, dass die Unterfangung zwar in erster Linie ein technisches Problem ist, das aber nur im Zusammenwirken aller Beteiligten ohne Schwierigkeiten gelöst werden kann. Es ist deshalb nicht sinnvoll, neue Richtlinien, Normen und Vorschriften anzustreben. Wesentlich ist die Koordinierung zwischen Architekten, Tragwerksplaner, Baugrundsachverständigem und Bauleiter.

Literatur

[1] Hilmer, K.: Schäden im Gründungsbereich. Verlag Ernst & Sohn, Berlin, 1991

[2] Rizkallah, V., Hilmer, K.: Bauwerksunterfangung und Baugrundinjektion mit hohen Drücken (Düsenstrahlverfahren). Institut für Bauschadensforschung, Hannover, Heft 1., 1999

[3] DIN 4123 (2000): Ausschachtungen, Gründungen und Unterfangungen im Bereich bestehender Gebäude.

[4] DIN 1054 (1976): Zulässige Belastung des Baugrundes.

[5] Kézdi, A.: Bodenmechanik, Bd. 2. VEB Verlag für Bauwesen, Berlin, 1964

[6] DIN 4020 (1990): Geotechnische Untersuchungen für bautechnische Zwecke.

[7] Weißenbach, A.: Gebäudesicherung bei Ausschachtungen, Gründungen und Unterfangungen. Bauwirtschaft 1972, Heft 23, S. 883 - 891.

[8] Smoltczyk, U.: Unterfangungen und Unterfahrungen. Grundbautaschenbuch, 5. Auflage, Teil 2, Verlag Ernst & Sohn, Berlin, 1996

[9] Englert, K., Bauer, K.: Rechtsfragen zum Baugrund. Werner-Verlag, 1991

„Biozide, schmutzabweisende und rissüberbrückende Beschichtungen – ein Erfahrungsbericht aus der Sicht eines Prüfinstitutes“

Dr. Anton Grünberger (*ofi*-Lackinstitut, Wien)

1. Einleitung

Biozide Beschichtungsstoffe haben im Bereich des klassischen Holzschutzes, aber auch bei der Beschichtung von mineralischen Untergründen (Sanierung und Neufertigung) sowie auf metallischen Substraten (z.B. als sogenannte „Antifouling-Anstriche“ bei Schiffen und Bohrtürmen) eine beträchtliche Bedeutung. Der Wunsch nach schmutzabweisenden Beschichtungen gilt mehr oder weniger für alle Untergründe (Holz, Metalle, Kunststoffe, Glas, mineralische Untergründe). Rissüberbrückende Beschichtungen werden – von Ausnahmefällen abgesehen – primär im Baubereich eingesetzt.

Fassadenoberflächen jeglicher Art sind in Abhängigkeit vom Standort und konstruktiven Gegebenheiten einer permanenten Einwirkung von Feuchtigkeit ausgesetzt. Beschichtungsstoffe sollen den Untergrund vor schädigenden Einflüssen (z.B. Wasser: flüssig oder dampfförmig, UV-Licht, Mikroorganismen) schützen. Insbesondere die Wetterseiten und generell in Städten bzw. industrienahen Zonen wird das optische Erscheinungsbild (zumeist helle, „freundliche“ Farbtöne) oft bereits nach relativ kurzen Expositionszeiten durch Schmutzablagerungen beeinträchtigt. Verschmutzungen in Kombination mit Feuchtigkeit stellen zumeist ideale Lebensbedingungen für Mikroorganismen dar, deren Verbreitung in weiterer Folge – in Abhängigkeit vom gewählten Farbton – wiederum mehr oder weniger deutlich sichtbare Verfärbungen der Fassadenoberflächen verursachen können. Neben der rein optischen Beeinträchtigung des Erscheinungsbildes kann es auch zu Feuchteschäden und Rissbildung kommen, wodurch der Witterungsschutz im Sinne von Dauerhaftigkeit nicht mehr gewährleistet ist.

Die 27. Aachener Bausachverständigentage finden zu einem Zeitpunkt statt (04/2001), bei dem das Thema der schmutzabweisenden Beschichtungen gerade in Deutschland sehr intensiv, aber auch sehr kontrovers diskutiert wird. Langzeiterfahrungen mit neuartigen, schmutzabweisenden Beschichtungssystemen liegen noch nicht vor. Daher können zu dieser Thematik nur vorläufige und vom Autor sicherlich „subjektiv“ gefärbte Erfahrungen wiedergegeben werden.

2. Biozide Beschichtungsstoffe

Biozide Beschichtungsstoffe enthalten einen Wirkstoff oder eine Zubereitung von einem oder mehreren Wirkstoffen, die das Wachstum von Mikroorganismen kontrollieren oder diese abtöten. Als Wirkkomponenten kommen je nach Einsatzgebiet recht unterschiedliche Stoffe zum Einsatz (sehr heterogene Produktpalette), die Einsatzkonzentrationen liegen meist deutlich unter 1 %.

Zu differenzieren ist in weiterer Folge zwischen „Topfkonservierung“ – „Biozide“ Ausrüstung verhindert einen Mikroorganismenbefall im Gebinde (bedeutend seit Einführung von wasserverdünnbaren Beschichtungsstoffen, „Kurzzeitwirkung“) – und „Filmkonservierung“ (biozide Wirksamkeit der aufgetrockneten Beschichtung: Holzschutz, Pilz- und Algenschutz für Farben und Lacke im Außenbereich, Verwendung in Feuchtraumfarben und in der Gebäudesanierung sowie zur Ausrüstung von Klebstoffen und Dichtungsmaterialien, „Langzeitwirkung“).

Die Biozid-Richtlinie 98/8/EG betrifft die Zulassung und das Inverkehrbringen von Biozidprodukten, die gegenseitige Anerkennung der Zulassung in den Mitgliedsstaaten und die Erstellung einer sogenannten Positiv-Liste. Regulierungsmodalitäten für Holzschutzmittel wurden vom Deutschen Institut für Bautechnik, vom RAL GZ 830 sowie im UBA-/VDL-Registrierverfahren für Bläueschutzmittel dahingehend formuliert, dass neben dem Nachweis zur hinreichenden Wirksamkeit auch Nachweise zur Umweltverträglichkeit und zur gesundheitlichen Unbedenklichkeit eingefordert werden. Probleme bei der Bewertung von Biozid-Produkten sind:

- Mangel an vereinbarten internationalen Prüfverfahren
- Große Vielfalt der Substrate und Zielorganismen
- Unterschiedliche Wirkungsmechanismen
- Hohe Anforderungen an die Auswahl der Testorganismen
- In der Regel keine einfachen Dosis/Wirkungsbeziehungen

Zur Topfkonservierung werden entweder membranaktive Substanzen (z.B. quarternäre Ammoniumverbindungen, Alkohole, Phenole) oder elektrophile Agenzien (z.B. Aldehyde und Aldehydabspalter, Isothiazolinone) eingesetzt.

Beim klassischen Holzschutz finden folgende Wirkkomponenten Anwendung:

- Anorganische Verbindungen (Bor-, Chrom-, Fluor-, Kupfer- bzw. Zinkhältig)
- Metallorganische Verbindungen (Metallkomplexe)
- Organische Verbindungen (Benzoylharnstoffderivate, Carbamate, Pyrethroide, quartäre Ammoniumverbindungen, Sulfamide, Triazole, Steinkohlenteerölkomponenten)

In Europa nicht mehr im Holzschutz eingesetzt werden Quecksilber- und Zinnverbindungen sowie chlorierte Phenole bzw. chlorierte Kohlenwasserstoffe.

Zur Erlangung des Österreichischen Umweltzeichens für Wandfarben wird ausschließlich eine Topfkonservierung zugelassen, Isothiazolinone dürfen zu maximal 50 ppm, andere zu maximal 100 ppm enthalten sein.

Abb.1: „Pilzbefallene“ Wandfarbe in einem Kindergarten

3. Schmutzabweisende bzw. leicht zu reinigende Beschichtungen

Beschichtungen haben neben der Schutzfunktion (z.B. gegen Feuchtigkeit, Schlagregen, Hagel, UV-Strahlung, Luftschadstoffe, Chemikalien, biologische Einflüsse, mechanische Einwirkungen) auch eine optische Funktion, wobei je nach Einsatzgebiet die Schutzfunktion oder die optische Funktion höhere Priorität haben kann. Der Wunsch nach schmutzabweisenden bzw. leicht zu reinigenden Oberflächen betrifft den gesamten Baubereich (z.B. Wandfarben, pulverbeschichtete Fassadenelemente), den KFZ- und Schienenfahrzeugbereich (z.B. Anti-Graffiti-Beschichtungen), aber auch z.B. Antieisbeschichtungen bei Verkehrszeichen und Flugzeugen, sowie den Sanitärbereich (z.B. hydrophobe Ausrüstung von Duschkabinen).

Zur Erzielung einer schmutzabweisenden bzw. leicht zu reinigenden Oberfläche wurden bis dato folgende Wege beschritten:

- „Selbstreinigung“ durch Kreidung (bedingt einen Masseverlust)
- „Opferschicht“ (z.B. Wachse)
- Imprägnierung, Hydrophobierung (Silikonharze, Anti-Graffiti-Lacke, Nanomertechnologie)

Zur Hydrophobierung werden Silikonharze, Siloxane, Silane, Silikonate, Silikate aber auch modifizierte Acrylharze eingesetzt, bei mineralischen Untergründen müssen diese zusätzlich entsprechend gasdurchlässig sein. Um dauerhaft wirksam zu sein, ist neben dem „Wirkstoffgehalt“ unter anderem die Alkalibeständigkeit, das Eindringverhalten und die „Verankerung“ zum Substrat von Bedeutung.

Zur Zeit werden neue Silikonharzfarben mit stark ausgeprägter Oberflächenhydrophobie (Kontaktwinkel > 120°) formuliert. Dabei werden in der Forschung und Entwicklung auch Überlegungen zur Integration der Mikrostruktur nach dem Vorbild der Natur („Lotus-Effekt“) angestellt. Da diese Farben erst seit einigen Jahren auf dem Markt sind, können zur Zeit zur Frage nach der schmutzabweisenden Wirkung – insbesondere zur Frage, ob die schmutzabweisende Wirkung einzig auf der Hydrophobierung oder auch auf anderen Phänomenen beruht – noch keine endgültigen Aussagen gemacht werden. Auch Laborversuche von verschiedenen Instituten

haben dazu bis jetzt keine eindeutigen Ergebnisse gebracht und zeigen zudem auf, wie schwierig es ist Ergebnisse von Laborversuchen in die Praxis umzulegen. So ist zur Prüfung der schmutzabweisenden Wirkung von Beschichtungsstoffen die Auswahl des Testschmutzes, der Untergrund (Textur), das Aufbringen und die Fixierung (Dauer, Temperatur, Feuchtigkeit, Bestrahlung) des Schmutzes, aber auch nachfolgende Reinigungsschritte von enormer Bedeutung. Häufig werden in den Laborversuchen neben der Prüfung der Verschmutzungsanfälligkeit und der Reinigungsfähigkeit als zusätzliche Parameter die Wasseraufnahme, die Benetzbarkeit (Randwinkelmessung) und die Beständigkeit gegen Pilzbefall geprüft. Die Beurteilung erfolgt visuell (z.B. mit dem Graumaßstab) oder durch farbmetrische Untersuchungen.
Erste, eigene Laborversuche zur Verschmutzungsanfälligkeit bzw. zur Reinigungsfähigkeit haben keine signifikanten Unterschiede zwischen klassischen, stark hydrophobierten Silikonharzfarben und den Neuentwicklungen aufgezeigt.

4. Rissüberbrückende Beschichtungen

Rissüberbrückende Beschichtungen haben große Bedeutung für freibewitterte Fassadenflächen, für Becken- und Behälterbauwerke, für befahrene Parkhausflächen sowie für Auffangflächen von wassergefährdenden Flüssigkeiten. Wesentlich zur Beurteilung, ob und in welchem Ausmaß Risse durch Beschichtungen überhaupt dauerhaft überbrückt werden können und wie dabei vorzugehen ist, ist die exakte Feststellung der Ursache für die Rissbildung und die zeitliche Entwicklung der Rissausbreitung. In diesem Zusammenhang wird auf den Vortrag von Prof. Oswald verwiesen. Zusätzlich dürfen andere Eigenschaften, wie Chemikalienbeständigkeit, Abrieb- und Brandverhalten bzw. die Zuordnung zu einer Rutschklasse nicht außer acht gelassen werden. Die rissüberbrückende Eigenschaft eines Systems steht in engem Zusammenhang mit der Schichtdicke.

Die prinzipiellen Möglichkeiten Risse in Putzen zu sanieren sind:

- die Anwendung dickerer Schichten eines verformungsfähigen, zugfesten Anstriches,
- eine Armierung mit Gewebe- oder Vlieseinlage,
- die Applikation eines mehrschichtigen Aufbaus aus einer sehr verformungsfähigen Grundschicht und zugfester Deckbeschichtung.

Rechnerunterstützte, systematische Zustandsbeschreibung von Gebäuden – der epiqr-Gebäudepass

Dipl.-Kfm., Dipl.-Phys. Christian Wetzel, Fraunhofer-Institut für Bauphysik

Das Kunstwort epiqr (sprich Epikur) steht für die Betrachtung der Energie (**E**nergy **P**erformance), der Wohnraumqualität (**I**ndoor Environment **Q**uality) und für die Berücksichtigung von Modernisierungsmaßnahmen (**R**etrofit) an bewohnten Altbauten. Das von der Europäischen Union geförderte Verfahren wurde von den folgenden europäischen Forschungseinrichtungen entwickelt [1]:

- Fraunhofer-Institut für Bauphysik (Deutschland)
- ETH Lausanne (Schweiz)
- CSTB (Frankreich)
- BRE (Großbritannien)
- TNO (Niederlande)
- SBI (Dänemark)
- NOA (Griechenland)

Den Forschungseinrichtungen waren während der Entwicklung externe Fachleute aus der Wohnungswirtschaft angegliedert. Die Entwicklung erstreckte sich über einen Zeitraum von 5 Jahren. Das Softwareprogramm erreichte im April 2000 Marktreife. Die Urheberrechte hält in Deutschland die Fraunhofer-Gesellschaft; das Programm wird über CalCon GmbH, einer Ausgründung des Fraunhofer-Instituts für Bauphysik, vermarktet.

1. Leitsatz des Programms

Ein Gebäude muss möglichst *benutzerfreundlich*, *ganzheitlich* und *unabhängig*, innerhalb *maximal eines Tages* erfasst werden. Dabei ist *vom Groben ins Detail* vorzugehen.

1.1 „Benutzerfreundlich"

Die Entwicklung von epiqr erfolgte auf Basis des „Total Quality Management" [2], d.h. der Beteiligung der späteren Anwender von Anfang an. Das Ergebnis: epiqr passt sich den Anforderungen der Anwender an und nicht umgekehrt. Praktischerweise erfolgt die Begehung mit einem tragbaren Computer. Entsprechend ist die Oberfläche von epiqr auch benutzerfreundlich gestaltet. Der Anwender kann die Gebäudeanalyse mit wenigen „Mausklicks" bewältigen. Auch die Begehung per Checkliste ist möglich, die im Anschluss einfach in epiqr übertragen wird. Ein weiterer Vorteil von epiqr: alle gewonnenen Ergebnisse können problemlos in andere Verfahren und Programme übertragen werden. Sofern eine detaillierte Kostenschätzung erforderlich ist, kann diese ohne Probleme mit anderen Softwareprogrammen erfolgen.

1.2 „Ganzheitlich"

Neben epiqr existieren bereits einige andere Konzepte zur Erfassung von Gebäuden. Die meisten dieser Diagnoseinstrumente lassen jedoch die fachliche Provenienz der Hersteller erkennen. Wurde das Konzept z.B. von Fachingenieuren der Heizungs- und Klimatechnik erstellt, liegt eine umfassende Bewertung der technischen Gebäudeausstattung vor, der Zustand des Tragwerks im Dachbereich ist jedoch unterrepräsentiert. Im Rahmen der Entwicklung von epiqr fanden sich Fachleute aus allen Bereichen des Bauwesens zusammen, um gemeinsam die wichtigsten Kategorien eines Gebäudes zu erfassen. Das Ergebnis: ein Katalog der 50 kostenintensivsten Kategorien eines Gebäudes.

1.3 „Unabhängig"

Die oben genannte Erfassung erlaubt es, unabhängig von der Fachrichtung des Anwenders, das Gebäude ganzheitlich zu erfassen. Die zu untersuchenden Kategorien sind durch Wort und Bild derart beschrieben, dass auch für in diesem Bereich nicht spezialisierte Anwender eine Aussage möglich ist. Sofern der bauliche Zustand der bewerteten Kategorie zusätzliche Aussagen von Sachverständigen erfordert, weist epiqr in den Berichten automatisch darauf hin. Sachverständige werden somit nur zu den Kategorien hinzugezogen, zu denen eine Aussage (und kostenintensive Dienstleistung) auch wirklich erforderlich ist.

1.4 „Maximal ein Tag"

Die Ermittlung des baulichen Zustands und der Kosten für die Instandsetzung nimmt auch für große Mehrparteien-Wohnbauten nicht länger als einen Tag in Anspruch. In dieser Zeit ist die Eingabe geometrischer Faktoren, die Ermittlung des Gebäudezustands durch Begehung, eine Kostenschätzung und die Erstellung umfangreicher Berichte möglich.

1.5 „Vom Groben ins Detail"

Bei der Bewertung von Immobilien und der Durchführung von Facility Management Leistungen geht man üblicherweise sehr detailliert auf das Gebäude ein (z.B. mit Aufmaß oder CAD). Dies ist mit erheblichem zeitlichen und finanziellen Aufwand verbunden. epiqr schlägt hier einen gänzlich neuen, jedoch „natürlicheren" Weg ein: vom Groben ins Detail! Nicht möglichst genau, sondern möglichst schnell und benutzerfreundlich sind der Zustand des Gebäudes und die damit verbundenen Instandsetzungskosten zu ermitteln. Die gewonnenen Werte können dann mit epiqr gezielt weiter detailliert werden, um entsprechend der baulichen Substanz, aber auch entsprechend dem zur Verfügung stehenden Budget, eine übersichtliche Kostenschätzung durchzuführen.

2. Grundstruktur des Programms

epiqr basiert auf drei Säulen zur Gebäudebewertung:

- bauliche Zustandserfassung,
- Analyse des Energiebedarfs für Raumheizung und schließlich
- Ermittlung der Wohnraumqualität.

Jeder dieser drei Bereiche kann getrennt durchgeführt werden. Eine Betrachtung aller drei Bereiche zusammen erlaubt die Ausnutzung von Synergie-Effekten.

Wie in Abbildung 1 dargestellt, beschreibt epiqr ein Gebäude für die bauliche Zustandserfassung durch nur 50 Elemente. Damit ist der überwiegende Teil der möglichen Sanierungskosten abgedeckt. Eine Beschreibung mit mehr Elementen und die daraus resultierende Steigerung der Genauigkeit rechtfertigt den zeitlichen Mehraufwand bei der Begehung nicht. Da ein derartiges Verfahren die Besonderheiten des Altbaubestandes abdecken soll, werden die einzelnen Elemente in Unterkategorien, sogenannte Typen eingeteilt (z.B. für Element 26 „Dachdeckung" zwei Typen: „Steildach" und „Flachdach"). Auf diese Art werden baukonstruktive Unterschiede berücksichtigt. Bei der Begehung des Gebäudes wird der Zustand der einzelnen Elemente/Typen beurteilt. Hier sind lediglich 4 Zustände zu unterscheiden:

„1" guter Zustand
„2" leichte Abnutzung
„3" größere Abnutzung
„4" Sanierung erforderlich

Die Analyse des Energiebedarfs entspricht ebenso der geforderten kurzen Bearbeitungszeit. Eine Berechnung des Heizenergiebedarfs des Gebäudes wird mittels einer Konstruktionsdatenbank speziell für Altbauten deutlich vereinfacht. Dadurch können auch in Energieberechnungen unkundige Anwender eine solide Abschätzung des Heizenergiebedarfs und vor allem der Auswirkung möglicher energetischer Verbesserungsmaßnahmen eines Gebäudes durchführen. Das Berechnungsverfahren arbeitet in Anlehnung an die neue Energie-Einsparverordnung (EnEV).

Die Wohnraumqualität wird mit Hilfe von Fragebögen ermittelt, welche ca. 2 Wochen vor der Begehung an die Wohnraumnutzer ausgegeben werden. Die Antworten werden in epiqr eingelesen. Bei der Begehung werden die möglichen Ursachen der Klagen der Bewohner aufgezeigt und entsprechende Sanierungsempfehlungen abgegeben. Durch die (optionale) Integration der Wohnraumqualität kann so die langfristige Vermietbarkeit des angebotenen Wohnraums gesichert werden.

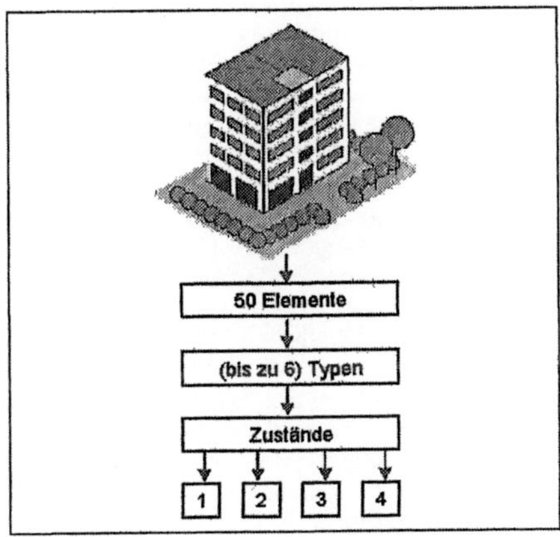

Abb. 1: Grundstruktur des Programms epiqr.

3. Bauliche Zustandserfassung

Die Erfassung des baulichen Zustands bis zur Grobschätzung der zu erwartenden Kosten wird bei der Arbeit mit epiqr in drei Phasen unterteilt:

- Vorbereitung,
- Begehung,
- Auswertung und Bericht.

3.1 Vorbereitung

Entsprechend der Anforderung, eine Gebäudeuntersuchung mit möglichst geringem Aufwand durchzuführen, erfordert epiqr lediglich die Eingabe der in Abbildung 2 dargestellten 11 geometrischen Größen.

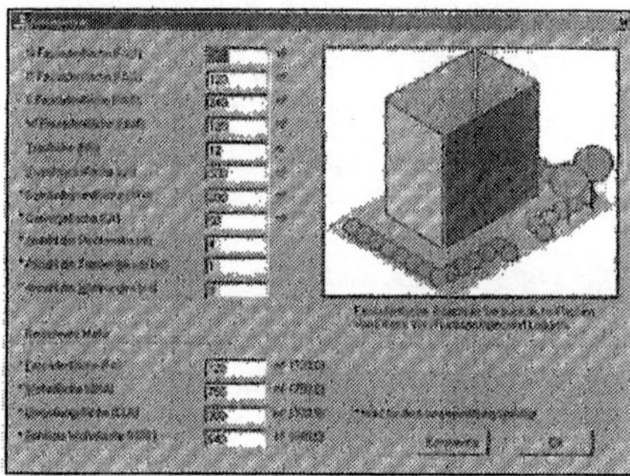

Abb. 2: Die Eingabemaske für geometrische Größen

3.2 Begehung

Die Begehung beruht auf einer augenscheinlichen Untersuchung des Gebäudes. Sofern sich jedoch bei der ersten Begehung herausstellt, dass sich einzelne Gebäudeelemente in einem derart schlechten Zustand befinden, dass weitergehende Untersuchungen notwendig sind, wird im Programm darauf hingewiesen. Abbildung 3 zeigt die Eingabemaske für die Begehung. Die in der Eingabemaske dargestellten Bilder sind vergrößerbar und unterstützen die Einordnung des vorgefundenen Zustands. Weiterhin können digitalisierte Bilder des eigenen Gebäudes integriert werden – bei zyklisch erfolgenden Begehungen können dadurch die Zustände, die bei der letzten Begehung vorgefunden wurden, mit dem heutigen Zustand besser verglichen werden.

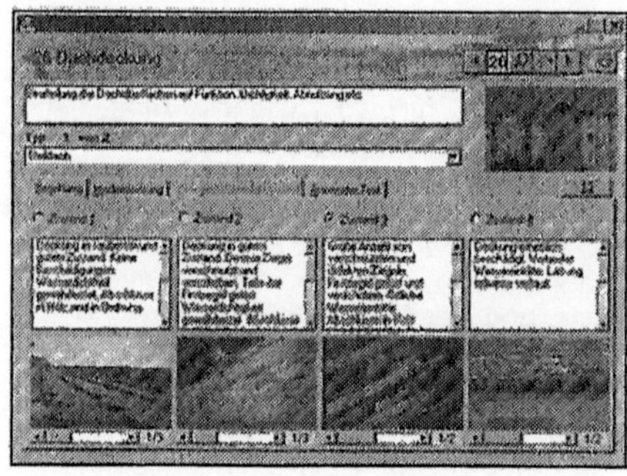

Abb. 3: Beispielhafte Darstellung der Benutzeroberfläche für die Begehung des Gebäudes

In Abbildung 3 ist die Rubrik „Begehung" aufgerufen. Der Anwender klickt den in Textform und verschiedenen vergrößerbaren Bildern dargestellten Zustand „1", „2", „3" oder „4" an, der dem vorgefundenen Gebäudezustand am ehesten entspricht. Des Weiteren können Modernisierungsmaßnahmen und Verbesserungen des Heizenergiebedarfs empfohlen sowie Aussagen zur Wohnraumqualität getroffen werden. Die ausgewählten Zustandsbeschreibungen sowie die damit verbundenen Gewerke werden automatisch in die Berichtsvorlage übernommen. Sie finden sich unter der Rubrik „Anwender Text", dargestellt in Abbildung 4. Sofern Bereiche der Beschreibung nicht mit den vorgefundenen Zuständen übereinstimmen, können die Beschreibungen vom Anwender verändert werden. Auch hier liegt ein entscheidender Zeit-

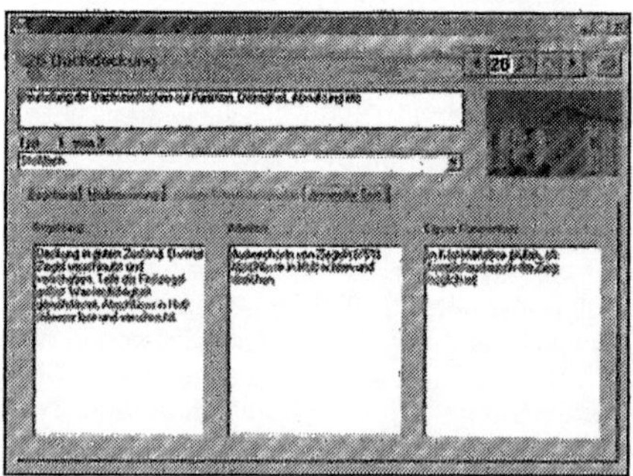

Abb. 4: Die Eingabemaske für die in die Berichte zu übernehmenden Textbausteine. Diese können, sofern erforderlich, vom Anwender abgeändert werden

vorteil gegenüber konventionellen Bewertungsverfahren. Bei epiqr greift der Anwender auf bestehende Textbausteine zurück und muss diese gegebenenfalls nur geringfügig verändern.

3.3 Auswertung und Berichtserstellung

Nach der Vorbereitung und der Begehung ist die Grobdiagnose des Gebäudes abgeschlossen. Der Anwender kann nun den Zustand des Gebäudes und die vorgefundenen Schwachstellen auf einen Blick erkennen. Aus dem in Abbildung 5 dargestellten Beispiel kann direkt folgende Information über den Gebäudezustand entnommen werden: Je schlechter der vorgefundene Zustand, desto höher ist der jeweilige blaue Balken. Es ist zu erkennen, dass vor allem im Kellerbereich Probleme vorliegen. Zusätzlich weisen die in der Mitte des Diagramms angegebenen Gesamtkosten darauf hin, dass für die Instandsetzung aller 50 Elemente Kosten in Höhe von rund DM 600.000,- anfallen würden. Die in Abbildung 5 dargestellte „Eingrifftiefe" stellt den Gesamtzustand des Gebäudes dar. Eine Eingrifftiefe von 1,0 bedeutet: Alle vorgefundenen Elemente sind im Zustand „4", eine Eingrifftiefe von 0,0 entspricht dem optimalen Zustand, bei dem alle Gebäudeelemente im Zustand „1" vorgefunden wurden. Die Eingrifftiefe ist vor allem bei einem Vergleich mehrerer Gebäude hilfreich, etwa bei der Kauf-/Verkaufsentscheidung oder aber bei der Entscheidung, auf welche Gebäude das zur Verfügung stehende Budget verteilt werden soll.

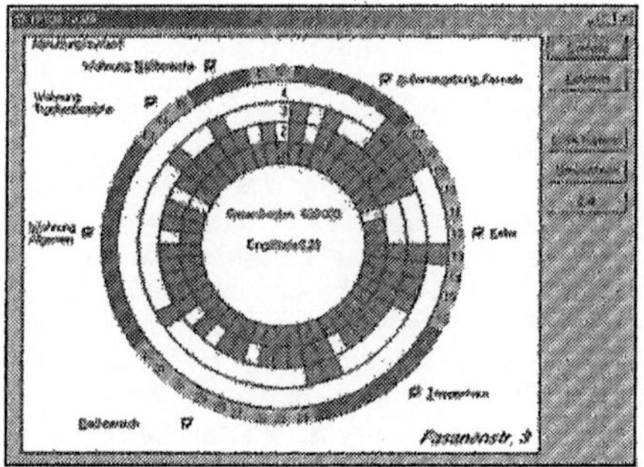

Abb. 5: Zustandsübersicht des Gebäudes geordnet nach den bewerteten 50 Elementen

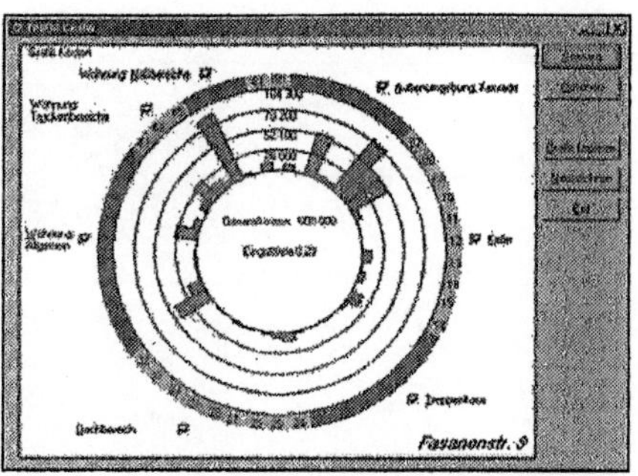

Abb. 6: Anfallende Kosten pro Kategorie. Zu erkennen ist, dass die höchsten Kosten mit rund 88.000,- bei der Kategorie 46 (Küchen) anfallen, gefolgt von Element 06 (Fassade Wärmedämmung) mit rund 80.000,-, Kosten in Höhe von jeweils rund DM 50,000,- sind bei den Kategorien 07 (Kellerräume Privat) und 08 (Kellerräume allgemein) zu erwarten.

Auch die Übersicht der pro Kategorie anfallenden Kosten ist sofort nach der Begehung möglich und in Abbildung 6 dargestellt.
Neben der Übersicht der dokumentierten Zustände und der zu erwartenden Instandsetzungskosten stehen automatisch umfangreiche Berichte zur Verfügung. Diese umfassen unter anderem

- eine Zustandsbeschreibung geordnet nach epiqr-Elementen
- eine Grobabschätzung der zu erwartenden Kosten geordnet nach epiqr Elementen, DIN 276 oder Standardleistungsbuch
- ein Statusbericht über den Heizenergiebedarf des Gebäudes und mögliche Energieeinsparmaßnahmen
- ein Bericht zur Wohnraumqualität und mögliche Verbesserungsmaßnahmen.

Die Berichte umfassen je nach gewähltem Detaillierungsgrad zwischen einer und ca. 30 Seiten. Abbildung 7 zeigt beispielhaft einen Berichtsausschnitt über den Abnutzungsgrad eines Gebäudes. Getreu dem Leitsatz von epiqr „vom Groben ins Detail" kann jedoch von dieser ersten Grobkostenschätzung weiter detailliert werden. Dazu bietet epiqr an, verschiedene Szenarien zu erzeugen – beispielsweise eine Kostenschätzung zur Kellersanierung, dargestellt in Abbildung 8. Weiter detailliert, wie in Abbildung 9 zu erkennen, werden dem Anwender automatisch die für die einzelnen Szenarien berechneten Einzelpositionen aufgezeigt. Statt selber die einzel-

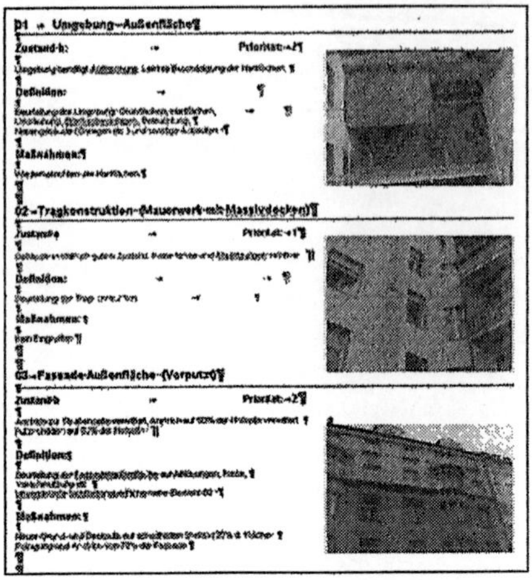

Abb. 7: Auszug eines Berichts über den Abnutzungsgrad der einzelnen analysierten 50 Kategorien des Gebäudes

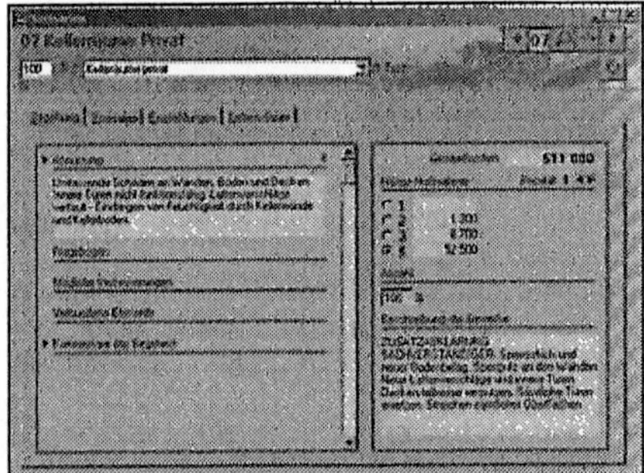

Abb. 8: Projektierung der Kellerinstandsetzung. Durch Anklicken der nötigen Maßnahmen können Kosten detaillierter kalkuliert werden

nen Positionen einzugeben, muss der Anwender lediglich die veranschlagten Kosten und die aus der statistischen Erhebung gewonnenen geometrischen Größen überprüfen.

Die Ergebnisse der Szenarien und der detaillierten Kostenanalyse, einschließlich der vom Nutzer integrierten Änderungen, können nun wiederum automatisch in Berichten, geordnet nach epiqr-Kategorien, DIN 276 und Standardleistungsbuch ausgegeben oder aber für eine tiefergehende Kostenanalyse bis hin zu einer Ausschreibung an marktübliche Softwareprogramme übergeben werden.

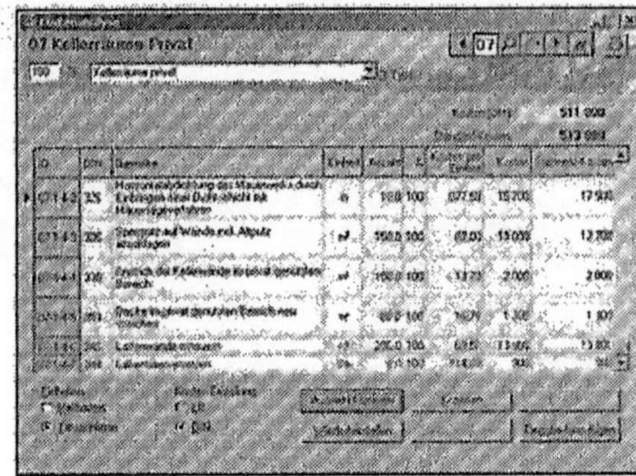

Abb. 9: Eingabemaske zur Kontrolle bzw. Verbesserung der durch epiqr angesetzten Instandsetzungskosten

4. Berechnung des Heizenergiebedarfs mit epiqr

Analog zur Bewertung des Instandsetzungsbedarfs erfolgt die Berechnung des Heizenergiebedarfs des Gebäudes nach einem Schnellverfahren. Ziel ist es, einen Überblick zu erhalten, welche Gebäudebereiche besonders große Energieverluste aufweisen. Gekoppelt mit den Ergebnissen der Instandsetzungsanalyse kann dadurch eine deutlich weitergehende Energiebetrachtung durchgeführt werden: Nicht nur die möglichen Einspareffekte werden quantifiziert, sondern auch die damit verbundenen Kosten werden angegeben.

Der häufig geäußerten Behauptung, lediglich eine detaillierter durchgeführte Betrachtung der Energieverluste könne zu schlüssigen Ergebnissen führen, muss Folgendes entgegengehalten werden: Vor allem die Luftwechselrate und die internen Wärmegewinne werden maßgeblich durch das Nutzerverhalten bestimmt. Bei Mehrparteiengebäuden kann vor allem die Luftwechselrate, auch bei genauester Messung mit der Tracer-Gas-Abklingmethode und dem Blower-Door Verfahren, lediglich grob abgeschätzt werden. Es macht demnach im Altbaubereich für ein Schnellverfahren keinen Sinn, die k-Werte der Gebäudehülle möglichst genau zu erfassen. Der damit verbundene Zeitaufwand steht in keinem Verhältnis zur Verringerung des ohnehin durch die Luftwechselrate auftretenden Fehlers bei der Berechnung des Heizenergiebedarfs. Abbildung 10 zeigt die Umsetzung der groben Eingabe beispielhaft für die Fassade. Aufgrund der oben erwähnten Ungenauigkeit bei der Bestimmung der Luftwechselrate wird bei der Schnellberechnung mit epiqr auf eine Konstruktionsdatenbank zurückgegriffen. Einen Ausschnitt der Datenbank für die Eingabe der Böden ist in Abbildung 11 dargestellt. Der Anwender muss somit nicht, wie bisher bei anderen Berechnungsverfahren üblich, den k-Wert der Hüllflächenelemente berechnen, sondern wählt aus einer Datenbank diejenige Konstruktion aus, die dem zu begehenden Gebäude am ehesten entspricht. Analoge Eingaben sind auch für die Heizungsanlage vorzunehmen. Die wichtigste Vereinfachung jedoch stellt die Angabe des Ausnutzungsgrades für solare und interne Wärmegewinne dar. In der zukünftigen Energieeinsparverordnung wird eine Berechnung nach der Europäischen Norm EN 832 verlangt. Dabei ist die Wärmespeicherfähigkeit des Gebäudes zu berechnen, somit wird eine Eingabe aller zur Wärmespeicherung beitragenden Innenbauteile erforderlich – ein höchst zeitaufwendiges Unterfangen, vor allem bei Altbauten, bei denen meist nicht bekannt ist, welche Stroh-/Lehmschüttung beispielsweise für die Holzbalkendecke verwendet wurde. Hier wird eine Näherung verwendet, welche lediglich zwischen leichter und schwerer Bauweise unterscheidet und zu einem relativen Fehler von +/- 4,3% für Mehrparteien-Altbauten führt [3]. Abbildung 12 zeigt den letzten Schritt, der bei der Energieberechung mit epiqr zu tätigen ist: die Eingabe des geographischen Ortes. Dadurch werden die Klimarandbedingungen festgelegt, d.h. die mittlere Monatstemperatur und die mittlere monatliche Globalstrahlung des jeweils ausgewählten Ortes.

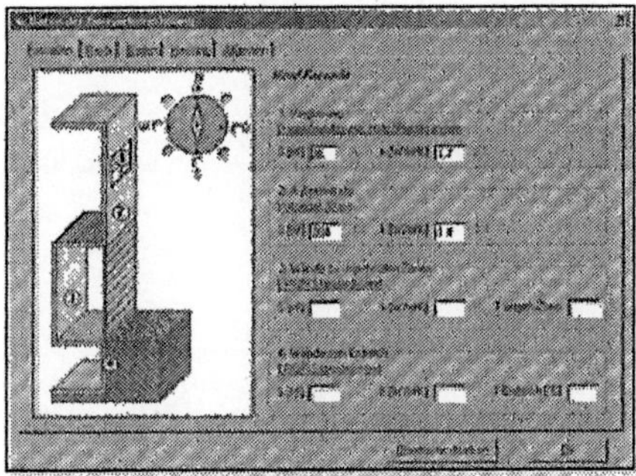

Abb. 10: Eingabeoberfläche für die Berechnung der Transmissionsverluste durch die Wände

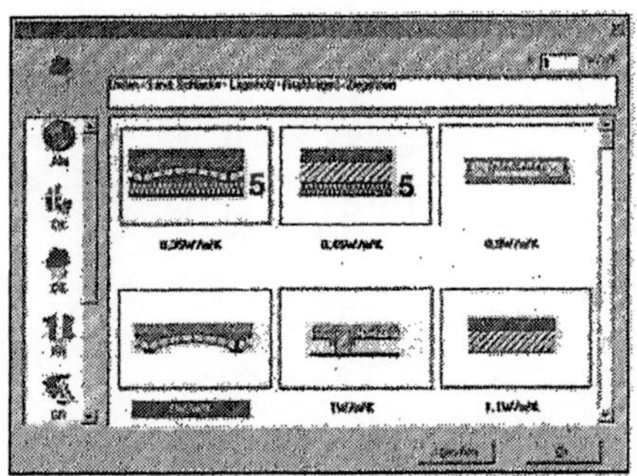

Abb. 11: Eingabeoberfläche für Bestimmung der k-Werte der Böden

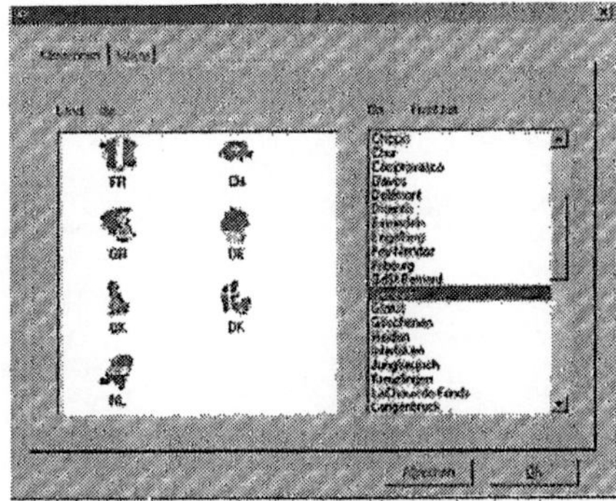

Abb. 12: Eingabemaske zur Auswahl der Klimabedingungen

Nach der Eingabe der oben beschriebenen Parameter kann eine Energiebilanz des Gebäudes abgerufen werden. Bei dieser Bilanz besteht die Möglichkeit, verschiedene energetische Modernisierungsszenarien per Mausklick durchzuspielen. Der Anwender kann direkt erkennen, welche Maßnahmen welche prozentualen Energieeinsparungen nach sich ziehen. Hier wird nun der ganzheitliche Ansatz von epiqr deutlich. Durch die Kenntnis der möglichen Energieeinsparung und die gleichzeitige Kenntnis über den Instandsetzungsbedarf des gesamten Gebäudes und der einzelnen Bereiche aufgrund der Begehung wird eine energetische Verbesserung des Gebäudes deutlich transparenter. Abbildung 13 zeigt den berechneten Ist-Zustand eines Gebäudes. Der Anwender kann,

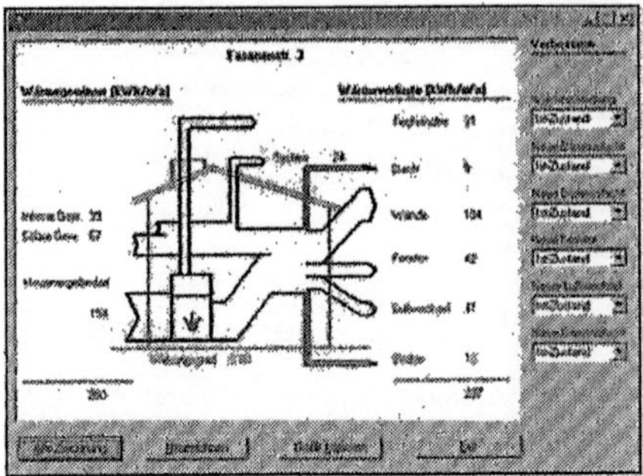

Abb. 13: Ist-Zustand eines Gebäudes, in dem Schimmelbefall an geometrischen Wärmebrücken festgestellt wurde. Je dicker der Pfeil, desto höher sind die Verluste durch das entsprechende Bauteil. Das Gebäude zeigt erhebliche Verluste durch die Wände (30 cm Vollziegel als Wandbildner), die ursprünglichen Fenster sind bereits zu einem früheren Zeitpunkt durch Wärmeschutzverglasung ausgetauscht worden.

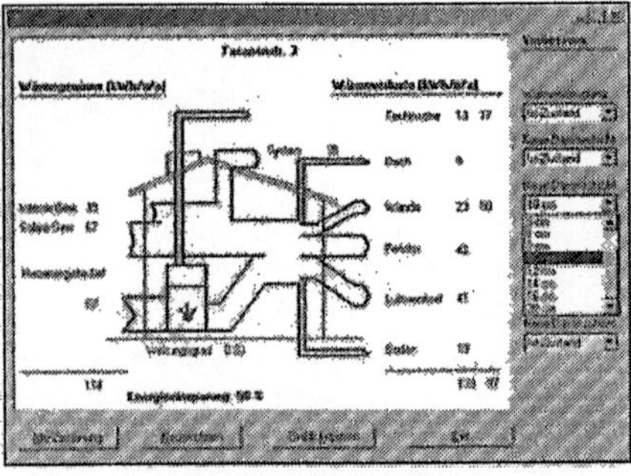

Abb. 14: Mögliche Energieeinsparung bei einer Dämmung der Außenwand mit 10 cm Mineralwolle (angesetzt wird die in den meisten Fällen verwendete Wärmeleitfähigkeit von 0,035 [W/mK])

wie in Abbildung 14 dargestellt, verschiedene Verbesserungsmaßnahmen sofort hinsichtlich der damit verbundenen Energieeinsparung überprüfen.

5. Ermittlung der Wohnraumqualität in epiqr

Mietminderungsklagen, hohe Fluktuationsraten oder sogar leerstehende Wohnungen sind ein Anzeichen dafür, dass die Mieter mit dem angebotenen Wohnraum nicht oder nur begrenzt zufrieden sind. epiqr bietet mit der Bewertung der Wohnraumqualität die Möglichkeit, die Wünsche und Klagen der Wohnraumnutzer zu erfassen und darauf entsprechend zu reagieren.

Ca. 2 Wochen vor der Begehung wird ein Fragebogen verschickt. Darin wird nach Lärm- und Geruchsbelästigung, Beeinträchtigung durch Wärme-/Kältestrahlung von Wänden, Böden, Decken und Fenstern, Feuchtigkeitsproblemen und schließlich Sicherheitsaspekten gefragt. Die Rückmeldungen werden in epiqr eingelesen und können bei der Begehung überprüft werden. Sofern die statistische Mehrheit der eingegangenen Fragebögen über eine Belästigung bzw. Beeinträchtigung klagt, werden in der Benutzeroberfläche unter dem Reiter Energie/Wohnraumqualität die möglichen Gründe mit einer grünen Fahne markiert (siehe Abbildung 15).

Sofern die genannten Gründe zutreffend sind, werden diese automatisch in die Berichte übernommen.

Findet der Begeher weitere mögliche Gründe vor, so kann er diese eigenhändig durch Anklicken auswählen. Dadurch besteht auch die Möglichkeit, eine Bewertung der Wohnraumqualität ohne eine Befragung der Mieter durchzuführen.

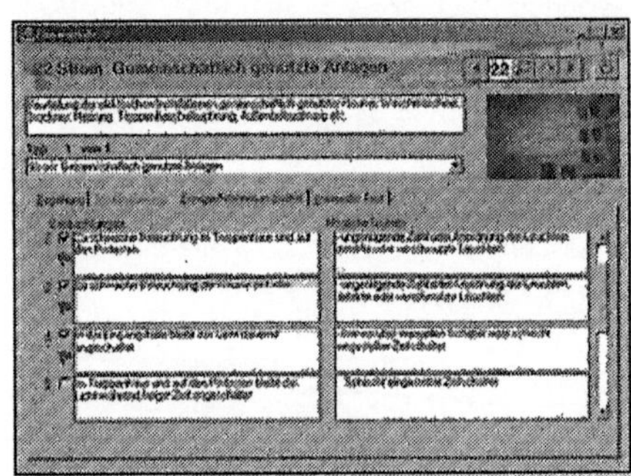

Abb. 15: Wohnraumqualität und deren Betrachtung bei der Begehung des Gebäudes

6. Fazit

Derzeit ist epiqr in Europa das einzige Verfahren, welches die Möglichkeit bietet, Mehrparteien-Wohngebäude innerhalb eines Tages unabhängig und hinreichend vollständig zu bewerten. Die Resonanz auf das Programm ist entsprechend groß. So haben sich der Verband der beratenden Ingenieure (VBI), die Ingenieurkammer Baden-Württemberg sowie die großen Sachverständigenorganisationen TÜV Süddeutschland und DEKRA für epiqr als Bewertungsinstrument bzw. Gebäudepass entschieden. Im Bankbereich nutzen Hypovereinsbank und Commerzbank sowie diverse Sparkassen epiqr zur Kreditabsicherung und zur Portfolio-Analyse für Privatkunden. Auf Seiten der Eigentümer großer Immobilienbestände sind bereits mehrere Kommunen sowie ehemals gemeinnützige und private Wohnungsgesellschaften Anwender von epiqr. Aufgrund des Erfolges von epiqr hat die Europäische Kommission weitere Fördergelder für die Weiterentwicklung des Verfahrens bereitgestellt. Bisher prognostiziert epiqr, welche Instandsetzungskosten zu erwarten sind. Mit Hilfe der im Rahmen des europäischen Projekts geplanten Weiterentwicklung wird es möglich vorherzusagen, wann der optimale Zeitpunkt für eine Instandsetzung vorliegt. epiqr wird dadurch zu einem Management Instrument, mit dem Instandsetzungsrücklagen optimal verteilt und vor allem minimiert werden können.

7. Literatur

[1] epiqr, EU-Contract N JOR3-CT96-0044 (DG12-WSME)

[2] Vgl. Meffert, H.: Dienstleistungsmarketing. Gabler-Verlag, Wiesbaden, 1997, S. 248 ff.

[3] Vgl. Wetzel, C: Bewertung von Sanierungsmaßnahmen zur Reduktion des Heizenergiebedarfs von Altbauten auf der Grundlage gebräuchlicher europäischer Berechnungsverfahren, Diplomarbeit, III. Physikalisches Institut der RWTH, Aachen, 1998.

Hinterlüftete Wärmedämmverbundsysteme im Altbau – sinnvoll oder risikoreich?

Univ.-Prof. Dr. Erich Cziesielski, Technische Universität Berlin

1. Prinzipieller Aufbau eines Wärmedämmverbundsystems

Der prinzipielle Aufbau von Außenwandkonstruktionen mit hinterlüfteten Wärmedämmverbundsystemen ist in Abbildung 1 dargestellt. Die Wirkungsweise solcher hinterlüfteten Außenwandkonstruktionen ist grundlegend von Gertis untersucht worden [1].

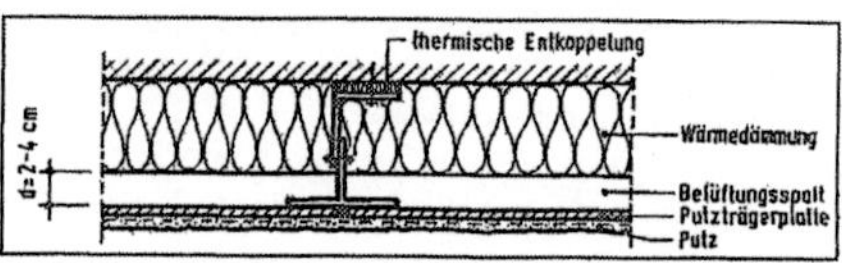

Abb. 1: Prinzipieller Aufbau einer Außenwand, die mit einem hinterlüfteten Wärmedämmverbundsystem versehen ist

2. Gründe für die Ausführung hinterlüfteter Wärmedämmverbundsysteme

2.1 Schnellere Austrocknung von Wänden

Das schnellere Austrocknen einer hinterlüfteten Außenwand im Vergleich zu einer nichthinterlüfteten Außenwandkonstruktion ist u.a. von Liersch [2] und H. Künzel untersucht worden (Abbildung 2). In Abbildung 3 ist das Austrocknungsverhalten der Vorsatzschicht einer dreischichtigen Betonwand (Sandwichwand, Dreischichtenplatte) dargestellt. Es ist ersichtlich, dass eine Wand mit einem WDVS aus Polystyrol und einem Kunstharzputz nur sehr langsam austrocknet, wohingegen bei hinterlüfteten Außenwänden oder bei Außenwänden mit einem Wärmedämmverbundsystem mit Mineralfaserdämmung die Austrocknung wesentlich schneller verläuft.

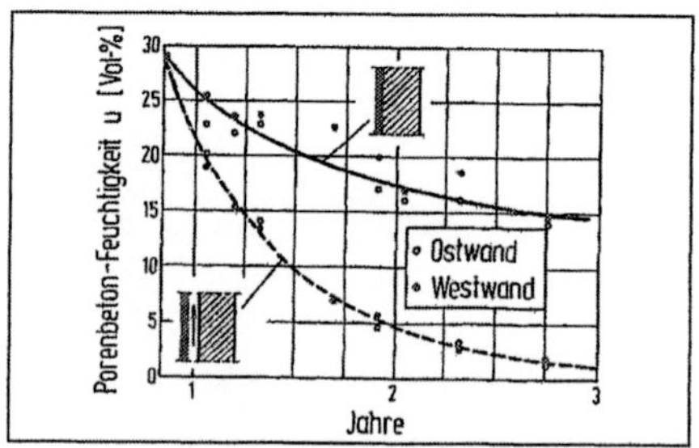

Abb. 2: Austrocknung einer hinterlüfteten Außenwand im Vergleich zu einer nicht hinterlüfteten Außenwand [2]

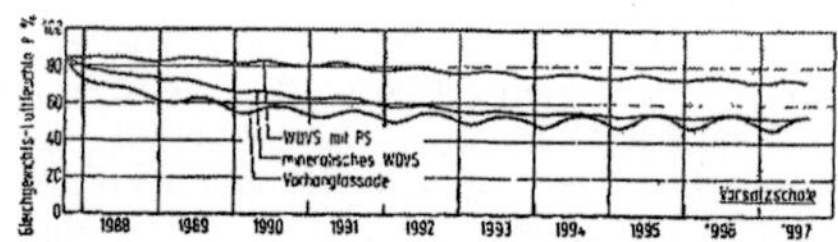

Abb. 3: Austrocknungsverhalten der Vorsatzschicht einer Betonsandwichwand, die nicht bekleidet bzw. mit unterschiedlichen WDVS oder einer hinterlüfteten Bekleidung versehen ist [3]

2.2 Korrosionsschutz

Eine Vielzahl von Wänden des Großtafelbaus weist Korrosionsschäden im Bereich der aus dreischichtigen Wänden (Sandwichwänden) errichteten Außenwände auf (Abbildung 4). Es ist gezeigt worden [3], dass durch das nachträgliche außenseitige Aufbringen eines Wärmedämmverbundsystems auf die Betonwand der Korrosionsprozess wirksam unterbunden werden kann.

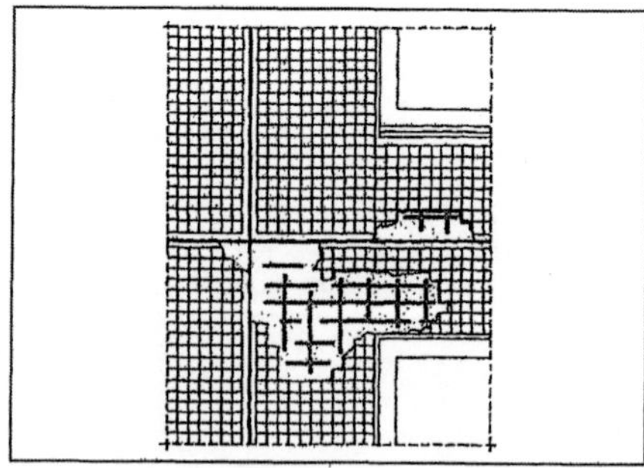

Abb. 4: Korrosionsschäden im Bereich von Sandwichwänden des Großtafelbaus aufgrund zu geringer Betonüberdeckung der Bewehrung

Dem Gedanken, durch eine zusätzliche Wärmedämmung den Korrosionsprozess zu stoppen, liegt die Überlegung zugrunde, dass für die Korrosion eines Bewehrungsstahles drei Voraussetzungen gleichzeitig erfüllt sein müssen:

a) Die Passivierung der Stahloberfläche im Beton muss aufgehoben sein durch eine Karbonatisierung des Betons oder durch schädliche Salze,
b) Sauerstoff muss an den Stahl zutreten können und
c) ein Elektrolyt muss vorhanden sein, d.h. der Beton muss ausreichend feucht sein.

Zu a): Die sinnvollste Maßnahme zur Einschränkung der Korrosion im nichtchloridbelasteten Hochbau ist es, die Karbonatisierung des Betons so rechtzeitig einzudämmen, dass während der geplanten Lebensdauer des Bauwerkes der Karbonatisierungshorizont die Stahlbewehrung nicht erreicht. Dies ist bei Gebäuden mit sichtbaren Korrosionsschäden nicht mehr möglich.

Zu b): Die zweite Möglichkeit zur Erzielung eines Korrosionsschutzes besteht darin, den Zutritt von Sauerstoff an den Stahl zu verhindern. In diffusionsoffenen Baustoffen wie Beton ist dies in der Regel nur direkt am Stahl möglich, z.B. durch dichte Kunststoffbeschichtungen der Bewehrung.

Zu c): Als dritte Möglichkeit der Korrosionshemmung bleibt noch, den Beton dauerhaft so trocken zu halten, so dass mangels eines Elektrolyten eine Betonstahlkorrosion verhindert wird. Es ist nachgewiesen, dass die atmosphärische Korrosion von ungeschütztem Betonstahl in der Regel erst bei relativen Luftfeuchten von ca. 55 bis 60 % einsetzt. Bei Betonstählen in karbonatisiertem Beton ist der zur Korrosion führende Schwellenwert der relativen Luftfeuchte wesentlich höher; nach [3] wird erst ab relativen Luftfeuchten von mehr als 80 % im Beton der Stahl zu korrodieren beginnen (Abbildung 5), während die relative Luftfeuchte – aufgrund der an ausgeführten Bauten durchgeführten Messungen in Deutschland – in der Regel auch bei ungünstigen klimatischen Bedingungen nicht größer als 70 % wird.

Zur Bestätigung des theoretisch gefundenen Instandsetzungsprinzips mit Wärmedämmmaßnahmen und zur Absicherung der Laborversuche dienen auch die bisherigen Beobachtungen an ausgeführten Bauten: Betonwände, die im Wohnungsbau und ähnlich genutzten Gebäuden ausgeführt wurden, sind an den zum Raum hin orientierten Seiten in der Regel erheblich durchkarbonatisiert, so dass für die innenliegende Bewehrung die passivierende Schutzschicht verloren gegangen ist; dennoch sind noch nie Korrosionsschäden im Rauminneren an der Bewehrung im Beton beobachtet worden; der Grund dafür ist, dass der Feuchtigkeitsgehalt im Beton so gering ist, dass der Korrosionsprozess nicht in Gang kommen konnte.

Im Rahmen von Feldversuchen wurden in einem Demonstrationsbauvorhaben korrosionsgeschädigte Betonsandwichwände durch unterschiedliche Wärmedämmmaßnahmen geschützt: Es wurden Wärmedämmverbundsysteme mit einer Wärmedämmung aus 6 cm Polystyrol sowie mit 6 cm Mineralfaserdämmstoffen ausgeführt; weiterhin wurden belüftete Außenwände vergleichend untersucht. Es wurde beobachtet, dass die bereits korrodierten Bewehrungsstähle in den Betonsandwichwänden unter den Wärmedämmstoffen auch nach mehreren Jahren nicht weiterrosteten.

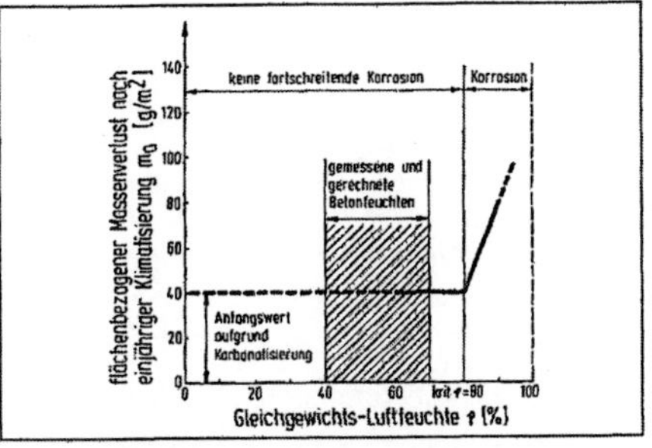

Abb. 5: Korrosionszunahme eines Bewehrungsstahles in Abhängigkeit vom Feuchtigkeitsgehalt im durchkarbonatisierten Beton: Erst bei 80 % rel. LF beginnt die Korrosion [3]

Durch Messungen wurde festgestellt, dass bei belüfteten Außenwandbekleidungen, die nachträglich auf die Betonsandwichwände aufgebracht wurden, der Korrosionsprozess schnell zum Stillstand gelangte, weil die Vorsatzschichten relativ schnell unter den kritischen Feuchtigkeitsgehalt von 80 % relativer Luftfeuchte austrockneten. Bei den Betonsandwichwänden, die mit den nichthinterlüfteten Wärmedämmverbundsystemen bekleidet wurden, trockneten die Betonsandwichwände nicht so schnell aus wie bei den relativ diffusionsoffenen belüfteten Außenwandbekleidungen. Der Korrosionsprozess wird also durch die nichthinterlüfteten Wärmedämmverbundsysteme zeitlich nicht so schnell gestoppt. Abbildung 3 zeigt den prinzipiellen Verlauf des Austrocknungsverhaltens der Vorsatzschichten von Betonsandwichwänden in Abhängigkeit von den aufgebrachten Wärmedämmmaßnahmen. Es kann hieraus abgeleitet werden, dass beim Aufbringen eines Wärmedämmverbundsystems aus Polystyrol mit einem Kunstharzputz entweder darauf geachtet werden muss, dass die Vorsatzschicht sich in einem ausreichend trockenen Zustand befindet oder aber der Korrosionsschutz für die Bewehrung durch den Beton noch so lange wirksam sein muss, bis der kritische Feuchtigkeitsgehalt von 80 % unterschritten wird; dies kann unter Umständen mehrere Jahre dauern.

Zusammenfassend lässt sich feststellen, dass durch die außenseitig auf Betonsandwichwände aufgebrachten Wärmeschutzmaßnahmen ein wirksamer Korrosionsschutz für die in der Vorsatzschicht vorhandene Bewehrung erreicht wird, was sowohl theoretisch als auch durch Messungen an ausgeführten Bauten bestätigt wurde.

2.3 Sicherer Regenschutz auch im Fall einer Rissbildung im Putz

Neuere Untersuchungen hinsichtlich der zulässigen Rissweite im Putz von Wärmedämmverbundsystemen hatten folgendes Ergebnis [3]:

WDVS
aus Polystyrol zul. w = 0,3 mm
WDVS
aus Mineralfaserplatten zul. w = 0,2 mm.

Es ist bekannt, dass bei unzureichender Verarbeitung (fehlende Diagonalbewehrung an Fensterecken, unzureichende oder fehlende Bewehrung überhaupt) es zu erheblichen Rissbildungen kommen kann. Die Folge wäre, insbesondere bei WDVS aus Mineralfaserdämmplatten, dass die Dämmung durchfeuchtet und das Fasergefüge im Laufe der Zeit geschädigt wird.

Bei hinterlüfteten WDVS besteht der Putzträger entweder aus Polystyrol oder aus Calciumsilikatplatten, die beide gegenüber einem Wassereindringen durch die Risse im Deckenputz hinreichend widerstandsfähig sind. – Hinterlüftete WDVS weisen im Vergleich zu den nichthinterlüfteten WDVS einen sichereren Regenschutz auf.

2.4 Vermeidung von Tauwasser bei dampfdichten Bekleidungen

WDVS mit Mineralfaserdämmplatten sind bei äußeren dampfdichten Bekleidungen – z.B. aus Keramik, Glas oder sonstigen dampfdichten Beschichtungen – als kritisch zu beurteilen. Durch eine Belüftung können kritische Wasseransammlungen hinter den „dampfdichten" Belägen vermieden werden. Hier ist der besondere Anwendungsbereich hinterlüfteter WDVS zu sehen.

2.5 Höhere Stoßfestigkeit

Einer der Gründe, weswegen Wärmedämmverbundsysteme von Bauherren häufig in Frage gestellt werden, ist die mangelhafte Stoßfestigkeit der Putzschicht auf der Wärmedämmung (*Abbildung 6*). Es sei an dieser Stelle darauf hingewiesen, dass auch die häufig propagierte Anordnung einer zweiten Bewehrungsschicht im Putz oder die Wahl eines sogenannten „Panzergewebes" im Putz nicht zu einer Erhöhung der Stoßfestigkeit des Wärmedämmverbundsystems beiträgt.

Eine wirksame Erhöhung der Stoßfestigkeit wird nur durch

- eine vergrößerte Putzdicke (ca. 20 bis 25 mm) oder
- z.B. durch eine Calciumsilikatplatte als Putzträger auf der Wärmedämmung

erreicht. In beiden Fällen wird die Erhöhung der Konstruktionsdicke nur in den mechanisch gefährdeten Bereichen (Erdgeschoss) ausgeführt werden. Der Übergang von der dickeren

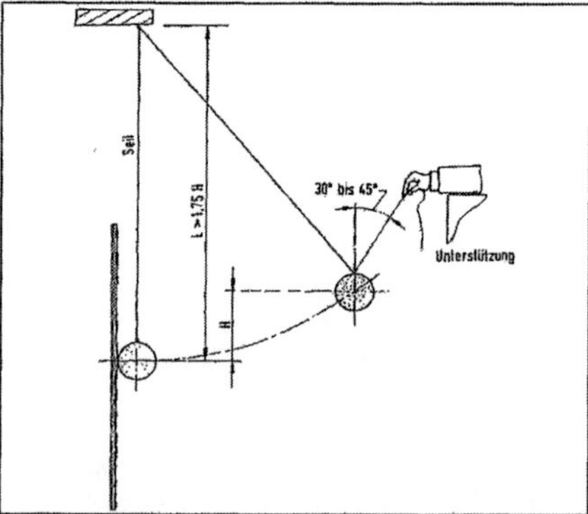

Abb. 6: Überprüfung der Stoßfestigkeit eines WDVS mit einem Pendelschlagversuch entsprechend den UEATC-Richtlinien

zur dünneren Konstruktion muss dann entweder im Bereich der Wärmedämmschicht ausgeglichen werden oder es muss der Versatz durch gestalterische Maßnahmen (Blende, Gesims o.ä.) aufgenommen werden.
Bei hinterlüfteten WDVS kann die äußere Putzträgerplatte aus entsprechend stoßfesten Materialien ausgeführt werden (z.B. Calciumsilikat, Faserzement o.ä.). Unterschiedlich dicke Konstruktionen entstehen dadurch nicht, so dass aufwendige Anpassungskonstruktionen entfallen können.

3 Kritische Aspekte bei der Ausführung hinterlüfteter Wärmedämmverbundsysteme

3.1 Wirtschaftlichkeit

Hinterlüftete Wärmedämmverbundsysteme werden im Vergleich zu nichthinterlüfteten Systemen um den Faktor 1,5 bis 2 höher angeboten. Die Ursache liegt darin, dass die Vermessung der Unterkonstruktion äußerst zeitaufwendig ist und auch die Kosten für die Unterkonstruktion selbst relativ hoch sind.
Zur Verbesserung der Wirtschaftlichkeit sind bei den hinterlüfteten WDVS entsprechende Weiterentwicklungen vorgenommen worden.

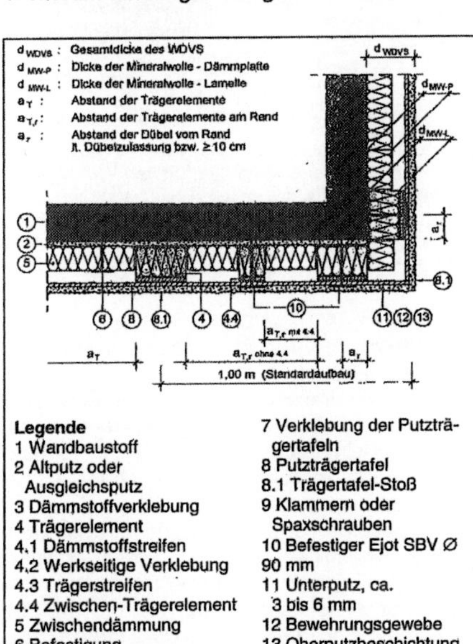

Abb. 7: Hinterlüftetes WDVS mit Keri-Unterkonstruktion[R] nach Dr.-Ing. Oberhaus

In Abbildung 7 ist ein von Herrn Dr.-Ing. Oberhaus entwickeltes System dargestellt. Hierbei wird die Unterkonstruktion durch Wärmedämmstücke gebildet, wodurch auch die Wärmebrücken – insbesondere bei Aluminiumunterkonstruktionen – vermieden werden.
Ein weiterer Vorteil dieses Systems ist auch darin zu sehen, dass die Verlegung des WDVS durch Maler- und Stuckateurbetriebe – wie bisher auch – ausgeführt werden kann. Eine bauaufsichtliche Zulassung für dieses System besteht.

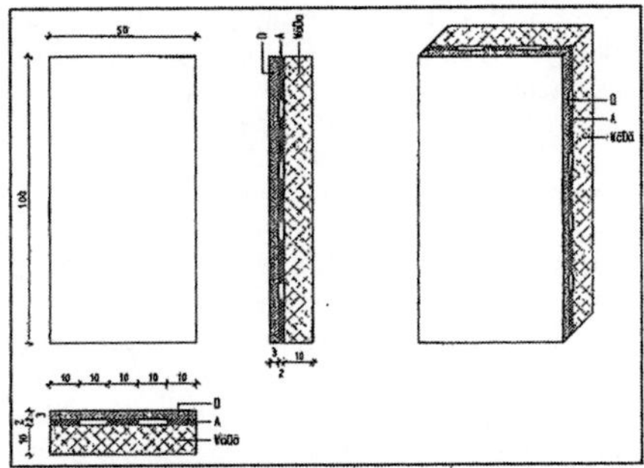

Abb. 8: Belüftetes WDVS (System Ventilit)

In Abbildung 8 ist ein Wärmedämmelement dargestellt, bei dem die für die Hinterlüftung erforderlichen Aussparungen in das Dämmelement integriert sind. Die Verarbeitung dieser Dämmelemente geschieht wie bisher auch; sie unterscheidet sich nicht gegenüber den bisher üblichen Verarbeitungstechniken. Die besondere Stoßfestigkeit dieser Wärmedämmelemente kann z.B. dadurch erreicht werden, dass die äußere Schicht des Elementes aus stoßfesten Materialien hergestellt wird. Eine Kombination aus Polystyrol, Mineralfaserplatten und solchen z.B. aus Calciumsilikat in unterschiedlicher Reihung ist möglich.
Durch die aufgezeigten Weiterentwicklungen wird die Differenz in den Kosten zwischen einem hinterlüfteten WDVS und einem nichthinterlüfteten WDVS minimiert.

3.2 Wanddicke

Hinterlüftete WDVS erfordern gegenüber nichthinterlüfteten WDVS eine größere Wanddicke von ca. 2 bis 4 cm aufgrund des Belüftungsspaltes. Die größere erforderliche Wanddicke führt zwangsläufig bei gleichem einzuhaltenden Wärmeschutz zu verringerten Nutz- bzw. Wohnflächen. Hierzu aber folgende Überlegung bzw. Weiterentwicklungsmöglichkeit: Die Ermittlung des Wärmedurchlasswiderstandes eines hinterlüfteten Wärmedämmverbundsystems geschieht i.d.R. derart, dass die Wärmedurchlasswiderstände der Luftschicht und der Bekleidung vernachlässigt werden. Im Hinblick darauf, dass die Be- und Entlüftungsöffnungen in Richtung der Gebäudehöhe weit voneinander entfernt sind (zumindest geschossweise), ist die Luftzirkulation hinter der äußeren Bekleidung so gering, dass in Analogie zum belüfteten, zweischaligen Mauerwerk die wärmedämmende Wirkung der Luftschicht in Ansatz gebracht werden könnte. Dies muss aber noch nachgewiesen werden. Da entsprechende bauaufsichtlich eingeführte Regelungen noch ausstehen, kann aber zumindest bei der Ermittlung des U-Wertes (k-Wertes) der äußere Wärmeübergangswiderstand zu $1/\alpha_a = 0{,}08$ W/(m²·K) angenommen werden.

Wenn es gelingt, das oben erläuterte thermische Verhalten zu bestätigen, wird es nicht zu einer signifikanten Erhöhung der Wanddicke für die belüfteten WDVS im Vergleich zu den nichthinterlüfteten Wärmedämmverbundsystemen kommen.

3.3 Rissbildung

In den bauaufsichtlichen Zulassungen des DIBt für hinterlüftete WDVS ist ein Hinweis enthalten, dass möglicherweise in dem Putz auf den Putzträgerplatten in deren Stoßbereich Risse auftreten könnten. Anmerkung hierzu: Der Warnhinweis in den bauaufsichtlichen Zulassungen wurde aufgrund der im Labor bei einigen Systemen festgestellten hygrothermisch bedingten Verformungseigenschaften der Bekleidungsplatten aufgenommen. Rissbildungen als solche wurden jedoch z.B. bei den im Labor der TU Berlin im Rahmen der Zulassungsverfahren untersuchten Wände mit hinterlüfteten Wärmedämmverbundsystemen entsprechend Abbildung 9 auch bei den vorgeschriebenen scharfen Bewitterungsbedingungen nach den EOTA-Richtlinien nicht festgestellt. Dies steht auch in Übereinstimmung mit gleichartigen Wänden, die in dem Freiversuchsgelände des Instituts für Bauphysik, Außenstelle Holzkirchen, untersucht wurden. – Zur nochmaligen Überprüfung der in den bauaufsichtlichen Zulassungen aufgenommenen Warnhinweise wurden in diesem Jahr einige stichprobenweise ausgesuchte fertiggestellte Objekte besichtigt und auf Rissbildungen hin untersucht. Es wurde dabei festgestellt, dass insbesondere bei einer Ausführung der Fugen entsprechend den bauaufsichtlichen Zulassungen bzw. den Richtlinien der Systemanbieter (vgl. Abbildung 9) keine Risse im Putz vorhanden waren. Auch beim Fehlen des in Abbildung 9 entsprechend der bauaufsichtlichen Zulassung vorgesehenen Schleppstreifens wurden keine Risse beobachtet. Den Systemanbietern solcher hinterlüfteten Wärmedämmverbundsysteme sind nach eigenem Bekunden auch keine gravierenden Rissschäden bekannt geworden, die auf einen Systemmangel hindeuten.

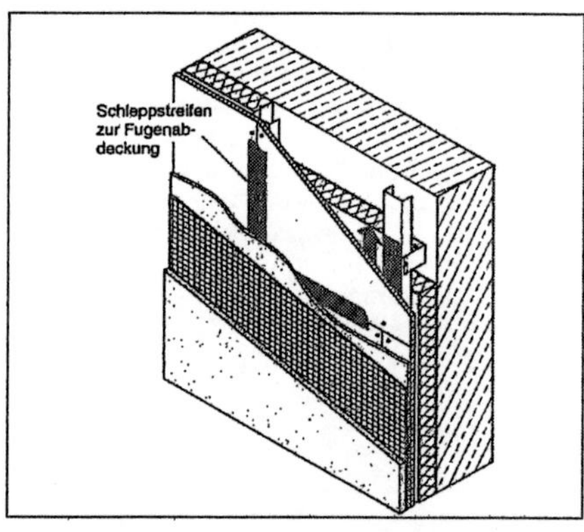

Abb. 9: Ausbildung der Fuge zwischen den Bekleidungsplatten bei einem hinterlüfteten Wärmedämmverbundsystem entsprechend der bauaufsichtlichen Zulassung, wobei neuerdings auf die Anordnung des Schleppstreifens verzichtet wird (Frotech-System der Firma ispo)

3.4 Austrocknung von Wänden mit WDVS aus Polystyrol

Bei einem zweischaligen, hinterlüfteten Mauerwerk und auch bei wärmegedämmten Steildächern wird nach Künzel [4] die Hinterlüftung als nicht erforderlich angesehen. Künzel schreibt in [4] weiter (Zitat):

Heute werden durch die Industrie Belüftungsmöglichkeiten angeboten, wo sie gar nicht erforderlich sind. Zum Beispiel Schaumstoffplatten mit Längskanälen für Wärmedämmverbundsysteme, um die Feuchte besser nach außen abzuführen, ungeachtet der Probleme, die dadurch hinsichtlich der Dämmwirkung entstehen. Oder man entwickelt hinterlüftete Putzfassaden, wo doch der Putz viel besser direkt auf den Wandbildner aufgebracht wird und eine Hinterlüftung eines relativ dampfdurchlässigen Putzes gar nicht notwendig ist. Man könnte von einer „Faszination der Belüftung" sprechen, der Laien wie Leute vom Fach unterliegen. Ich bin der Meinung, dass eine bauphysikalisch gut entwickelte Konstruktion ohne „Nothilfe" durch Belüftung auskommen muss, ja dass dies geradezu ein Kriterium für eine gute Konstruktion ist.

Anmerkung hierzu: Werden ausschließlich Diffusionsvorgänge in der Wand betrachtet, so ist diese Aussage richtig [4]. Bei Wandkonstruktionen mit einer wirksamen Hinterlüftung erfolgt jedoch eine zusätzliche Feuchteabfuhr durch die im Luftspalt vorhandene Luftzirkulation: In Abbildung 10 ist nochmals der positive Einfluss der Belüftung methodisch dargestellt, so dass die eingangs genannten Gründe die Ausführung hinterlüfteter Außenwandkonstruktionen in hohem Maße rechtfertigen. Dies gilt insbesondere dann, wenn auf der Außenseite der Wärmedämmverbundsysteme „dampfdichte" Bekleidungen aus Keramik, Glas o.ä. aufgebracht werden und auch dann, wenn eine schnellere Austrocknung angestrebt wird, um den Korrosionsfortschritt der Bewehrung in den Vorsatzschichten von Betonsandwichwänden vorzeitig zu unterbinden.

4. Hinterlüftete Putzschichten mit einer Unterkonstruktion aus Faserverbundwerkstoff

Hinterlüftete Putzschichten mit einer Unterkonstruktion aus Faserverbundwerkstoff sind in den Abbildungen 11 und 12 dargestellt. Diese Konstruktionen sind bauaufsichtlich zugelassen. Im Rahmen der bauaufsichtlichen Zulassung ist im Wesentlichen auf die Standsicherheit dieser Konstruktionen eingegangen worden. Die Dauerhaftigkeit der Konstruktion ist durch die Erfahrung und durch die Fülle der ausgeführten Bauten als bestätigt angesehen worden. Sollte es jedoch zu einer Anhäufung von Schäden, insbesondere Rissschäden im Putz, kommen, ist hinsichtlich einer Einschränkung der bauaufsichtlichen Zulassung eine besondere Überlegung notwendig. Es erscheint insbesondere sinnvoll, die Qualität des Putzes genauer zu beschreiben, was auch bei anderen bauaufsichtlichen Zulassungen für Wärmedämmverbundsysteme geschehen ist. Im Hinblick auf die Umspülung des Putzes von der Vorder- und Rückseite durch die zirkulierende Luft ist ein schnelleres Austrocknen/Schwinden des Putzes gegeben, wodurch Risse im Putz entstehen können.

Abschließend sei aber darauf hingewiesen, dass vereinzelte Ausführungsfehler bei einem System nicht zwangsläufig zu einer Ablehnung dieses Systems führen dürfen. – Unabhängig von dieser Überlegung ist aber der Überlegung von Künzel vorbehaltlos zu folgen, dass eine hinterlüftete Putzschicht – z.B. entsprechend Abbildung 12 – keine besonderen Vorteile bietet.

5. Zusammenfassung

Hinterlüftete Wärmedämmverbundsysteme sind in besonderen Bereichen sinnvoll; sie sind nicht risikoreich. Aber auch hier greift der alte Lehrsatz: Es gibt nicht *eine* richtige Konstruktion, es muss die *richtige* Konstruktion unter Beachtung der jeweiligen Randbedingungen gewählt werden.

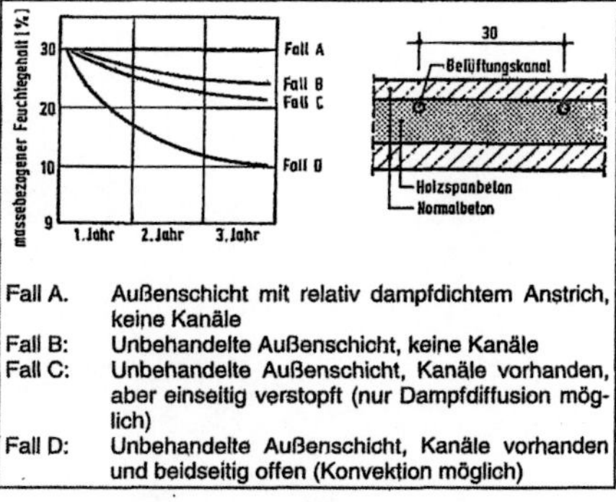

Fall A.	Außenschicht mit relativ dampfdichtem Anstrich, keine Kanäle
Fall B:	Unbehandelte Außenschicht, keine Kanäle
Fall C:	Unbehandelte Außenschicht, Kanäle vorhanden, aber einseitig verstopft (nur Dampfdiffusion möglich)
Fall D:	Unbehandelte Außenschicht, Kanäle vorhanden und beidseitig offen (Konvektion möglich)

Abb. 10: Einfluss der Belüftung auf die Austrocknung des Holzspanbetons im Bereich einer Außenwand

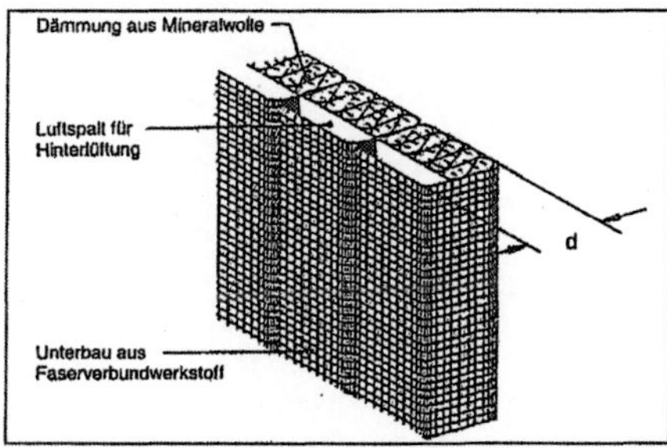

Abb. 11: Unterbauelement für eine hinterlüftete Putzschicht (System Pekatex)

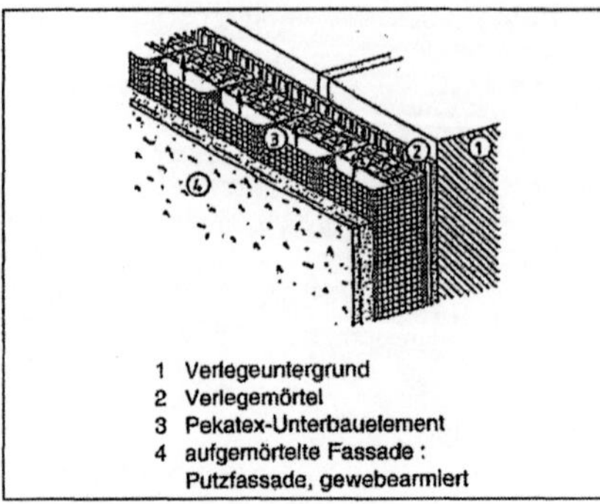

Abb. 12: WDVS mit einem Unterbauelement entsprechend Abb. 11 (System Pekatex)

6. Literatur

[1] Gertis, K.: Belüftete Wandkonstruktionen. Berichte aus der Bauforschung, Heft 72, Verlag Ernst & Sohn, Berlin, 1972

[2] Liersch, K.: Belüftete Dach- und Wandkonstruktionen. Bd. 1. Bauverlag, Wiesbaden und Berlin, 1981

[3] Cziesielski, E. und Schrepfer, T.: Hinterlüftete Außenwandkonstruktionen und Wärmedämmverbundsysteme. Betonkalender 1998, Bd. 1. Verlag Ernst & Sohn, Berlin

[4] Künzel, H.: Belüftete Konstruktionen. Bauphysik-Geschichte(n) Nr. 6. Arconis, Heft 1. 2000. IRB-Verlag, Stuttgart.

Das aktuelle Thema:

Wie luftdicht muss ein Gebäude sein?

1. Beitrag: Die Berücksichtigung der Luftdichtheit in der Energieeinsparverordnung

Dipl.-Ing. Hans-Dieter Hegner, Bauoberrat, BMVBW Berlin

Diese Entwicklung der Energieeinsparmechanismen im Gebäudebereich war nicht nur eng verbunden mit einer stetigen Materialverbesserung sondern auch mit der Entwicklung und Validierung moderner Rechenverfahren, insbesondere auf der Basis stationärer Wärmebilanzen. Der Schritt hin zu einer Energieeinsparverordnung nach den nun erfolgreich absolvierten Wärmeschutz- und Heizungsanlagenverordnungen stützt sich deshalb sowohl auf erfolgreiche Produktentwicklungen als auch auf neue erweiterte Rechenverfahren. Die Ansätze für die neue Verordnung sind nicht in erster Linie in der Quantität sondern im qualitativen Bereich zu suchen.

1. Europäische Rechenverfahren

Die Rechenverfahren der neuen europäischen Normen unterstützen das gewählte Bilanzierungsmodell für Endenergie bzw. Primärenergie. Die neue Energieeinsparverordnung soll sich vor allem auf die fertiggestellte europäische Norm DIN EN 832 „Wärmetechnisches Verhalten von Gebäuden" abstützen.

Die Norm lässt Freiräume, die von den Mitgliedsstaaten genutzt werden können, aber auch durch nationale Regelungen ausgefüllt werden müssen. Das betrifft insbesondere regionale Besonderheiten, wie

- Klimadaten (Temperaturgänge, Strahlungsangebote etc.),
- nutzungs- und lebensstandabhängige Daten (Innentemperaturen, interne Wärmegewinne, etc.), sowie
- von der Bautradition bestimmte Daten.

In Deutschland werden diese nationalen Festlegungen im engen Dialog mit dem zuständigen Normenausschuss zur DIN V 4108-6 getroffen. Die nationale Berechnungsnorm ist ein Umsetzungsdokument der europäischen Norm.

2. Gebäudedichtheit

Im baulichen Bereich, der insbesondere für die Senkung des Heizwärmebedarfes Q_h verantwortlich ist, bietet der Referentenentwurf der EnEV Neuigkeiten für Planung und Ausführung an. Zum einen ist dies die Berücksichtigung der Dichtheit des Gebäudes und zum anderen ist es die Möglichkeit zur Verringerung (und rechnerischen Berücksichtigung) von Wärmebrücken.

Die luftdichte Ausführung von Gebäuden – nach dem jeweiligen Stand der Technik – war schon immer eine baulich-energetische Anforderung, die bereits in der gültigen Wärmeschutzverordnung verankert ist. Praxistests hatten jedoch immer wieder gezeigt, dass Planung und Ausführung große Probleme bei der Realisierung einer luftdichten Gebäudehülle haben. Der berühmte „Orkan aus der Steckdose" war ein Beispiel dafür, dass mindestens bei der Wahl der Luftwechselrate für die stationäre Wärmebilanz moderat vorgegangen werden musste, um nicht zu starke Abweichungen des errechneten Energiebedarfs von sich einstellenden Energieverbräuchen zuzulassen. Die gewählte Jahresbilanz der Wärmeschutzverordnung operiert mit einer Luftwechselrate von 0,8 h^{-1}, die nachweislich im Allgemeinen zu guten Ergebnissen führt. Gleichermaßen zeigt sich, dass luftdicht ausgeführte Gebäude und maschinelle (kontrollierte) Lüftung – ggf. mit Wärmerückgewinnung – die Lüftungswärmeverluste deutlich reduzieren. Die europäische Norm DIN EN 832 „Wärmetechnisches Verhalten von Gebäuden" hat deshalb Ansätze aufgenommen, die diese Effekte rechnerisch beschreiben.

Wenn bei nachweislich dicht ausgeführten Neubauten der In- und Exfiltrationsanteil erheblich reduziert wird, so kann hier eine verringerte Luftwechselrate angesetzt werden. Die DIN EN 832 „Wärmetechnisches Ver-

halten von Gebäuden" ermöglicht hier eine Absenkung um $n = 0,1\ h^{-1}$.
Die Frage ist nun: Was ist ausreichend dicht? Der Verordnungsgeber will die Option des rechnerischen Ansatzes über die Energieeinsparverordnung weitergeben und ist der Auffassung, dass diese Option nur mit einem Dichtheitsnachweis genutzt werden darf.

Die Dichtheitsprüfung ist im Referentenentwurf der EnEV eine *Option*, die nach der europäischen Norm DIN EN 13 829: 2001-02 als Differenzdruckverfahren bei 50 Pa Über-/Unterdruck durchgeführt werden kann. Im Kleinhausbau sind für eine Prüfung mit der s.g. „Blower door" ca. 600 bis 1200 DM einzukalkulieren. Diese Investition lohnt sich. In der Planung wird man mit einer Verringerung des rechnerischen Luftwechsels belohnt. Als durchschnittlicher „Standardluftwechsel" soll ein Wert von $n = 0,7\ h^{-1}$ angesetzt werden. Für dichtheitsgeprüfte Gebäude mit freier Lüftung kann der Wert für den Luftwechsel auf $n = 0,6\ h^{-1}$ abgesenkt werden. Bei Einbau von Lüftungsanlagen insbesondere mit Wärmerückgewinnung kann dieser Wert in Abhängigkeit vom Anlagenluftwechsel bzw. dem Nutzungsfaktor des Wärmetauschersystems ggf. noch weiter abgesenkt werden.

Als Randbedingung für die Dichtheitsprüfung legt die Energieeinsparverordnung folgendes fest: *Wird eine Überprüfung der Anforderungen nach § 5 Abs. 1 durchgeführt, so darf der nach DIN EN 13 829: 2001-02 bei einer Druckdifferenz zwischen Innen und Außen von 50 Pa gemessene Volumenstrom – bezogen auf das beheizte Luftvolumen – bei Gebäuden*
- *ohne raumlufttechnische Anlagen* $3\ h^{-1}$

und
- *mit raumlufttechnischen Anlagen* $1,5\ h^{-1}$

nicht überschreiten.

Ebenso wie bei Anlagen der technischen Gebäudeausrüstung (z.B. Rohrleitungen) ist Dichtheit nicht nur zu planen und auszuführen, sondern auch nachzuweisen. Hier geht es zwar nicht um Sicherheit, aber um einen erheblichen Energieanteil, der ganz besonders sensibel auf Planung und Ausführung reagiert. Die Dichtheitsprüfung ist nicht nur eine Option, sondern besonders wirtschaftlich darstellbar.

Der Dichtheitsnachweis und darüber hinaus der Einbau einer modernen Lüftungsanlage wird durch die geringeren Lüftungswärmeverluste Spielräume für die Auslegung der Wärmedämmung des Gebäudes anbieten. Die konsequente Planung und Ausführung von luftdichten Details hilft allein beim Wärmebedarf ca. 10 % einzusparen.

Der Dichtheitsnachweis muss – soweit diese Option der Verordnung rechnerisch in Anspruch genommen wird – dem zukünftig auszustellenden Energiepass beigefügt werden.

3. Zusammenfassung/Ausblick

Die neue Energieeinsparverordnung nimmt mit der Einbeziehung der Heizung in die gesamte Energiebilanz Einfluss auf die Verringerung der Verluste bei der Wärmeerzeugung, -verteilung und der Regelung. Darüber hinaus bekommt die Optimierung der Gebäudehülle einen neuen Stellenwert. Das bedeutet insgesamt mehr Flexibilität in der Planung. Die Anbindung der Anforderungen an einen (bewerteten) Endenergiebedarf des Gebäudes wird die energetische Qualität von Gebäuden und Anlagen besser transparent machen und zu einer verbesserten Orientierung der Verbraucher führen.

Mit der Einführung einer „Dichtheitsoption" kann der öffentlich-rechtliche Einstieg in eine geplante und baupraktisch dichte Gebäudehülle erfolgen. Das verringert nicht nur den Energiebedarf, sondern trägt auch zur Bauschadensfreiheit bei.

2. Beitrag: Effektivität von Lüftungsanlagen in der Praxis – wie groß ist der Einfluss des Nutzers ?

Dipl.-Ing. Johann Reiß, Fraunhofer-Institut für Bauphysik
Institutsleiter: Prof. Dr.-Ing. habil. Dr. h.c. mult. Dr. E.h. mult. Karl Gertis, 70565 Stuttgart

1. Einleitung

Der Heizwärmeverbrauch einer Wohnung wird wesentlich durch den Lüftungswärmeverlust beeinflusst. Es liegt daher nahe, diesen Verlust mit Hilfe einer Wohnungslüftungsanlage mit Wärmerückgewinnung zu reduzieren. Ergeben sich rechnerisch nach der derzeit gültigen Wärmeschutzverordnung '95 für ein Gebäude mit Fensterlüftung Lüftungswärmeverluste von knapp 60 kWh/m²a, so können diese gemäß der künftigen Berechnungsmethode entsprechend DIN V4108-6 [1] und DIN V4701-10 [2] beim Einbau einer Lüftungsanlage mit Wärmerückgewinnung mit einem Wärmerückgewinnungsgrad von 85 % auf ca. 20 kWh/m²a reduziert werden. Die Auswertungen einer Vielzahl von Messungen, die über mehrere Heizperioden durchgeführt wurden, zeigen, dass in einer großen Anzahl von Wohnungen, die mit Lüftungsanlagen mit Wärmerückgewinnung ausgerüstet waren, höhere Lüftungswärmeverluste aufgetreten sind als in vergleichbaren Wohnungen, die keine Lüftungsanlagen besaßen und nur klassisch über Fenster gelüftet wurden. Die Ursache hierfür ist hauptsächlich im Verhalten der Nutzer begründet. Im Folgenden werden die Messergebnisse von zwei Wohnungen mit Lüftungsanlagen dargestellt, in denen sich die Nutzer hinsichtlich ihres Lüftungsverhaltens konträr verhielten.

2. Untersuchte Gebäude

Im Rahmen eines Forschungsvorhabens wurden 5 Niedrigenergiedoppelhäuser und zum Vergleich ein Referenzdoppelhaus erstellt [3]. Die Niedrigenergiehäuser unterscheiden sich sowohl vom Aufbau der Hüllflächenbauteile als auch von der Heiztechnik. Bis auf das Referenzhaus und eine Niedrigenergiedoppelhaushälfte sind alle Wohnungen mit Lüftungsanlagen ausgestattet. Ziel des Vorhabens war, zu zeigen, dass mit unterschiedlichen Baukonstruktionen und unterschiedlichen Heiz- und Lüftungstechniken niedrige Heizwärmeverbräuche erzielbar sind, wenn der Wärmeschutz der Hüllfläche einen hohen Standard aufweist und die Anlagentechnik effizient und bedarfsgerecht ausgelegt ist. Ferner sollten auch eventuelle Schwachstellen ermittelt und das Bewohnerverhalten im Umgang mit den neuen Techniken untersucht werden.

Bei den beiden näher untersuchten Wohnungen handelt es sich um die im Lageplan (Abb. 1) dargestellten Doppelhaushälften B75 und C79. Die Häuser sind eingeschossig, besitzen ein ausgebautes Dachgeschoss und eine Einliegerwohnung im Untergeschoss. Die Außenwände des Hauses B75 sind zweischalig mit Kerndämmung ausgeführt, das Dach ist zwischen und über den Sparren gedämmt. Die Wärmeversorgung

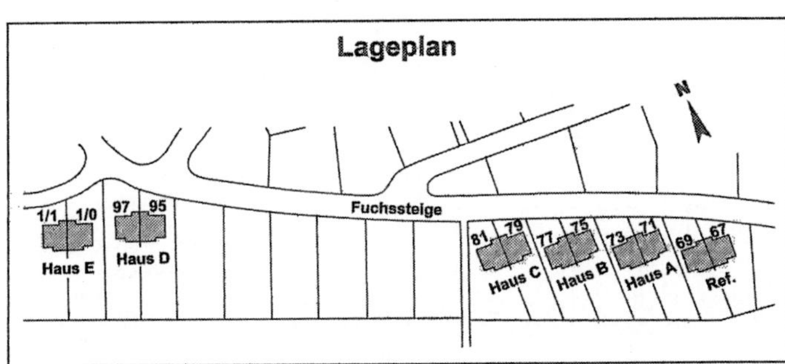

Abb. 1: Darstellung des Lageplans mit Angabe der beiden betrachteten Niedrigenergie-Doppelhaushälften B75 und C79

erfolgt durch eine Warmluftheizung, die durch eine im Hausflur installierte Brennwerttherme versorgt wird. Haus C79 ist in monolithischer Bauweise erstellt. Außenwände und Dach bestehen aus Porenbeton. Beheizt wird das Haus über Radiatoren. Der Gasbrennwertkessel ist im Kellerraum aufgestellt. Die beiden Haushälften B75 und C79 sind mit einer Lüftungsanlage mit Wärmerückgewinnung ausgestattet. Die Hüllflächenfaktoren sind mit 0,81 und 0,82 m^{-1} nahezu gleich; auch die beheizten Wohnflächen weisen mit 178 m^2 und 200 m^2 etwa ähnliche Werte auf. Der Heizwärmebedarf beträgt 51 kWh/m^2a bei Haus B75 und 56 kWh/m^2a bei Haus C79. Die nach Fertigstellung der Häuser durchgeführte Blower-Door-Messung ergab bei einer Druckdifferenz von 50 Pa Luftwechselraten von 2,0 und 1,0 h^{-1}. Die Gebäudekennwerte sind in Tabelle 1 zusammengestellt.

Tab. 1: Zusammenstellung einiger Gebäudekennwerte der beiden betrachteten Doppelhaushälften B75 und C79

Bezeichnung		Haus B 75	Haus C 79
Hüllflächenfaktor	m^{-1}	0,81	0,82
Beheizte Wohnfläche	m^2	178	200
Heizwärmebedarf	kWh/m^2a	51	56
Luftwechselrate bei 50 Pa	h^{-1}	2,0	1,0

3. Messungen

Nach dem Bau der Häuser erfolgte im bewohnten Zustand eine zweijährige Messperiode. Neben den Raumlufttemperaturen in allen Räumen wurden auch die Strom-, Heizwärme- und Brauchwassernutzwärmeverbräuche sowie die Klimadaten erfasst. Ferner wurden auch die zur Bewertung der Heiz- und Lüftungsanlage notwendigen Daten registriert. Um das Lüftungsverhalten aufzuzeichnen, war die Erfassung der Fensteröffnungszeiten notwendig. Die Fensteröffnungszeit gibt an, wieviel Stunden im Mittel die Fenster pro Tag geöffnet sich. Wenn beispielsweise ein Haus zehn zu öffnende Fenster besitzt und alle eine Stunde geöffnet sind, so beträgt die mittlere Fensteröffnungszeit 1 h/d. Sie beträgt aber auch 1 h/d, wenn 5 Fenster 2 h/d geöffnet sind und der Rest geschlossen ist. Die mittlere Fensteröffnungszeit ergibt sich aus der Summe der Öffnungszeiten aller Fenster dividiert durch die Anzahl der öffenbaren Fenster. Die Erfassung der Messdaten erfolgte im 10-minütigen Rhythmus.

4. Ergebnisse

Die gemessenen mittleren Temperaturen des beheizten Hausvolumens weisen monatlich und über die gesamte Heizperiode betrachtet mit 19,8 °C (B75) und 19,7 °C (C79) nahezu gleiche Werte auf. Die ermittelten monatlichen Fensteröffnungszeiten der beiden Doppelhaushälften sind in den unteren Graphiken der Abb. 2 dargestellt.

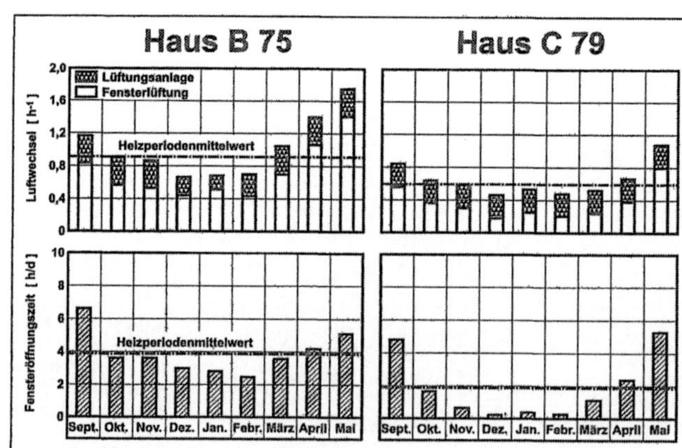

Abb. 2: Darstellung der monatlichen Fensteröffnungszeiten und Luftwechsel während einer Heizperiode

Es zeigt sich, dass während der Wintermonate die Öffnungszeiten deutlich kleiner sind als während der Übergangsmonate im Herbst und Frühjahr. Der charakteristische Verlauf ist bei beiden Häusern ähnlich, doch die Öffnungszeiten sind im Mittel beim Haus C79 nur etwa halb so hoch. Der Mittelwert über die Heizperiode liegt beim Haus B75 bei 3,9 h/d und beim Haus C79 bei 1,9 h/d. Der über das Fensteröffnen und die Undichtheiten bewirkte Luftwechsel, im oberen Teil der Abb. 2 dargestellt, zeigt einen ähnlichen Verlauf wie die Fensteröffnungszeiten. Der untere Teil der Balken stellt den über das Fensteröffnen und die Undichtheiten des Gebäudes bewirkten Luftwechsel dar. Im Mittel über die Heizperiode beträgt der Wert 0,6 beim Haus B75 und 0,3 h^{-1} beim Haus C79. Der obere Teil der Säulen gibt den über die Lüftungsanlage bewirkten Anteil an; er liegt mit 0,30 h^{-1} (B75) und 0,28 h^{-1} (C79) in beiden Häusern sehr ähnlich. In Abb. 3 sind die Heizperiodenmittelwerte der Fensteröffnungszeit und des Luftwechsels dargestellt.

Die verschiedenen Luftwechsel, die durch die unterschiedlichen Fensteröffnungszeiten verursacht wurden, haben einen erheblichen Einfluss auf die Energiebilanzen und letztendlich auf den Heizwärmeverbrauch der beiden Häuser. Die Energiebilanzen sind in Tabelle 2 zusammengestellt. Infolge der nahezu gleichen Raumlufttemperaturen und infolge des vergleichbaren Wärmeschutzes sind mit 64 und 65 kWh/m²a die Transmissionswärmeverluste der beiden Häuser fast identisch. Die Lüftungswärmeverluste über die Fenster hingegen sind beim Haus B75 mit 47 kWh/m²a mehr als doppelt so hoch wie beim Haus C79 mit den deutlich kleineren Fensteröffnungszeiten. Die Anlagenverluste unterscheiden sich mit 23 und 21 kWh/m²a nicht sehr voneinander. Die Gesamtwärmeverlustanteile liegen beim Haus B75 bei 134 kWh/m²a und beim Haus C79 bei 108 kWh/m²a. Zur Deckung der Verluste tragen die Gewinne aus der Solarenergie, die internen Gewinne und die Energie aus der Zuluftvorwärmung durch Wärmerückgewinnung bei. Der verbleibende Rest wird durch Zuführung von Heizenergie abgedeckt. Sie beträgt 56 kWh/m²a bei Haus B75 und 47 kWh/m²a beim Haus C79. Verglichen mit dem vorherberechneten Heizwärmebedarf weist B75 einen um 6 kWh/m²a höheren Verbrauch und Haus C79 einen um 9 kWh/m²a kleineren Verbrauch auf.

Dass die Differenz der beiden Heizwärmeverbräuche nicht noch höher ausgefallen ist und nicht genau der Differenz des Lüftungswärmeverlustes entspricht, die 27 kWh/m²a beträgt, liegt daran, dass ein Teil der Verluste durch erhöhte Solargewinne und interne Gewinne beim Haus B75 ausgeglichen wurde. In Abb. 4 ist dies graphisch dargestellt.

Die in den beiden Häusern gemessenen Fensteröffnungszeiten bei Wohnungen mit Lüftungsanlagen stellen keine Ausnahme dar. In der Vergangenheit wurde eine Vielzahl von Demonstrationsvorhaben mit dem Ziel durchgeführt, den Heizwärmeverbrauch der Wohnungen zu reduzieren. Dabei wurden neben anderen Messgrößen auch die Fensteröffnungszeit gemessen. In Abb. 5 sind diese Fensteröffnungszeiten von 39 Wohnungen mit und 33 Wohnungen ohne Lüftungsanlagen aufgetragen.

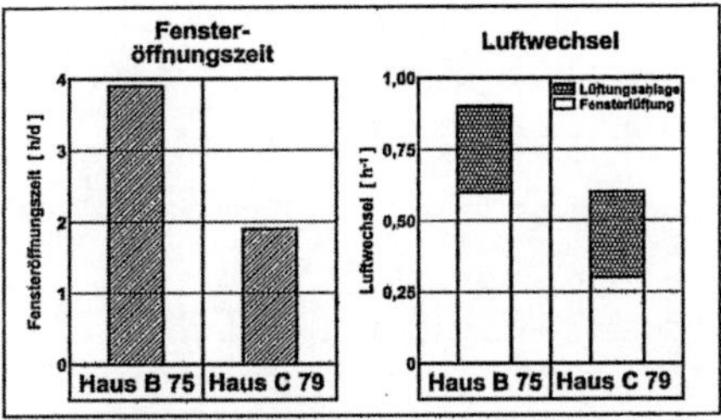

Abb. 3: Darstellung des Heizperiodenmittelwertes der Fensteröffnungszeit und des Luftwechsels

Tab. 2: Zusammenstellung der Bilanzanteile der beiden betrachteten Doppelhaushälften B75 und C79

Bilanzanteil [kWh/m²a]			Haus B 75	Haus C 79
Gewinne	Heizwärme		56	47
	Zuluftvorwärmung		10	13
	Interne Gewinne		35	26
	Solargewinne		33	22
Verluste	Transmission		64	65
	Lüftung	Anlage	23	21
		Fenster	47	22

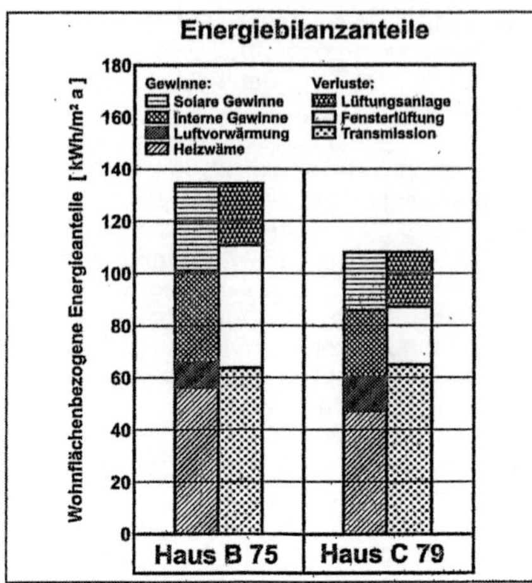

Abb. 4: Darstellung der wohnflächenbezogenen Energiebilanzanteile

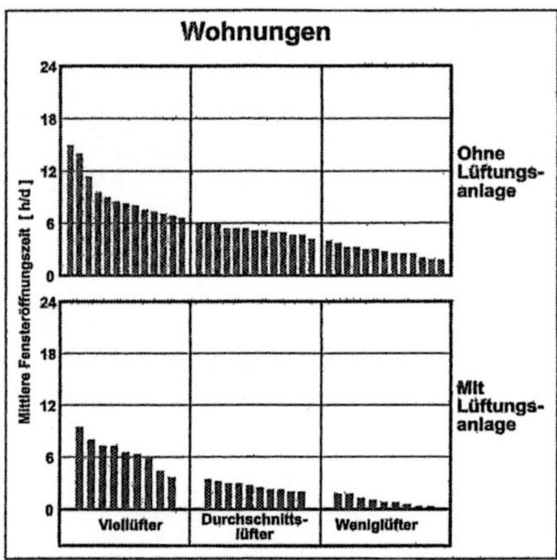

Abb. 5: Darstellung der mittleren Fensteröffnungszeiten während einer Heizperiode für 39 Wohnungen ohne und 33 Wohnungen mit Lüftungsanlage

Die Wohnungen sind hierbei entsprechend ihrer Fensteröffnungszeit in die Gruppen „Viellüfter", „Durchschnittslüfter" und „Weniglüfter" eingeteilt worden. Aus der unteren Graphik der Abb. 5 ist zu ersehen, dass die beiden betrachteten Wohnungen B75 und C79 mit den Öffnungszeiten von 3,9 h/d und 1,9 h/d im mittleren Nutzerspektrum liegen.

5. Konsequenzen und Empfehlungen

Für die ausreichende Belüftung einer Wohnung wird von einem durchschnittlichen Luftwechsel von 0,6 bis 0,8 h^{-1} ausgegangen. Die hierdurch verursachten Lüftungswärmeverluste betragen für ein mittleres Klima in Deutschland etwa 40 bis 60 kWh/m²a. Bei einem dichten Gebäude mit installierter Lüftungsanlage mit einem Wärmerückgewinnungsgrad von 80 % würden die Verluste auf 8 bis 11 kWh/m²a zurückgehen, sofern ausschließlich über die Lüftungsanlage gelüftet wurde. Leider sieht die Praxis nicht so „ideal" aus. Denn auch bei Gebäuden mit Lüftungsanlagen setzt sich der Gesamtluftwechsel aus den drei Komponenten Gebäudeundichtheit, Anlagenluftwechsel und Luftwechsel durch Fensterlüftung zusammen.

Gebäude können nicht vollkommen luftdicht erstellt werden. Der durch die Undichtheit verursachte Luftwechsel bewegt sich in der Regel bei neu erstellten Gebäuden zwischen 0,05 und 0,35 h^{-1} . Eine Lüftungsanlage kann von diesem Luftaustausch keine Wärme rückgewinnen. Im Gegenteil, durch den Über- bzw. Unterdruck, der in den verschiedenen Räumen der Wohnung entsteht, erhöhen sich diese Verluste noch gegenüber reinem Fensterlüftungsbetrieb.

Bei einem eingestellten Anlagenluftwechsel von beispielsweise 0,6 h^{-1} ergibt sich bei einer Lüftungsanlage mit Wärmerückgewinnungsgrad von 80 % ein energetisch wirksamer Luftwechsel von 0,12 h^{-1} . Dies bedeutet, dass die Lüftungswärmeverluste mit Hinzunahme der Undichtheiten bereits einen Wert von 12 bis 35 kWh/m²a aufweisen. Hinzu kommt noch der über die Fensteröffnung verursachte Luftwechsel, der die Lüftungswärmeverluste gravierend beeinflusst und Werte von über 50 kWh ergeben kann. Die Erfahrung hat gezeigt, dass manche Bewohner die Lüftungsanlage ignorieren und die Fenster aus Gewohnheit wie in einem Gebäude ohne Lüftungsanlage öffnen. In solchen Gebäuden sind die Lüftungswärmeverluste höher als in Gebäuden ohne Anlage. Zusätzlich kommen noch die Stromverbräuche der Ventilatoren hinzu. In solchen Fällen sind die Primärenergieverbräuche deutlich höher als in Wohnungen, die bedarfsgerecht über Fenster gelüftet werden.

Um gezielt mit Lüftungsanlagen mit Wärmerückgewinnung Energie einzusparen, sind folgende Voraussetzungen zu erfüllen:

- Die Benutzer müssen bereit sein, während der Heizperiode die Fenster geschlossen zu halten.
- Bei der Gebäudeerstellung ist größtes Augenmerk auf die Gebäudedichtheit zu legen. Die Dichtheitsebene muss geplant und sorgfältig ausgeführt werden. Der Luftwechsel bei einer Druckdifferenz von 50 Pa muss den Wert von 1,0 h^{-1} nicht unterschreiten.
- Der zertifizierte Wärmerückgewinnungsgrad des Wärmetauschers darf nicht unter 80 % liegen.
- Der Luftwechsel über die Anlage muss ausreichend und bedarfsgerecht eingestellt werden. Wenn dies nicht der Fall ist, wird die Anlage von den Bewohnern ignoriert.
- Der Gesamtstromverbrauch der Zu- und Abluftventilatoren darf den Wert von 0,4 W/(m³/h) nicht übersteigen.
- Die Geräuschentwicklung durch Luftströmung und Ventilatoren muss in den Aufenthaltsräumen auf ein nicht hörbares Maß reduziert werden; ansonsten wird die Lüftungsanlage von den Bewohnern abgelehnt und abgeschaltet.

Nur wenn diese Punkte beachtet werden, ist es möglich, mit einer Lüftungsanlage mit Wärmerückgewinnung Energie einzusparen. Ansonsten werden mit einer gezielten bedarfsgerechten Fensterlüftung bessere Ergebnisse erzielt.

In den Berechnungsgrundlagen [1] und [2] der geplanten Energieeinsparverordnung (EnEV) ist vorgegeben, beim Einbau einer Lüftungsanlage den Luftwechsel über Undichtheiten und Fensteröffnen mit 0,2 h^{-1} anzusetzen und den restlichen Luftwechsel von 0,4 h^{-1} über die Anlage zu bewerten. Dadurch ergeben sich rechnerisch relativ kleine Lüftungswärmeverluste. Die Folge daraus ist, dass die Anforderungen der EnEV dann auch mit einem schlechteren Wärmeschutz der Gebäudehülle erfüllbar sind. Diese Berechnungsmethode setzt jedoch voraus, dass sich die Nutzer hinsichtlich Fensteröffnungsverhalten „diszipliniert" benehmen. Ist dies nicht der Fall, so werden die vorgegebenen Verbrauchsmaxima überschritten. Messungen in der Vergangenheit haben gezeigt, dass Zweifel an dieser erwarteten Bauqualität und Nutzerdiszipliniertheit angebracht sind. Die Gesamtauswertung des Demonstrationsvorhabens [3] zeigt die Differenzen in Abb. 6. Der sicherere Weg wäre gewesen, in den Berechnungsformeln den ungewollten Luftwechsel über die Gebäudeundichtheit und über Fensterlüftung auf mindestens 0,30 h^{-1} zu erhöhen. Um die in der EnEV vorgegebenen Maximalwerte nicht zu überschreiten, hätten dann erhöhte Anforderungen an den Wärmeschutz der Hüllfläche gestellt werden müssen. Auf diese mögliche Fehlentwicklung wurde schon sehr frühzeitig hingewiesen [4].

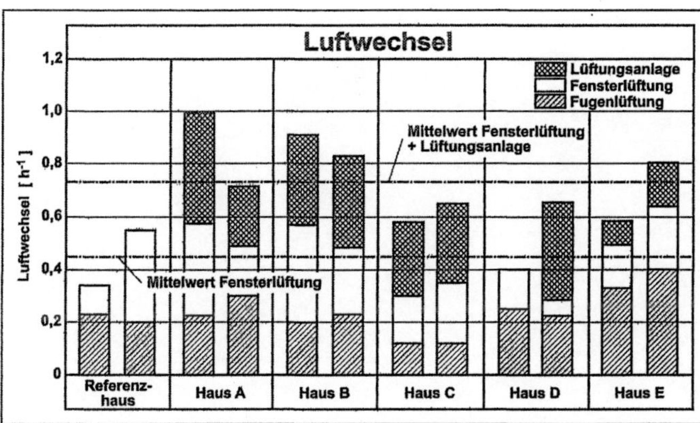

Abb. 6: Darstellung der Luftwechselanteile aus Gebäudedichtheit, Nutzerverhalten und Lüftungstechnik für die 12 Doppelhäuser des Demonstrationsvorhabens [3]

6. Literatur

[1] DIN V 4108, Teil 6: Wärmeschutz und Energie-Einsparung in Gebäuden. Berechnung des Jahresheizwärme- und des Jahresheizenergiebedarfs. Beuth Verlag, Nov. 2000.

[2] DIN V 4701, Teil 10: Energetische Bewertung heiz- und raumlufttechnischer Anlagen. Heizung, Trinkwassererwärmung, Lüftung. Beuth Verlag, Feb. 2001.

[3] Reiß, J., Erhorn, H.: Niedrigenergiehäuser Heidenheim. Abschlussbericht. IBP-Bericht WB 75/1994.

[4] Erhorn, H.: Fördert oder schadet die europäische Normung der Niedrigenergiebauweise in Deutschland? Gesundheits Ingenieur 119 (1998), H. 5, S. 236-239.

3. Beitrag: Möglichkeiten und Grenzen der Luftdichtheitsprüfung

Dipl.-Phys. Joachim Zeller, Biberach, und Ingenieurbüro ebök, Tübingen

1. Bedeutung der Luftdichtigkeit

Die Luftdichtigkeit von Gebäuden ist notwendig, um Bauschäden (Abb. 1), Zugluft und erhöhte Lüftungswärmeverluste zu vermeiden. Fugenlüftung allein kommt nicht in Frage, da

- bei ausströmender Raumluft die Gefahr von Tauwasserausfall besteht,
- an windstillen und milden Tagen der Luftaustausch nicht ausreichen würde,
- an windigen oder kalten Tagen Zugerscheinungen und trockene Raumluft zu erwarten wären (der Fugenluftwechsel kann bei starkem Wind 8 mal so groß sein wie an windstillen und milden Tagen [1]),
- Luftundichtigkeiten den Schallschutz beeinträchtigen,
- ein erhöhter Heizwärmeverbrauch entstünde.

Es ist praktisch unmöglich, gezielt so undicht zu bauen, dass eine bestimmte Luftdurchlässigkeit erreicht wird [2]. Die Gebäudehülle muss deshalb luftdicht erstellt werden und die Luft entweder durch das Öffnen von Fenstern oder durch eine mechanische Lüftungsanlage ausgetauscht werden.

Abb. 1: Der Blick auf den Dachüberstand am Ortgang eines Hauses mit Aufsparrendämmung zeigt Schimmelflecken, weil feuchtwarme Raumluft entlang der Nuten der Dachschalung nach außen geströmt ist.

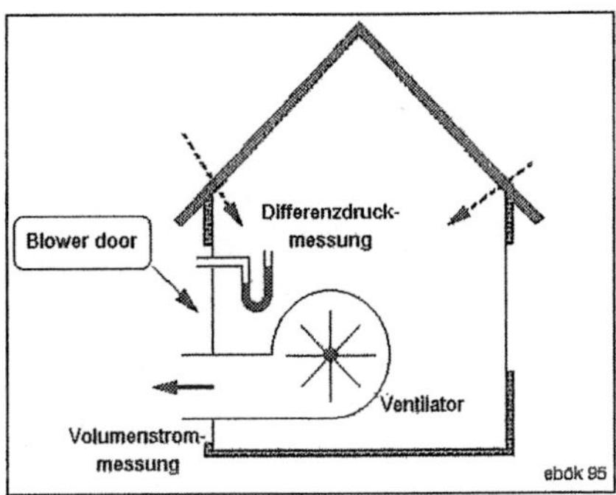

Abb. 2: Das Messprinzip der Luftdurchlässigkeitsmessung

Werden Lüftungsanlagen fachgerecht geplant, gebaut und einreguliert, dann funktionieren sie auch und werden vom Nutzer akzeptiert. Die Fenster werden dann im Winter nur noch selten geöffnet, so dass die erwartete Energieeinsparung tatsächlich eintritt. [3]

2. Messung der Luftdurchlässigkeit

Zur Messung wird ein Gebläse (Blower door) luftdicht in eine Eingangs- oder Balkontür eingebaut, so dass im Gebäude eine Druckdifferenz zur Außenluft erzeugt werden kann (Abb. 2).

Bei verschiedenen Druckdifferenzen zwischen 15 und über 50 Pa wird der Volumenstrom am Gebläse gemessen. Durch Ausgleichsrechnung erhält man den Volumenstrom bei 50 Pa Druckdifferenz. Diese Messung führt man sowohl bei Unter- als auch bei Überdruck durch und bildet den Mittelwert beider Volumenströme $\dot{V}_{50}$ (Abb. 3). Dividiert man den mittleren Volumenstrom bei 50 Pa durch das lichte Innenvolumen, so erhält man den *volumenbezogenen Leckagestrom n_{50}* in h^{-1} (Tab. 1). Diese Messung wird durch die neue europäische Norm DIN EN 13829 geregelt werden, in der auch die Vorbereitung des Gebäudes beschrieben ist [4].

Häufig interessiert nicht nur das Ergebnis der quantitativen Messung, sondern es sollen auch die *Undichtigkeiten lokalisiert* werden.

Tab. 1: Kenngrößen der Luftdurchlässigkeit nach DIN EN 13829

Leckagestrom	$\dot{V}_{50}$
volumenbezogener Leckagestrom	$n_{50} = \dot{V}_{50} / V$
hüllflächenbezogener Leckagestrom (Luftdurchlässigkeit)	$q_{50} = \dot{V}_{50} / A_E$
mit V = lichtes Innenvolumen A_E = Hüllfläche (envelope)	

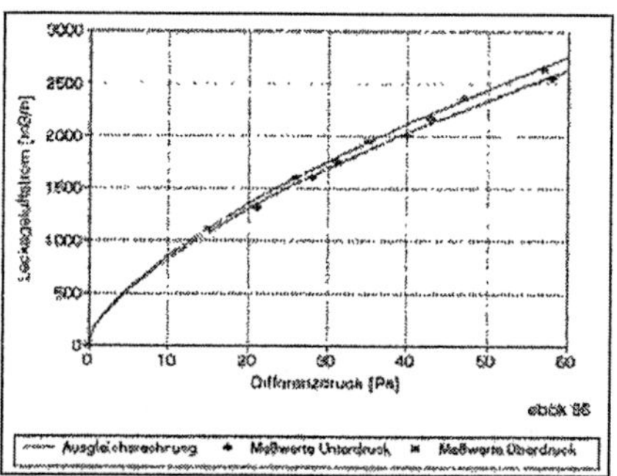

Abb. 3: Beispiel einer Leckagekurve

In den meisten Fällen liegt die luftdichte Bauteilschicht eher innen, weshalb auch die Leckagesuche von innen erfolgen muss. Bei Unterdruck werden leckverdächtige Stellen, also Fugen, Anschlüsse und Durchdringungen mit der Hand oder einem Luftgeschwindigkeitsmessgerät (Thermoanemometer) abgesucht (Abb. 4). Bei kaltem Wetter und beheiztem Gebäude können Lecks auch durch Thermografieaufnahmen bei Unterdruck dokumentiert werden (Abb. 5).

3. Wie luftdicht muss ein Gebäude sein?

Bei Gebäuden mit Fensterlüftung soll n_{50} nicht größer als 3 h^{-1}, bei solchen mit mechanischer Lüftung nicht größer als 1 h^{-1} sein. Diese Meinung wird in der Literatur vertreten und so steht es auch in der alten Vornorm DIN 4108, Teil 7 [5]. Durch Beispielrechnungen lässt sich nachweisen, dass diese Werte sinnvoll sind, um die in der Einleitung genannten Ziele zu erreichen [6]. Bei Gebäuden mit Fensterlüftung wird so erreicht, dass der Fugenluftwechsel auch an windigen oder sehr kalten Tagen die hygienisch notwendige Lüftung nicht wesentlich übersteigt. Bei Gebäuden mit Wärmerückgewinnung ist eine höhere Dichtigkeit notwendig, damit die erwartete Energieeinsparung durch den Wärmetauscher auch eintritt. Bei Abluftanlagen sorgt die Luftdichtigkeit dafür, dass der für die Belüftung notwendige Unterdruck erzeugt werden kann.

Demgegenüber wurde für die gültige Wärmeschutzverordnung und die neue DIN 4108-7 der Grenzwert für mechanisch gelüftete Gebäude wegen „baupraktischer Toleranzen" um 0,5 h^{-1} angehoben.

Zahlreiche Messungen zeigen, dass die Luftdichtigkeits-Anforderungen erreicht werden können. Durch über 200 in der Literatur dokumentierte Passivhäuser wird bewiesen, dass sich die gesetzlichen Anforderungen auch noch deutlich unterschreiten lassen [7].

In der neuen Norm steht außerdem der Hinweis: „Die Einhaltung der Anforderungen an die Luftdichtheit schließt lokale Fehlstellen, die zu Feuchteschäden infolge von Konvektion führen können, nicht aus."

Auch Zugerscheinungen an einzelnen Leckstellen sind möglich, selbst wenn die globalen Anforderungen eingehalten sind [8]. Zu

Tab. 2: Anforderungen und Zielwerte für die Luftdichtigkeit

Anforderungen nach DIN 4108-7 (neu) und Wärmeschutzverordnung	
Gebäude mit Fensterlüftung	$n_{50} \leq 3\ h^{-1}$
Gebäude mit mechanischer Lüftung	$n_{50} \leq 1{,}5\ h^{-1}$
außerdem für alle Gebäude	$q_{50} \leq 3\ m^3/h/m^2$
Empfohlener Zielwert und Anforderung für RAL-Gütezeichen Niedrigenergiehaus	
Gebäude mit mechanischer Lüftung	$n_{50} \leq 1\ h^{-1}$
Anforderung für Passivhaus-Zertifikat	
Gebäude mit mechanischer Lüftung	$n_{50} \leq 0{,}6\ h^{-1}$

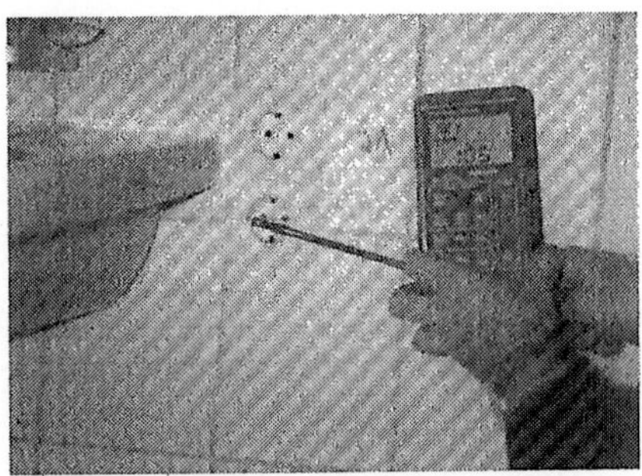

Abb. 4: Lufteintritt aus einer Installationswand

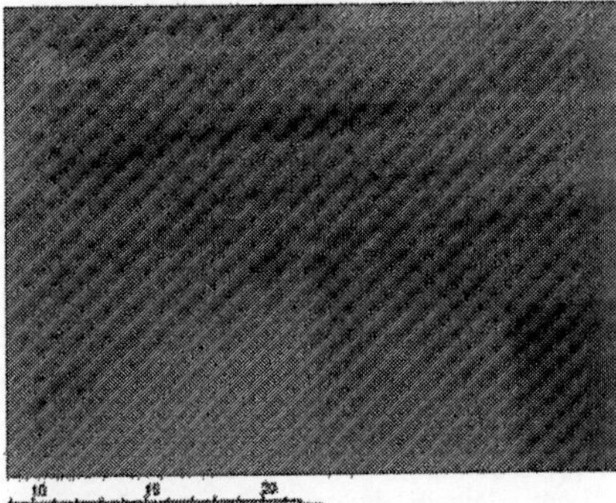

Abb. 5: Unterdruckthermographie eines undichten Dachgeschosses.

der quantitativen Anforderung muss also eine qualitative hinzukommen: *Große Einzellecks, die zu Bauschäden oder Zugluft führen können, sind prinzipiell zu vermeiden.* Das steht zwar so in keiner Norm, ist aber eigentlich selbstverständlich [9].

4. Möglichkeiten der Luftdichtheitsprüfung

- Die Messung mit der Blower door erlaubt eine quantitative Beurteilung der Luftdurchlässigkeit von Gebäuden.
- Die Anforderung an den volumenbezogenen Leckagestrom n_{50} ist gut geeignet, die Lüftungswärmeverluste zu begrenzen, denn der mittlere Fugenluftwechsel während der Heizperiode ist proportional zu der Kenngröße n_{50} [10].
- Der momentane Fugenluftwechsel ist stark wetterabhängig. Der volumenbezogene Leckagestrom n_{50} dagegen ist (fast) unabhängig vom Wetter, d.h. es wird tatsächlich eine Kenngröße für das Gebäude gemessen.
- Speziell anhand des hüllflächenbezogenen Leckagestroms q_{50} lassen sich die Gebäudehüllen unterschiedlich großer Gebäude sinnvoll miteinander vergleichen.
- Durch die eben erschienene Messnorm DIN EN 13829 ist die Messung einschließlich Gebäudevorbereitung und Auswertung in allen wesentlichen Punkten klar definiert [4]. Weitere Festlegungen werden derzeit vom Fachverband Luftdichtheit im Bauwesen (FliB) e.V. ausgearbeitet.

Viele Messdienstleister sind unsicher, wie sie Messergebnisse in der Nähe der Grenzwerte bewerten sollten. In der Tat ist der *Messfehler* mit typischerweise ± 15 %, wie auch bei anderen Volumenstrommessungen im Feld, relativ groß. Da es aber in der Sache keine scharfe Grenze zwischen dichten und undichten Häusern gibt, ist auch keine bessere Genauigkeit notwendig. In Zweifelsfällen muss nach dem Gebot der Verhältnismäßigkeit über Nachbesserungen entschieden werden.

Auf jeden Fall muss jedoch der Messwert mit den Anforderungen verglichen werden und nicht der um den Messfehler verringerte oder erhöhte Wert:

- Der gemessene Wert ist der wahrscheinlichste Wert.
- Der Messfehler gibt an, in welchem Bereich das wahre Ergebnis mit einer bestimmten Wahrscheinlichkeit liegt. Diese Wahrscheinlichkeit ist willkürlich gewählt, insofern ist auch der Messfehler willkürlich.
- Den Messfehler ins Ergebnis einzurechnen hieße im Streitfall immer, eine Partei zu bevorzugen und die andere zu benachteiligen.

Soviel zu den Möglichkeiten der quantitativen Messung. Gerade für den Bausachverständigen ist jedoch die *Leckortung* mindestens genau so wichtig, denn oft sind Zugerscheinungen und die Frage nach deren Ursache der Anlass für Messungen mit der Blower door.

Gerade in solchen Fällen funktioniert die Lecksuche mit dem Thermoanemometer sehr gut. Wenn über Zugluft in bestimmten Bereichen der Gebäudehülle geklagt wird, findet man nach meiner Erfahrung bei der Messung auch immer eine Luftundichtigkeit (Abb. 4 und 5).

Führt man die Messung zur Qualitätssicherung frühzeitig während der Bauzeit durch, so besteht häufig noch die Möglichkeit, festgestellte Lecks mit geringem Aufwand *nachzubessern*.

Nicht zuletzt bietet die Luftdurchlässigkeitsmessung Planern wie Ausführenden die Chance, *aus Fehlern* zu *lernen*. Die Erfahrung, mit der eigenen Hand Zugluft an „unverdächtigen“ Details zu spüren, hilft, das Problembewusstsein zu schärfen und Fehlstellen in der Luftdichtung zukünftig zu vermeiden. Schließlich resultieren auch die Planungsempfehlungen und Musterdetails in der Literatur aus der Erfahrung bei Blower-door-Messungen [5], [9], [11], [12], [13], [14].

5. Grenzen der Luftdichtheitsprüfung

Wenn schon ein Schaden durch Luftundichtigkeiten eingetreten ist, kann er anhand der Ergebnisse der Leckortung auch erklärt werden. Dagegen ist es kaum möglich, einen Schaden sicher zu prognostizieren. Die größte Schwierigkeit sehe ich deshalb darin, festgestellte *Fehlstellen* in der Luftdichtung zu *bewerten*. Die folgenden Gesichtspunkte können zur Beurteilung herangezogen werden:

- Die Bedeutung eines Lecks hängt zunächst von seiner Größe ab. Punktförmige Lecks sind eher harmlos, während linienförmig ausgedehnte oder gar flächige Lecks eher schädlich sind.
- Die mit dem Thermoanemometer gemessene Strömungsgeschwindigkeit gibt einen Hinweis auf mögliche Zugerscheinungen auch während der normalen Nutzung. Bei Strömungsgeschwindigkeiten über 2 m/s während der Messung ist es u.U. sinnvoll, die Lufteintrittstelle in den Raum abzudichten, selbst wenn dadurch nicht die Fehlstelle in der Luftdichtung behoben werden kann.
- Undichtigkeiten in Fußbodenhöhe, insbesondere im untersten Stockwerk und auf der Luvseite, bergen die Gefahr von Zugluft. Lecks im Dachbereich führen eher zu Bauschäden durch Kondensat.
- Erzeugt eine Abluftanlage im Gebäude einen Unterdruck, dann sind Bauschäden an Luftundichtigkeiten weniger wahrscheinlich.
- In schlecht zu lüftenden Bädern ist die Gefahr von Kondensatschäden an Luftlecks besonders hoch.

Nicht alle Baumängel, die mit Luftströmungen zu tun haben, stellen Fehler der Luftdichtung dar. Während die innen gelegene Luftdichtung ein Durchströmen von außen nach innen oder umgekehrt verhindert, benötigt die Konstruktion außen eine *Winddichtung*, die Strömungen von außen durch das Bauteil wieder nach außen unterbindet. Die Winddichtung kann logischerweise nicht durch eine Luftdichtigkeitsprüfung beurteilt werden.

Fehlt bei einem Holzhaus die Luftdichtung im Bereich der Geschossdecke und ist außerdem die Winddichtung unzureichend, dann wird diese Decke bei Wind von Außenluft durchströmt. Ungewollt wird dann der Bodenbelag zur Luftdichtung gegen den oberen Raum und die Gipskartonbeplankung zur Luftdichtung gegen den unteren Raum. Die einzige Auffälligkeit bei der Blower-door-Messung ist u.U. Lufteintritt an den Lampenauslässen im unteren Geschoss.

Gelegentlich wird vorgeschlagen, in solchen Fällen die raumseitige Beplankung so weit zu öffnen, dass sie keine wirksame Luftdichtung mehr darstellt. Die Zahl, die man dann misst, hat aber nichts mit dem oben definierten volumenbezogenen Leckagestrom n_{50} zu tun. Vielmehr kommt sie durch ein willkürliches Zusammenwirken von Luft- und Winddichtung zustande. Im günstigsten Fall hilft eine solche Messung einem erfahrenen Sachverständigen bei der qualitativen Beurteilung.

Die quantitative Messung kann vor allem durch *Handhabungsfehler* oder *falsche Gebäudevorbereitung* grob verfälscht werden.

- Wird eine Wohnung im Mehrfamilienhaus gemessen, kann das Gebläse in die Wohnungstür eingebaut werden. Zur Messung der Druckdifferenz über der Gebäudehülle muss dann der Druckmessschlauch vom Treppenhaus zum Beispiel durch ein offenes Fenster nach außen verlängert werden. Bei einem der gebräuchlichen Fabrikate ist dies nicht ohne Eingriff in die werkseitige Verschlauchung der Druckmessdosen möglich.

- Auch die Volumenstrommessung basiert auf einer Differenzdruckmessung, wobei die Referenzmessstelle immer auf der Saugseite des Gebläses liegen muss. Deshalb muss für die Überdruckmessung ein zusätzlicher Druckmessschlauch nach außen gelegt werden, sofern die Messdosen nicht entsprechend verschlaucht sind.
- Zur Anpassung des Messbereichs werden Blenden zur Volumenstromreduzierung verwendet. Wird die Blende falsch ins Auswerteprogramm eingegeben, dann ergibt sich ein völlig falscher Messwert.
- Das Wichtigste zum Schluss: Auch wenn keine Lecksuche vereinbart ist, muss die gesamte *Gebäudehülle* bei Unterdruck *in Augenschein* genommen werden. Nicht selten findet man dabei Fenster, die nicht richtig geschlossen sind, offene Abwasserrohre ohne Siphon oder sogar eine nachträglich wieder aufgeschnittene Dampfbremse und Luftdichtung. Auch der umgekehrte Fall kommt vor, dass unzulässige provisorische Abdichtungen vorhanden sind, z.B. am Schornstein oder dem Briefkastenschlitz in der Haustür.

6. Zusammenfassung

Die Luftdichtigkeit von Gebäuden ist notwendig, um Bauschäden, Zugluft und erhöhte Lüftungswärmeverluste zu vermeiden. Die Luft muss entweder durch das Öffnen von Fenstern oder durch eine mechanische Lüftungsanlage ausgetauscht werden. Werden Lüftungsanlagen fachgerecht geplant, gebaut und einreguliert, dann funktionieren sie auch und werden vom Nutzer akzeptiert. Die Fenster werden dann im Winter nur noch selten geöffnet, so dass die erwartete Energieeinsparung bei guter Luftqualität tatsächlich eintritt.

Mit dem Blower-door-Verfahren kann die Luftdurchlässigkeit eines Gebäudes ausreichend genau quantifiziert und mit bestehenden Grenzwerten verglichen werden. Das Verfahren ist gut geeignet, wetterunabhängig Luftundichtigkeiten aufzuspüren. Es ersetzt jedoch nicht den Sachverständigen, der unter Berücksichtigung vieler Faktoren die festgestellten Lecks beurteilen muss.

7. Literatur

[1] EMPA; Hg: Luftwechselmessungen in nichtklimatisierten Räumen unter dem Einfluss von Konstruktions-, Klima- und Benutzerparametern – Bericht II. Empa-Bericht 36630. EMPA, Dübendorf (Schweiz) ca. 1977

[2] Tanner, Christoph: Die Messung von Luftundichtigkeiten in der Gebäudehülle. Aachener Bausachverständigentage 1993. Bauverlag Wiesbaden und Berlin 1993

[3] Werner, Johannes; Rochard, Ulrich; Zeller, Joachim; Laidig, Matthias: Messtechnische Überprüfung und Dokumentation von Wohnungslüftungsanlagen in hessischen Niedrigenergiehäusern. Institut Wohnen und Umwelt, Darmstadt, Januar 1995

[4] DIN EN 13829: Wärmetechnisches Verhalten von Gebäuden – Bestimmung der Luftdurchlässigkeit von Gebäuden – Differenzdruckverfahren (ISO 9972:1996, modifiziert). Beuth, Berlin, Februar 2001

[5] DIN V 4108-7:1996: Wärmeschutz im Hochbau – Teil 7: Luftdichtheit von Bauteilen und Anschlüssen. Planungs- und Ausführungsempfehlungen sowie -beispiele. Berlin: Beuth, November 1996

[6] Zeller, Joachim: Kenngrößen der Luftdurchlässigkeit und zulässige Grenzwerte. In Reader zum 4. BlowerDoor-Symposium. Energie- und Umweltzentrum am Deister, Springe-Eldagsen, Oktober 1999

[7] Peper, Sören: Luftdichtheit bei Passivhäusern – Erfahrungen aus über 200 realisierten Objekten. Tagungsband 4. Passivhaustagung. Passivhaus Dienstleistungs GmbH Kassel, März 2000

[8] Oswald, Rainer: Vernachlässigte Details – Luftdichtheit von Anschlüssen. db 9/95

[9] Zeller, Joachim; Dorschky, Sigrid; Borsch-Laaks, Robert und Feist, Wolfgang: Luftdichtigkeit von Gebäuden – Luftdurchlässigkeitsmessungen mit der Blower door in Niedrigenergiehäusern und anderen Gebäuden. Institut Wohnen und Umwelt, Darmstadt, August 1995

[10] DIN EN 832: Wärmetechnisches Verhalten von Gebäuden – Berechnung des Heizenergiebedarfs – Wohngebäude. Beuth; Berlin, 1998

[11] Carlsson, B., Elmroth, A., Envall, P.-A.: Airtightness and Thermal Insulation. Swedish Council for Building Research Stockholm, 1980

[12] Kropf, F., Michel, D., Sell, J., Zumoberhaus, M., Hartmann, P.: Luftdurchlässigkeit von Gebäudehüllen im Holzhausbau. Abschlussbericht. EMPA Bericht Nr. 218. Dübendorf, Schweiz 1989

[13] Geißler, Achim; Hauser, Gerd: Untersuchung der Luftdichtheit von Holzhäusern. Universität Gesamthochschule Kassel, 1996

[14] Zeller, Joachim; Biasin, Karl: Luftdichtigkeit von Wohngebäuden – Messung, Bewertung, Ausführungsdetails. 2. erw. Auflage. Energie-Verlag Heidelberg November, 1996

4. Beitrag: Typische Schwachstellen der Luftdichtheit; die Luftdichtheit als Beurteilungsproblem

Dipl.-Ing. Günter Dahmen, Architekt und ö.b.u.v. Bausachverständiger, Aachen

1. Einleitung

Luftbewegungen sind immer und überall anzunehmen, sowohl innerhalb eines Hauses als auch zwischen Hausinnerem und Außenbereich und umgekehrt. Ihre Intensität hängt stark von der Jahreszeit und der herrschenden Witterung ab. Temperaturunterschiede zwischen Innen- und Außenluft und Druckunterschiede zwischen der windzugewandten (Luv-)Seite und der windabgewandten (Lee-) Seite führen zu einem mehr oder weniger starken, unkontrollierten Austausch von Raumluft und Außenluft durch Fugen der Gebäudehülle.

Dabei ist zu unterscheiden zwischen der Luftdichtheit und der Winddichtheit. Durch die Luftdichtheit sollen Wärmeverluste und Feuchteschäden als Folgen eines Luftdurchsatzes von innen nach außen vermieden werden (Abb. 1). Dies wird durch die Anordnung einer luftdichten Schicht auf der Innenseite erreicht. Die Winddichtheit soll den Transport von kalter Außenluft in Richtung des Druckgefälles nach innen (Abb. 2), durch den Zugerscheinungen und Rotationsströmungen im Bereich der Wärmedämmung entstehen, unterbinden. Hierzu ist eine winddichte Schicht auf der Außenseite der Wärmedämmung erforderlich.

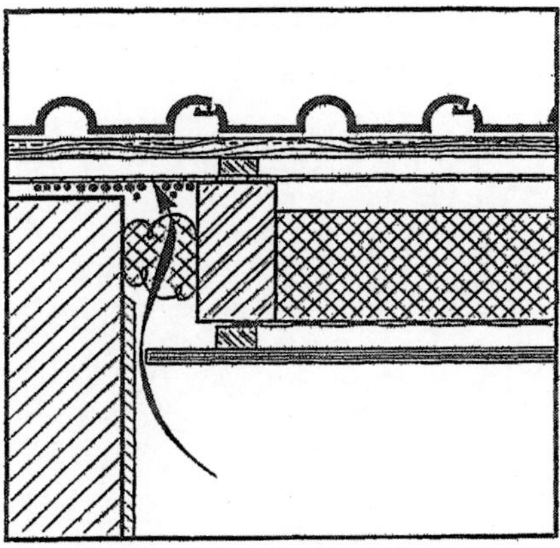

Abb. 1: Fehlende Luftdichtung im Anschlussbereich der leichten Dachkonstruktion an die massive Giebelwand [5]

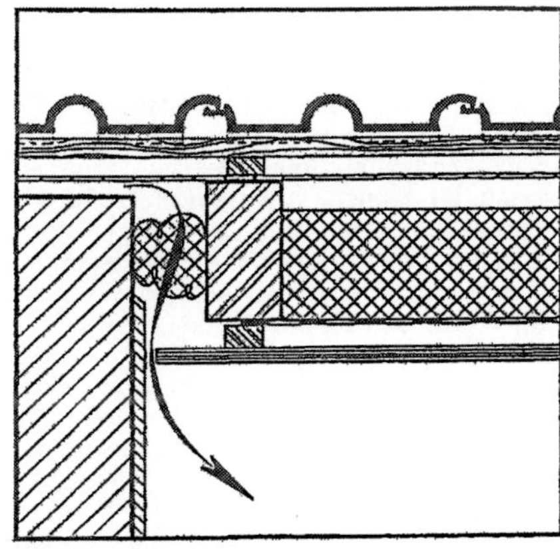

Abb. 2: Fehlende Winddichtung im Anschlussbereich der leichten Dachkonstruktion an die massive Giebelwand [5]

Gegen Belästigungen durch Zugerscheinungen in Wohnräumen setzen sich die Bewohner im Allgemeinen zur Wehr (Abb. 3), durch Luftundichtheiten hervorgerufene, zum Teil erhebliche Wärmeverluste werden dagegen in der Regel nicht bemerkt, da ein Vergleich mit einer in Größe und Zuschnitt gleichen, aber dichten Wohnung fehlt. Dies gilt auch für sogenannte Rotationsströmungen bei Wärmedämmung in leichten Dächern, bei hinterlüfteten Fassaden, bei zweischaligem Mauerwerk und in Holzständerwänden, die beim Vorhandensein von offenen Stoßfugen zwischen den Dämmplatten bei gleichzeitigem Vorhandensein von Luftspalten zu beiden Seiten der Dämmung zu einer Verringerung der Dämmwirkung durch Konvektion führen (Abb. 4).

Dabei können die Wärmeverluste über undichte Anschlussbereiche z.B. zwischen der Leichtkonstruktion einer geneigten Dachfläche und den angrenzenden massiven Giebelwänden so erheblich sein, dass die hohen Aufwendungen zur Wärmedämmung der Regelquerschnitte, z.B. durch eine 18 cm dicke Dämmschicht im Dachaufbau, zumindest teilweise zunichte gemacht werden. In diesem Zusammenhang ist anzumerken, dass mit insgesamt steigendem Dämmniveau die Verringerung von Lüftungswärmeverlusten, auch der unkontrollierten über Luft- und Windundichtheiten, immer notwendiger wird. Der rechnerische Ansatz einer Luftwechselrate $n = 0{,}6\ h^{-1}$ – was eine Dichtheitsprüfung des Gebäudes nach sich zieht [1] – bringt gegenüber einer Luftwechselrate $n = 0{,}7\ h^{-1}$ ein Energieeinsparpotential von 10 bis 12 %.

Neben den zuvor beschriebenen negativen Einflüssen von Luftundichtheiten ist die erhöhte Feuchtebelastung innerhalb der Konstruktion durch Konvektionsvorgänge besonders zu nennen. Die allein aufgrund des Temperaturunterschiedes zwischen innen und außen durch Luftströmung transportierten Wasserdampfmengen können sehr viel größer (um den Faktor 10 oder mehr, das hängt von den Klimabedingungen ab) als die unter den gleichen Klimabedingungen durch Diffusion transportierten Mengen sein [2]. Entsprechend groß sind die Tauwassermengen, die sich z.B. an der kalten Unterseite einer nicht wärmegedämmten oberen Dachschale eines zweischaligen Daches niederschlagen können. Bei Überdrucksituationen im Raum verstärkt sich dieses Problem erheblich.

Die Abbildung 5 zeigt einen auf diesen Zusammenhang zurückzuführenden Schaden. Auf einer Wand war schlagartig nach mehreren aufeinander folgenden kalten Wintertagen braun gefärbtes Wasser abgelaufen. Aufgrund undichter Stöße der PE-Folie als Luftdichtheitsschicht des Daches und insbesondere nicht dichter Anschlüsse dieser Schicht an die Wände war es zu großen, an der Unterseite der oberen Dachschale ausgefallenen Tauwassermengen gekommen, die nach unten auf die PE-Folie abgetropft und entsprechend dem Gefälle in Richtung Traufe abgelaufen waren.

2. Typische Schwachstellen der Luftdichtheit

Grundsätzlich ist das Problem von Luftundichtheiten bei Leichtkonstruktionen (z.B. Holzkonstruktionen, ausgebaute Dachgeschosse etc.) höher anzusetzen als bei Konstruktionen mit massiven Wänden und Betondecke als oberem Abschluss, weil die zur Gewährleistung einer ausreichenden Luftdichtheit erforderlichen Detailausbildungen im ersten Fall in der Regel vielfältiger und schwieriger auszuführen sind. Daher sollten meines Erachtens die geforderten Nachweise zur Einhaltung der an die Luftdichtheit ge-

Abb. 3: Notdürftig beseitigte Zugerscheinungen

Abb. 4: Rotationsströmungen [6]

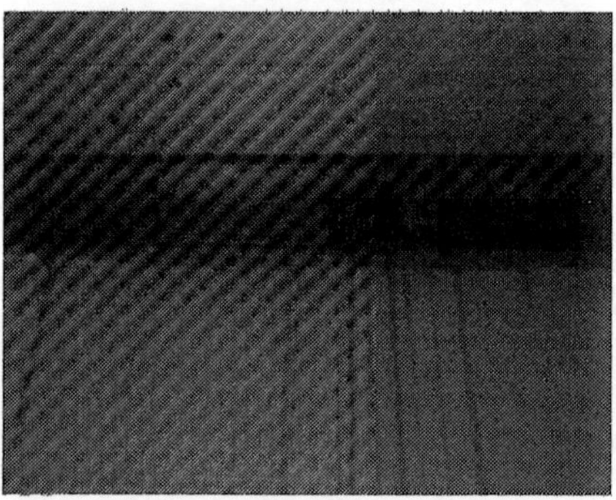

Abb. 5: Aus der Dachkonstruktion abgelaufenes Tauwasser

stellten Anforderungen in Abhängigkeit von der Bauart unterschiedlich festgelegt werden.

Als typische Schwachstellen der Luftdichtheit sind hier im Wesentlichen zu nennen:

Bei Holzkonstruktionen:

- insbesondere die Anschlussbereiche der Luftdichtheitsschichten der verschiedenen wärmeübertragenden Bauteile Dach, Wand, Fenster/Fenstertüren, Geschossdecken zum nicht beheizten Keller und zum nicht ausgebauten Dachgeschoss u.ä.

Bei ausgebauten Dachgeschossen:

- die Anschlussbereiche der durch Windkräfte dynamisch beanspruchten Leichtkonstruktion der geneigten Dachflächen und der massiven Außenwände, insbesondere die Durchstoßpunkte von sichtbar belassenen Pfetten und Sparren (Abb. 6)
- die Abschottung zwischen ausgebautem und nicht ausgebautem Dachraum einschließlich Bodenluke
- die Abseitenabmauerungen
- die Schornsteindurchführung
- die Dachgauben und der Anschluss von Dachflächenfenstern

Im Geschossbereich:

- die Unterbrechung der Luftdichtheitsschicht (Putz) im Bereich der Deckenauflager bei hinterlüfteten Vormauerschalen und Bekleidungen (*Abb. 7*)
- die Fenster/Fenstertüren und ihre Anschlüsse

Abb. 6: Luftundichtheiten am Durchstoßpunkt des sichtbar belassenen Sparrens durch die Außenwand

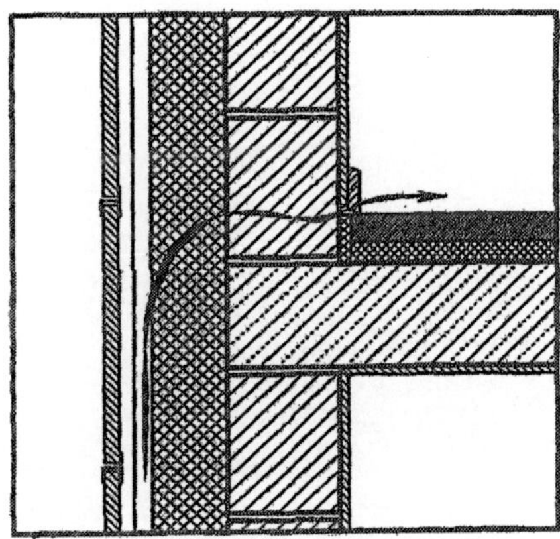

Abb. 7: Luftundichtheiten im Bereich des Deckenauflagers bei einer hinterlüfteten Bekleidung [6]

Abb. 8: Undichter Briefkastenschlitz

- die Rolläden
- der Haustüranschluss und Briefkasten (Abb. 8)

Im Kellerbereich:

- die Türen zwischen beheiztem Treppen-/Kellerraum und unbeheiztem Kellerraum

Bei Installationen:

- die Durchführung von Heizungs-, Sanitär- und Elektroleitungen durch wärmeübertragende Decken und Wände
- der Einbau von Steckdosen, Decken- und Wandstrahlern u.ä. in wärmeübertragende Bauteile (Abb. 9).

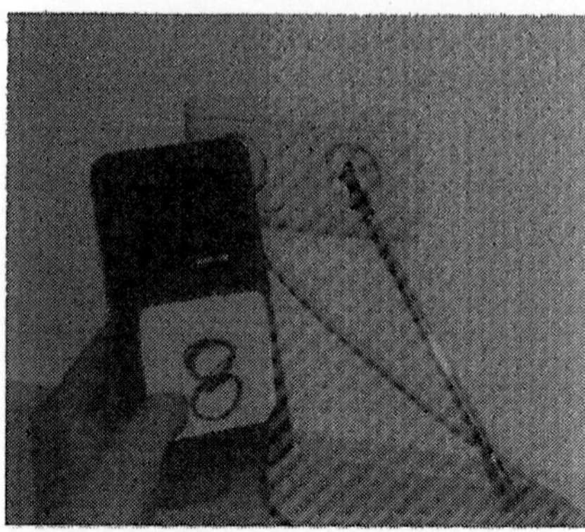

Abb. 9: Luftundichtheiten an Steckdose, eingebaut in eine Abseitenwand

3. Beurteilungsprobleme

Die DIN V 4108-7 – Luftdichtheit von Bauteilen und Anschlüssen, 1996-11 [3], die zur Zeit überarbeitet und in absehbarer Zeit neu erscheinen wird, beschreibt Materialien für Luftdichtheitsschichten und deren Anschlüsse und stellt Prinzipskizzen zur Ausführung von Überlappungen, Anschlüssen, Durchdringungen und Stöße dar. Diese Prinzipskizzen sind nicht immer praxisgerecht, wenn z.B. bei einer Leichtkonstruktion die innere Bekleidung in Form von Gipskarton-Bauplatten bzw. Holzwerkstoffplatten ohne flächig eingebaute Folie nur mit entsprechenden Anschlussfolienstreifen versehen als eine mögliche Ausführung einer Luftdichtheitsschicht dargestellt wird. In der überarbeiteten Fassung dieser Norm wird nach derzeitigem Kenntnisstand in diesem Zusammenhang folgender Hinweis enthalten sein: *„Eine raumseitige Bekleidung ist wegen häufiger Durchdringungen in der Regel als Luftdichtheitsschicht nicht geeignet. ... Wird die raumseitige Bekleidung als Luftdichtheitsschicht herangezogen, sind besondere Maßnahmen bei Durchdringungen erforderlich (z.B. luftdichte Hohlwandinstallationsdosen).“* Ein solcher Hinweis fehlt in der bisher geltenden Norm. Wie ist daher grundsätzlich die oben beschriebene Ausführung durch den Sachverständigen zu beurteilen, wenn die angestrebte Luftdichtheit trotz normgerechter Ausführung der Anschlussdetails nicht erreicht wurde? Demgegenüber wird im Einzelfall zu fragen sein, wie Abweichungen von Detailausbildungen der DIN V 4108-7 zu beurteilen und deren Auswirkungen auf die Luftdichtheit zu bewerten sind.

Eine nicht abschließend geklärte Frage ist, wie dauerhaft die in der Norm vorgeschlagenen Maßnahmen sind, d.h. bleiben z.B. die Verklebungen an den Stößen der zur Luftdichtung eingebauten Folien während der Lebensdauer des Gebäudes, die üblicherweise mit 100 Jahren angenommen wird, dicht?

Ein weiteres Beurteilungsproblem stellt sich für den Sachverständigen, wenn die vertraglich vereinbarte und die der Energiebedarfsberechnung zugrundegelegte Luftwechselrate $n = 0{,}6\ h^{-1}$ bei der nachträglichen Messung der Luftdichtheit nicht erreicht wird. Ab welcher Überschreitung des Grenzwertes $n_{50} = 3{,}0\ h^{-1}$ muss nachgebessert werden? Sicherlich sind bei einer deutlichen Überschreitung dieses Grenzwertes größere Leckstellen anzunehmen, die nachzubessern sind, aber wie ist die Situation zu beurteilen, wenn einerseits der gemessene n_{50}-Wert beispielsweise $3{,}4\ h^{-1}$ beträgt, andererseits der hygienisch erforderliche Luftaustausch erst durch Fensterlüftung oder Lüftungsanlage erreicht wird? Hierbei ist zu bedenken, dass es keine scharfe Grenze zwischen dichten, d.h. mängelfreien, und undichten, d.h. mängelbehafteten, Gebäuden gibt. Auch müssen individuelle Besonderheiten des Gebäudes bei der Beurteilung berücksichtigt werden.

Demgegenüber stellt aber eine festgestellte, starke Leckstelle auch dann einen Mangel dar, wenn der Grenzwert $n_{50} = 3{,}0\ h^{-1}$ bei der Messung der Luftdichtheit nicht überschritten wird. Eine solche Leckstelle muss selbstverständlich nachgebessert werden. In diesem Zusammenhang ist auch die folgende Anmerkung der zukünftigen DIN 4108-7 zu sehen: *„Die Einhaltung der Anforderungen an die Luftdichtheit schließt lokale Fehlstellen nicht aus, die zu Feuchteschäden in Folge von Konvektion führen können.“*

Der Zeitpunkt der Messung spielt ebenfalls eine große Rolle, weil zum einen alle zur Erzielung einer ausreichenden Luftdichtheit geplanten Schichten eingebaut sein müssen, zum anderen weil er erhebliche Auswirkungen auf den Aufwand der ggf. erforderlichen Nachbesserung hat. Hierbei ist auch die Gesamtunsicherheit der Messung zu berücksichtigen, die in DIN EN 13829: 2001-02 [4] mit ± 15 % bei windstillem Wetter und ± 40 % bei windigem Wetter angegeben wird.

4. Schlussbemerkung:

Zur Erzielung einer luftdichten Gebäudehülle ist bereits im frühen Planungsstadium ein Luftdichtheitskonzept mit einer detaillierten Planung sämtlicher Anschlüsse zwischen unterschiedlichen Bauteilen und unterschiedlichen Materialien zu erstellen und die Ausführung genau zu überwachen. Die zukünftige DIN 4108-7 bemerkt hierzu: *„Um eine ausreichende Luftdichtheit zu erzielen, sind Maßnahmen und begleitende Überprüfungen der Einzelgewerke in der Ausführungsphase zweckmäßig (Eigen- oder Fremdüberwachung).“*

5. Literatur

[1] Verordnung über energiesparenden Wärmeschutz und energiesparende Anlagentechnik bei Gebäuden (Energieeinsparverordnung - EnEV), Entwurf vom 07.03.2001

[2] Dahmen, G.: Leichte Dachkonstruktionen über Schwimmbädern – Schadenserfahrungen und Konstruktionshinweise. In: Aachener Bausachverständigentage 1993, Bauverlag GmbH, Wiesbaden und Berlin 1993

[3] DIN V 4108 – Wärmeschutz im Hochbau, Teil 7: Luftdichtheit von Bauteilen und Anschlüssen, Planungs- und Ausführungsempfehlungen sowie -beispiele, 1996-11 (wird zur Zeit überarbeitet)

[4] DIN EN 13829 – Bestimmung der Luftdurchlässigkeit von Gebäuden, Differenzdruckverfahren, 2001-02

[5] AIBAU – Abel, R.; Dahmen, G.; Lamers, R.; Oswald, R.; Schnapauff, V.; Wilmes, K.: Bauschadensschwerpunkte bei Sanierungs- und Instandhaltungsmaßnahmen. Im Auftrag des Bundesministeriums für Raumordnung, Bauwesen und Städtebau – Bonn, 1991

[6] AIBAU – Lamers, R.; Oswald, R.; Spilker, R.; Wilmes, K.: Detailkatalog hochwärmegedämmter Konstruktionen. Im Auftrag des Bundesministeriums für Raumordnung, Bauwesen und Städtebau – Bonn, 1997

5. Beitrag: Luftwechselrate und Auswirkungen auf die Raumluftqualität

Dr.-Ing. H.-J. Moriske, Wiss. Direktor, Umweltbundesamt, Berlin

Bei im Rahmen des Umweltsurveys des Umweltbundesamtes durchgeführten und 1998 publizierten Untersuchungen wurde einmal mehr bestätigt, dass sich der Mensch in Mitteleuropa etwa 80-90 % des Tages in Innenräumen, Zuhause, im Transitbereich (Pkw, Bus, Bahn, Flugzeug) und am Arbeitsplatz aufhält (Krause und Schulz 1998). Auch in den kommenden Jahren dürfte der Trend, sich verstärkt in geschlossenen Räumen aufzuhalten, eher noch zunehmen, da auch viele Freizeitangebote in geschlossenen Räumen stattfinden (Fitnesscenter, Computerspiele, Multimedia etc.). Ein behagliches Raumklima und eine möglichst schadstofffreie Innenraumluft zu gewährleisten ist daher für das Wohlbefinden und die menschliche Gesundheit jetzt und in Zukunft von entscheidender Bedeutung.

Die Bundesregierung hat sich im Rahmen der internationalen Klimaschutzrahmenabkommen in Rio, Berlin und Kyoto (die Folgekonferenzen, zuletzt in Den Haag im Jahr 2000, brachten leider keine positiven Ergebnisse) verpflichtet, den Kohlendioxidausstoß – Kohlendioxid (CO_2) liefert einen wesentlichen Beitrag zum anthropogenen Treibhauseffekt (Moriske und Turowski 1998) – bis zum Jahr 2005 um 25 % gegenüber dem Stand von 1990 zu reduzieren. Bisher ist lediglich ein Teil dieses Ziels erreicht. Umso mehr forciert der Gesetzgeber Maßnahmen zur weiteren Reduktion des CO_2-Ausstoßes. Da der Hausbrand etwa 1/3 der CO_2-Emissionen in Deutschland ausmacht, müssen CO_2-mindernde Maßnahmen auch in diesem Bereich durch Energieeinsparung ansetzen.

Darüber hinaus verfolgt Deutschland seit langem das Ziel, den Einsatz von nicht regenerierbaren Energieträgern zu reduzieren. Auch hier spielen der Hausbrand und Energieverbrauch in Gebäuden eine wichtige Rolle.

Die Maßnahmen zur Energieeinsparung in Gebäuden waren bisher u.a. in der aktuellen Wärmeschutzverordnung aus dem Jahr 1995 und der Kleinfeuerungsanlagenverordnung geregelt. Beide Verordnungen werden in Zukunft abgelöst durch die „Verordnung über energiesparenden Wärmeschutz und energiesparende Anlagentechnik bei Gebäuden – Energieeinsparverordnung (EnEV)", die ab 1.1.2002 in Kraft treten soll (zum Zeitpunkt der Drucklegung dieses Beitrages war noch nicht genau bekannt, ob die Verordnung tatsächlich zum 1.1.2002 in Kraft treten wird).

Durch die darin festgelegten Vorschriften zur Energieeinsparung kommt es bei der Neuerrichtung von Gebäuden in den kommenden Jahren unter anderem zu einer weiteren Abdichtung der Gebäudehülle, damit der Einsatz und die Verluste von Primärenergie und damit verbunden auch die Emissionen an Kohlendioxid weiter begrenzt werden (vgl. Tabelle 1). Die Energieeinsparverordnung berücksichtigt außer reinen wärmetechnischen und Abdichtungsmaßnahmen allerdings im Rahmen der „Energiebilanzierung" auch andere Faktoren (Wärmeeintrag durch Betrieb elektrischer Geräte, Sonnenlichteinfall etc.).

Tab. 1: Durchschnittlicher Heizenergiebedarf/Primärenergiebedarf eines Gebäudes nach Wärmeschutzverordnungen (WSchV) und Energieeinsparverordnung (EnEV)

Verordnung	Heizenergiebedarf (KWh/m^2 und Jahr)
1. WSchV 1977	ca. 200
2. WSchV 1984	ca. 150
3. WSchV 1995	< 100
EnEV 2000 (in Kraft (?) ab 1.1.2002)	ca. 40-100 *)

*) abhängig von der Gebäudenutzfläche (A) bzw. dem Verhältnis Nutzfläche zum beheiztem Gebäudevolumen (A/V_e)

1. Raumlufthygienische Situation in „dichten“ Gebäuden

In geschlossenen Räumen treten eine Reihe von physikalischen, chemischen und biologischen Raumluftverunreinigungen auf, die zum Teil aus Quellen im Raum selbst stammen, zum Teil auch aus der Umgebungsluft beim Lüften in die Räume eingetragen werden (Moriske und Turowski 1998) (siehe Tabelle 2). Aufgrund der seit Jahren forcierten Maßnahmen zur Luftreinhaltung im Außenbereich ist selbst in vielen Ballungsräumen die Luftqualität außen heutzutage oft besser als in Innenräumen (das heißt allerdings nicht, dass wir nicht auch heute noch eine Reihe von regional unterschiedlichen Außenluftproblemen, verursacht etwa durch Kfz-Emissionen, Emissionen aus Kraftwerken, industriellen Anlagen etc., sowie globale Probleme, wie den stratosphärischen Ozonabbau, den Treibhauseffekt etc., haben).

Aus physikalischer Sicht ist in Innenräumen vor allem die beim Aufenthalt von Menschen und Tieren in der Wohnung bzw. durch menschliche Aktivitäten produzierte Luftfeuchtigkeit von Bedeutung. Tabelle 3 zeigt die dabei produzierten Feuchtigkeitsmengen, die durch Auswahl geeigneter Baumaterialien (feuchtigkeitsabsorbierende und – desorbierende Wandmaterialien etc.), in erster Linie aber durch intensives Lüften, aus der Wohnung entfernt werden müssen, um Kondensationsfeuchteschäden in nicht durchlüfteten Raumbereichen und Schimmelpilzbildung zu vermeiden.

Die aus den Verdunstungsprozessen freigesetzte relative Luftfeuchtigkeit wird außer durch den Luftaustausch mit der Außenluft auch durch die Raumlufttemperaturen (mit Ansteigen der Raumlufttemperatur sinkt die relative Luftfeuchtigkeit) beeinflusst.

Der Luftaustausch mit der Umgebungsluft wird in Gebäuden und Wohnräumen definiert durch die Luftwechselzahl „n“. Sie ist ein Maß für das pro Zeiteinheit (Stunde) ausgetauschte Raumluftvolumen. Eine Luftwech-

Tab. 2: Luftverunreinigungen in Innenräumen

Substanz/Substanzgruppen	Quelle
Schwefeldioxid (SO_2)	Ofenheizung (Braunkohle), Außenluft
Kohlenmonoxid (CO)	Ofenheizung, Tabakrauch, Gasherd
Kohlendioxid (CO_2)	Mensch, offene Flammen, Außenluft
Stickstoffoxide (NO_x)	Gasherd, Gasheizung, Ofenheizung, Außenluft
flüchtige organische Verbindungen (VOC)	Lösemittel, Bauprodukte, Möbel, Lacke, Farben, Tabakrauch, Hobby
schwerflüchtige organische Verbindungen (SVOC)	Bauprodukte, Inventar
Schwebstaub	Ofenheizung, Tabakrauch, Außenluft
Staubniederschlag	Ofenheizung, Tabakrauch, menschliche Aktivitäten, Außenluft
Asbest	Bauprodukte, Außenluft
künstliche Mineralfasern	Bauprodukte
Schwermetalle	Hausbrand, Farben, Lacke, Tabakrauch, Außenluft
polycyclische aromatische Kohlenwasserstoffe (PAK) und oxidierte PAK	Tabakrauch, Ofenheizung, Außenluft
Radon	Gesteinsschichten (regional)
Mikroorganismen	menschliche Aktivitäten, Duschwasser, Luftbefeuchter, raumlufttechnische Anlagen, Außenluft

Tab. 3: Feuchtigkeitsmengen durch Verdunstungen in Wohnungen (nach Isenmann 2000)

Quelle	Verdunstungsvolumen(g/Stunde)	
Mensch	leichte Arbeit mittelschwere Arbeit schwere Arbeit	40-60 120-300 200-300
Wäsche (4,5 kg Trommel)	geschleudert, je Waschgang tropfnass, je Spülgang	50-200 100-500
Geschirrspülen		150-250
Kochen	Fertiggericht Vollständige Zubereitung Braten	400-500 500-900 bis 600
Hygiene	Duschbad Wannenbad	bis 1700 bis 1100
Topfpflanzen (in Erde)	Blumen (Veilchen) Farn Gummibaum	5-10 7-15 10-20
Aquarium	ca. je m^2 Oberfläche	20-70

selzahl von n = 1/h bedeutet, dass das gesamte Raumvolumen einmal pro Stunde ausgetauscht wird. Beim natürlichen Luftaustausch wird diejenige Luftwechselzahl bestimmt, die in einem Raum bei geschlossenen Fenstern und Türen durch Fugenundichtigkeiten etc. entsteht. Tabelle 4 veranschaulicht, wie die natürliche Luftwechselzahl bereits durch unterschiedlich dichte Fenstersysteme beeinflusst wird. Bei Kastendoppelfenstern, wie sie noch heute in vielen Altbauten vorkommen, beträgt die Luftwechselzahl etwa n = 0,5-2/h. Bei Standardisolierverglasungen (Zweischeiben-Wärmeschutzfenster) sinkt sie auf etwa n = 0,3-1/h und bei aufwendigen Wärme- und Schallschutzfenstern (mit z.B. Dreischeibenverglasungen) weiter auf etwa n = 0,3-0,4/h. Zum Vergleich: Bei weit geöffneten Fenstern kann die Luftwechselzahl auf n = 20/h ansteigen.

Die Kohlendioxidkonzentrationen als ein bereits von Max von Pettenkofer vor mehr als 100 Jahren eingeführtes Maß für die „verbrauchte" Raumluft steigt gleichzeitig im dargestellten Beispiel (Aufenthalt von 3 Personen in einem Raum von 50 m^3 Rauminhalt, Messzeitraum 5 Stunden (nach Wegner und Schlüter 1982)) von 400-500 ppm (das entspricht in etwa den Außenluftkonzentrationen in Ballungsräumen, in ländlichen Gegenden liegen die CO_2-Gehalte der Luft bei ca. 350 ppm) auf 3000 ppm und mehr an. Bereits aus diesem Beispiel wird deutlich, welchen Einfluss und welche Bedeutung einem „Mindestluftwechsel" und einem regelmäßigen Lüften der Wohnung zukommt, um nicht nur die Feuchtelasten, sondern auch chemische und biologische Verunreinigungen aus der Raumluft zu entfernen.

Neben dem CO_2-Gehalt der Raumluft ist aus chemischer Sicht vor allem der Eintrag von

Tab. 4: Kohlendioxid (CO_2)-Konzentrationen in Abhängigkeit der Luftwechselzahl und unterschiedlicher Fenstersysteme (Angaben in parts per million „ppm"); 50 m^3 Rauminhalt, 3 Personen, Messdauer 5 Stunden (nach Wegner und Schlüter 1982)

Fenstersystem	Luftwechselzahl (1/h)	CO2-Konzentrationen (ppm)
Fenster weit geöffnet	> 20	400-500
Kastendoppelfenster	0,5-2,0	900
Wärmeschutzverglasung (Standard)	0,3-1,0	1500
Schallschutzfenster	0,3-0,4	2900-3400

flüchtigen und schwerflüchtigen organischen Verbindungen (englisch „VOC“ und „SVOC“) entscheidend für eine gesunde Raumluftqualität (Moriske und Turowski 1998). VOC und SVOC gelangen durch verschiedene Quellen in die Raumluft (vgl. Tabelle 2). Viele VOC kommen in der Innenraum- und Außenluft vor, in Innenräumen oftmals aber in höheren Konzentrationen als in der Außenluft (siehe Tabelle 5). Nach Neubau- und Renovierungsarbeiten können die VOC-Konzentrationen in der Raumluft vorübergehend deutlich erhöht sein.

In Bürogebäuden führt der Eintrag von VOC und SVOC zunehmend zum sogenannten Sick-Building-Syndrom („SBS“). Dies bedeutet, dass Befindlichkeitsstörungen vorliegen, die bei den Beschäftigten oft nur während ihres Aufenthaltes im Büroraum auftreten, jedoch zumeist unspezifischer Art sind (Kopfschmerzen, Schwindelgefühle, Brennen in Augen, Rachenraum etc.) und nur schwer dem Eintrag einzelner oder mehrerer organischer Verbindungen im Raum zuzuordnen sind. Man fühlt sich krank in einem „kranken“ Gebäude. Durch Beeinflussung auch aus anderen Lebens- und Umweltbereichen kann es bei einzelnen Individuen zur Multiple Chemical Sensitivity („MCS“) kommen. Der verminderte Luftaustausch in Gebäuden, bei Büroräumen auch die unsachgemäße Einstellung von Raumluft- und Klimaanlagen, spielt dabei eine wichtige Rolle; zusätzlich zu Geruchsbelästigungen, Beeinträchtigungen durch chemische Substanzen kommen bei raumlufttechnischen Anlagen Zugerscheinungen der Raumluft, zu warme oder zu trockene Luft etc. als Befindlichkeitsstörungen für die Raumnutzer hinzu.

In letzter Zeit lässt sich unter anderem aus Anfragen an das Umweltbundesamt beobachten, dass Bewohner von neu errichteten bzw. aufwendig gedämmten älteren Gebäuden zunehmend über Schimmelpilzbelastungen in ihrer Wohnung klagen. Der „klassische“ Fall einer Entstehung von Schimmelpilzen und Hausschwamm in Gebäuden aufgrund baulicher Mängel und einem damit verbundenen direkten Feuchtigkeitseintritt in Wände, Fußböden oder Deckenbereiche, ebenso wie die Kondensation von Raumluftfeuchtigkeit an kalten Außenwandflächen aufgrund von Wärmebrücken ist hierbei allerdings nicht gemeint. Die Schimmelbildung entsteht vielmehr in baulich ansonsten „intakten“ Gebäuden in Bereichen, wo ein Luftaustausch durch kurzzeitiges Lüften nicht in ausreichendem Maße erfolgen kann. Die Ursache liegt in der Regel in einer ungenügenden Abfuhr der Feuchtelasten aus der Wohnung und einer Ansammlung der überschüssigen Luftfeuchtigkeit im Rauminnern.

2. Fazit

Aus der Sicht des Innenraumhygienikers wird eine ausschließlich unter dem Aspekt der Energieeinsparung forcierte Bauweise mit Skepsis betrachtet. Die Gründe dafür sind im Wesentlichen folgende:

1) Aus raumlufthygienischer Sicht ist ein Mindestluftwechsel auch bei geschlossenen Fenstern und Türen erforderlich, um die im Raum u.a. durch menschliche Aktivität entstehenden physikalischen Lasten (Wasserdampf etc.) sowie chemischen und biologischen Luftverunreinigungen (Gerüche, flüchtige und schwerflüchtige organische Verbindungen, Bakterien, Pilze) durch regelmäßigen Luftaustausch zu „verdünnen“ bzw. abzutransportieren.

Tab. 5: Konzentrationen einiger flüchtigen organischer Verbindungen (VOC) im Verhältnis Innenraum/-Außenluft (nach SEIFERT 1992)

Verbindung	**Konzentrationsverhältnis (innen/außen)**	
	Durchschnittswerte	Extremwerte
n-Hexan	2-5	50
n-Decan	10-20	100
Benzol	2-5	10
Toluol	5-10	20
Limonen	50-100	500
Tetrachlorethen	2-5	1000

2) Derzeit gibt es keine hygienisch verbindlichen natürlichen Mindestluftwechselzahlen für Gebäude. Mindestluftwechselzahlen von z.B. n = 0,5-0,8, manchmal auch bis n = 1/h, werden vereinzelt diskutiert. Bei Gebäuden, die nach dem Niedrigenergiehausstandard gebaut werden, liegt die natürliche Luftwechselzahl oft bei 0,2-0,3/h, bei Passivhäusern sogar darunter. In solchen Fällen ist der Einsatz von mechanischen Belüftungseinrichtungen (Zwangsbelüftungen, mechanische Lüftungseinrichtungen mit Wärmerückgewinnung) zur Aufrechterhaltung eines Mindestluftaustausches erforderlich. Ob bei niedrigen natürlichen Luftwechselzahlen eine Beeinträchtigung des Raumklimas und der Raumluftqualität nicht nur kurz-, sondern auch mittel- und langfristig entsteht, ist bis heute nur unzureichend untersucht. Zwar gibt es bei Niedrigenergie-Musterhäusern bereits erste begleitende raumlufthygienische Messungen. Da diese Bauweise in größerem Stil aber erst in etwa seit den letzten 10 Jahren praktiziert wird, liegen bisher keine Langzeitstudien zur Raumluftqualität in solchen Gebäuden vor.

3) Bei mechanischen Belüftungssystemen zeigt die Erfahrung mit dem Betrieb raumlufttechnischer Anlagen in anderen Gebäuden, dass oftmals die regelmäßige Wartung und Kontrolle solcher Anlagen vernachlässigt wird und es zu einem mikrobiellen Befall innerhalb des Versorgungsschachtsystems kommt. Bisher liegen auch hierzu in Niedrigenergie- und Passivhäusern kaum Langzeiterfahrungen in der Nutzungsphase vor. Weiterer Klärungsbedarf ist vonnöten.

4) Das Wohnen in „dichten" Gebäuden macht es erforderlich, dass zum Ausgleich des verminderten natürlichen Luftwechsels in Gebäuden ohne zusätzliche mechanische Belüftungseinrichtungen verstärkt aktiv über die Fenster (Stoßlüftung) gelüftet wird, um unter anderem mikrobielle Schäden (Schimmelpilzbefall etc.) zu vermeiden. Eine Veränderung des Nutzerverhaltens ist hier im Einzelfall unerlässlich.

5) Bei der Planung und Errichtung aufwendig gedämmter Gebäude wird es erforderlich sein, stärker als bisher auch den Aspekt der Raumluftqualität in der späteren Nutzungsphase zu beachten und dies z.B. durch die Auswahl emissionsarmer Bauprodukte und Materialien zu berücksichtigen. Ansätze zur Kennzeichnung und Einstufung solcher Produkte wurden in einigen Bereichen gemacht. Eine erweiterte Kennzeichnung und Produktprüfung scheint jedoch erforderlich.

3. Literatur

[1] Isenmann, W.: Feuchtigkeitserscheinungen in bewohnten Gebäuden. Verlag für Wirtschaft und Verwaltung H. Wingen, Essen (2000) 173 Seiten

[2] Krause, Ch. und Schulz, Ch.: Aufenthaltszeiten der deutschen Bevölkerung im Innenraum, im Freien, im Straßenverkehr. Umweltmed. Forsch. Prax. 3 (1998) S. 249

[3] Moriske, H.-J. und Turowski, E.: Handbuch für Bioklima und Lufthygiene. ecomed-Verlagsgesellschaft, Landsberg 1998, 1.-5. Ergänzungslieferung 1999-2001, 980 Seiten

[4] Seifert, B.: Innenräume: In: Handbuch der Umweltmedizin. Hrsg.: Wichmann, H.-E.; Schlipköter, H.-W. und Füllgraf, G. ecomed-Verlagsgesellschaft, Landsberg (1992) Kap. IV-1.2

[5] Wegner, J. und Schlüter, G.: Die Bedeutung des Luftwechsels für die Luftqualität von Wohnräumen. In: Luftqualität in Innenräumen. Hrsg: K. AURAND, B. Seifert und Wegner, J. Schr.-Reihe Verein WaBoLu Nr. 52, Gustav-Fischer-Verlag, Stuttgart (1982) S. 31-40

Dauerthema aufsteigende Feuchtigkeit in Ziegelmauerwerk – Programmierte Fehlschläge, Lösungsansätze und Perspektiven für die Baupraxis

Prof. Dr. H. Venzmer, Dahlberg-Institut, Wismar
unter Mitarbeit von O. Bakhramov, L. Kots, N. Lesnych

Der Teilbereich der Bauwerkstrockenlegung/ Mauerwerksentfeuchtung befindet sich wie der Bereich des gesamten Bautenschutzes in nicht zu übersehenden Anteilen in einem schlechten Zustand, weil bestimmte Grundpositionen nicht erfüllt sind. Es gibt weder eine spezielle Hochschulausbildung für die Instandsetzung von Bauwerken noch eine geschützte Berufsbezeichnung, d.h. es ist nicht auszuschließen, dass sich viele Unkundige in diesem Metier tummeln. Im Gegensatz zu Österreich gibt es kein Regelwerk, das zwingend vorschreibt, mit welchen Verfahren unter welchen Bedingungen vorzugehen ist und wie die Qualität der Wirksamkeit von Entfeuchtungsanlagen beurteilt werden kann. Deshalb werden viele Fehler im Bereich der Feuchtigkeitsdiagnostik, der Planung und der Ausführung von Instandsetzungen gemacht.

Während der kranke Bürger zuerst den Arzt und dann die Apotheke aufsucht, ist es im Instandsetzungsgeschehen viel zu häufig umgekehrt. Fachleute (so z. B. auch Sachverständige) werden erst dann angesprochen, wenn der Patient bereits tot ist. Erhebliche Baukosten könnten gespart werden, wenn die Aufwendungen für Sachverständige, Gutachter, für Nachbesserungen oder für Instandsetzungen der Instandsetzung gleich von vornherein in eine zwingend vorgeschriebene Planung gesteckt würden. Dazu sind aber gewisse Mindestregelungen erforderlich, nach denen sich die Planer und Ausführenden zu richten hätten. Da dieses aber nun bisher nicht gegeben ist, wird es wohl so weitergehen wie bisher.

1. Bauwerksdiagnostische Voruntersuchungen

Grundsätzlich müssen sich die notwendigen Bauleistungen nach den objektiv erforderlichen Notwendigkeiten richten. Daher sind grundsätzlich vor der Einleitung von baulichen Maßnahmen bauwerksdiagnostische Leistungen zu erbringen (Tab. 1).
Hierzu gibt es in Deutschland ein höchstrichterliches Urteil (siehe OLG Hamm). Erst eine systematische Ursachenanalyse kann diejenigen Ursachen herausarbeiten, die für den gegenwärtigen Zustand verantwortlich sind. Durch die Methoden der Bauwerksdiagnostik sollen die Ursachen gefunden werden. Es sind solche Maßnahmen vorzuschlagen, die Schadensursachen und keineswegs nur die Symptome beseitigen. Dieses in der Medizin gängige Prinzip muss auf die Bauwerke übertragen werden, wenn sinnvoll gearbeitet werden soll.
Grundsätzlich müssen die bauwerksdiagnostischen Leistungen durch neutrale Fachleute erfolgen, die auch über das notwendige technische Hinterland (Labor, Messgeräte für den Einsatz am Bau usw.) verfügen.
Leider gibt es Tendenzen, die in die falsche Richtung gehen, denn immer mehr bieten die Produkthersteller (natürlich!!) kostenlose bauwerksdiagnostische Leistungen an, die in den nachfolgenden Empfehlungen immer auf die hauseigenen Produkte hinauslaufen (müssen).
Neutrale bauwerksdiagnostische Leistungen werden vielfach als zu teuer empfunden und

Tab. 1: Schrittfolge der Bauwerksdiagnostik

Bauwerksdiagnostik →						
Bedarf	Anamnese	Analyse	Diagnose	Fachplanung	Instandsetzung	Ziel

nicht hinzugezogen, obwohl sich diese Leistungen später stets „rechnen", denn es kann eine differenzierte Instandsetzung erfolgen, die von Mauerwerk zu Mauerwerk eines Bauwerks durchaus auch abweichen kann.
Grundsätzlich sind sogenannte Primär- und Sekundärleistungen im Zuge von Bauwerkstrockenlegungen erforderlich. Diese können von Fall zu Fall durchaus total voneinander abweichen. Eine einheitliche Vorgehensweise verbietet sich von ganz alleine, denn wie auch im medizinischen Bereich gleicht kein Patient dem anderen.
Unter Primärleistungen sind diejenigen baulichen Maßnahmen zur Bauwerkstrockenlegung zu verstehen, die das Ziel verfolgen, das Bauwerk nachträglich so auszurüsten, dass die Feuchtigkeit fortan weder von der Seite noch von unten her eindringen kann. Es sind dieses

- vertikale und/oder
- horizontale Bauwerksabdichtungen,

die auf verschiedene Art und Weise nachträglich ausgebildet werden können. Unter Sekundärleistungen sind weitere Maßnahmen, die begleitend zur Anwendung kommen, zu verstehen, wobei darunter verschiedene Putze, Drainungen, Farbanstriche usw. verstanden werden sollen.
Es sei an dieser Stelle weiterhin vermerkt, dass mit der Anwendung bauwerkstrockenlegender Maßnahmen keineswegs eine sofortige Entfeuchtung einhergeht. Alle hier genannten Maßnahmen sind lediglich dafür verantwortlich, dass lediglich keine Feuchtigkeit von unten und von der Seite nachströmen kann.

2. (Feuchte)-Transportrelevante Voraussetzungen

Wenn bautechnische Maßnahmen gegen vertikal aufsteigende Feuchtigkeit in historischen Mauerwerken in Erwägung gezogen werden, sollten zuallererst die wesentlichen Grundlagen der Feuchtigkeitssituation erläutert werden. Ziegelmauerwerke bilden ein Kollektiv aus Ziegeln und dem Fugenmörtel, sie sind mit Hilfe von Stoss- und Lagerfugen miteinander verbunden, wenn der einfachste Fall beschrieben wird. Ein höherer Grad der Kompliziertheit wird erreicht durch

- Inhomogenitäten (Einschlüsse von Fremdkörpern, wie Feldsteinen, nicht gebrannten Ziegeln usw.)
- geschichtete Wandaufbauten (freie, teilweise bzw. vollkommen mit Bauschutt und/oder Mörtelresten verfüllte Hohlräume, usw.) und
- innen- oder/und außenseitige Putze.

In der Regel werden Mauerwerke heutzutage nach den Regeln der Technik abgedichtet. In Bauwerken, die wir heute als historische bezeichnen, waren vielfach Abdichtungen gar nicht vorgesehen und auch nicht beabsichtigt. Solche Bauwerke sollen auch heute genutzt werden, allerdings hat sich der Anspruch an ihre Qualität inzwischen sehr verändert. In solchen Mauerwerken haben jahrzehnte- bzw. jahrhundertlang Elektrolyttransporte stattgefunden, durch die Veränderungen im Mauerwerk herbeigeführt worden sind.

2.1 Was wurde bisher getan, um solche Probleme zu lösen?

Die Bemühungen, den Problemen der Feuchtigkeitsbewegung auf die Spur zu kommen, verliefen zunächst rein empirisch. Schlussfolgerungen wurden aus Einzelbauwerken gezogen.
Saugversuche wurden zum Beispiel von Kettenacker, Krischer, Künzel (sen.), Schwarz, B. u.a. an verschiedenen Baustoffproben unter Laborbedingungen durchgeführt. Viele dieser Stoffkennwerte dienen noch heute der Modellierung. Parallel dazu sind eine ganze Reihe von Untersuchungen an Einzelbauwerken bekannt, die in der Lage sind, den Zustand der Durchfeuchtung des betreffenden Mauerwerks zu beschreiben. Auch statistisch verwertbare Daten sind darunter.
Erst viel später setzten Versuche ein, die Bewegung der Feuchtigkeit in ihrer Komplexität mathematisch zu modellieren [Kiessl, Garrecht, Künzel (jun.)]
Dieses ist jedoch bisher nur andeutungsweise gelungen. Andeutungsweise nur deshalb, weil einmal von idealisierten Bedingungen ausgegangen wurde, und zum anderen, weil die Modelle noch nicht komplex genug angelegt sind, d.h. es fehlen bestimmte Einflüsse, wie zum Beispiel diejenigen der löslichen Salze. Diese Problematik ist erst seit kurzer Zeit hier und dort ein Gegenstand der bauphysikalischen und bauchemischen Forschung. Es wird mit Sicherheit noch eine Weile dauern, bis ein geeignetes mathema-

tisch-physikalisch-chemisches Modell zur Verfügung steht, das auch für die Prognostik im Bereich der Instandsetzung herangezogen werden kann. Es werden für die Instandsetzungsbranche z. B. dringend Aussagen darüber benötigt,

- wie sich z.B. ein feuchte- und salzbelastetes Mauerwerk in der Folgezeit verhält, nachdem nachträglich eine horizontale Abdichtung nachgerüstet worden ist, ohne dass Einfluss auf die Salze genommen wurde,
- inwieweit z.B. durch bestimmte Entsalzungsverfahren der oberflächennahe Salzgehalt reduziert werden muss, um Trocknungserfolge erzielen zu können usw.

Es bleibt an dieser Stelle zu konstatieren, dass die mathematisch-physikalisch-chemischen Grundlagen gegenwärtig noch nicht soweit entwickelt sind, dass sie für die Prognostik im Instandsetzungsbereich herangezogen werden können. Insbesondere an der Einbeziehung löslicher Ionen im oberflächennahen Mauerwerksbereich, an den daraus resultierenden hygroskopisch bedingten Feuchtigkeitsabgaben und -aufnahmen und an der Ermittlung geeigneter stofflicher Parameter muss noch weiter gearbeitet werden.

2.2 Welche Aussagen gelten denn nun als sicher?

Wenn von Spezialfällen abgesehen wird, lassen sich feuchtigkeitsgeschädigte Ziegelmauerwerke durch folgende Aussagen beschreiben, wenn der Feuchtigkeitstransport näher beschrieben werden soll und wenn nach Möglichkeiten von dessen Beeinflussung durch bautechnische Maßnahmen gefragt wird.

- Ziegelmauerwerke können nur dann Feuchtigkeit in größere Höhen transportieren, wenn ausreichend Feuchtigkeitsangebote über den Fundamentbereich vorliegen und erforderliche Abdichtungen fehlen.
- Der Fugenmörtel in den Stoß- und Lagerfugen dominiert die Saugeigenschaften von Ziegelmauerwerken.
- Breite Stoss- und Lagerfugen kommen dem vertikalen Feuchtigkeitstransport im Mauerwerk sehr entgegen.
- Ziegel entnehmen dem Mörtel ständig Feuchtigkeit, die diesem für höhere Anstiege fehlt.
- Ziegelmauerwerke zeichnen sich in den unteren Bereichen durch einen Durchfeuchtungsgrad von 100 Prozent aus, der mit zunehmenden Höhen rasch auf deutlich geringere Werte absinkt.
- Feuchtigkeitsgeschädigte Ziegelmauerwerke sind bis zur Höhe von 40-70 Zentimeter gegenüber der OK-Gelände zumeist bis zur Sättigung (Durchfeuchtungsgrad = 100 Prozent) durchfeuchtet.
- Innen- und außenseitige Putzschichten wirken sich stets nachteilig auf den Feuchtigkeitshaushalt aus, sie wirken verdunstungshemmend. Zum Beispiel besitzt ein Quadratmeter freie Ziegeloberfläche die gleiche Verdunstungsleistung wie eine 10 Quadratmeter große Sanierputzoberfläche [Lesnych, Venzmer].
- Niederschlags-Zuflüsse, z. B. insbesondere durch Schlagregen, führen intensive Veränderungen des Durchfeuchtungszustandes herbei, die sich nur sehr langsam wieder abbauen.
- Salzkonzentrationen in oberflächennahen Mauerwerksbereichen können den Durchfeuchtungszustand durch Feuchtigkeitsaufnahmen aus der Luft vergrößern.
- Salzkonzentrationen in oberflächennahen Mauerwerksbereichen schränken den Instandsetzungsspielraum für Trocknungsvorgänge ein. Große Salzkonzentrationen können Trocknungsvorgänge vollkommen zum Erliegen bringen.

3. Marktsituation/Probleme/Hauptfehler

Was geschieht gegenwärtig in der Praxis gegen aufsteigende Feuchtigkeit? Prinzipiell lassen sich mechanische, Injektions-, elektrophysikalische und kombinierte Verfahren unterscheiden, die mit mehr oder weniger Erfolg eingesetzt werden. Auf diese Verfahren soll nun eingegangen werden.

3.1 Mechanische Verfahren

Diese Gruppe von Instandsetzungsverfahren wird technisch unterteilt in folgenden Varianten angewendet (siehe Tab. 2).

Tab. 2: Mechanische Verfahren zur nachträglichen Horizontalabdichtung

Anmerkung zum Verbreitungsgrad:
(+++++) = marktbeherrschend, (++++) = häufig angewendet ,
(+++) = wird auch angewendet, (++) = gelegentlich angewendet,
(+) = kaum noch angewendet

<table>
<tr><th>Verfahrensbezeichnung</th><th>Wirkprinzip</th><th>Abdichtungsmaterial</th><th>Verbreitungsgrad</th></tr>
<tr><td>Blecheintreibverfahren</td><td>Einschlagen</td><td>Edelstahlblech</td><td>(+++++)</td></tr>
<tr><td>Iso-Bohrverfahren</td><td>Kernbohren und verfüllen</td><td>Abdichtungsmörtel</td><td>(+)</td></tr>
<tr><td>Kettensägeverfahren</td><td>Schlitzen</td><td rowspan="4">Platten- oder bahnenförmige Abdichtungsstoffe</td><td>(+++)</td></tr>
<tr><td>Kreissägeverfahren</td><td>horizontales Sägen</td><td>(+)</td></tr>
<tr><td>Seilsägeverfahren</td><td>horizontales Sägen</td><td>(+++)</td></tr>
<tr><td>Klassisches Verfahren</td><td>abschnittsweises Öffnen und Verschließen</td><td>(+)</td></tr>
</table>

Im Zuge der Planung und Ausführung mechanischer Abdichtungen werden folgende Hauptfehler begangen:

- Einsatz von mechanischen Verfahren ohne bauwerksdiagnostische Vorleistungen. D.h. der u.U. vorhandene Zustand des Bauwerks wird ignoriert. Vielfach wird dieser Zustand dem Verfahrensanwender auch gar nicht bekannt, wenn dieser als Subunternehmer den Auftrag erhält, eine horizontale Abdichtung herzustellen.
- Eine mechanische Horizontalabdichtung wird richtig ausgebildet. Salzbelastungen von Mauerwerken werden vollkommen ignoriert. Trotz funktionsfähiger Abdichtungen können deshalb keine Trocknungsvorgänge ablaufen.
- Horizontalabdichtungen werden ausgebildet, obwohl keine durchgehenden Lagerfugen vorhanden sind. Risse und Setzungen entstehen zwangsläufig.
- Horizontale Abdichtungen werden häufig als „Leistungen der Bauwerkstrockenlegung" ausgeschrieben. Eine horizontale Abdichtung kann aber nur den vertikalen Nachtransport unterbinden. Sie ist aber nicht verantwortlich für die Qualität von Trocknungsvorgängen.
- Horizontale Abdichtungen können fachgerecht ausgebildet werden. Wenn danach falsche oder wenig geeignete begleitende Maßnahmen zum Einsatz kommen, kann ein Trocknungsfortschritt nicht oder nur schwer erreicht werden. Es gibt eine ganze Reihe von Fällen, in denen dann anschließend versucht wird, ausbleibende Instandsetzungserfolge beim Hersteller der horizontalen Abdichtung abzuladen.
- Im Bereich der Denkmalpflege werden mechanische Verfahren vielfach abgelehnt, weil diejenigen Baustoffe, die zur Abdichtung letzten Endes eingesetzt werden, „dem Baukörper fremd sind" und weil diese Verfahren an sich gemäß der Charta von Venedig als irreversibel zu bezeichnen sind.

3.2 Injektionsverfahren

Injektionsverfahren werden viel häufiger als mechanische Verfahren eingesetzt, wenn horizontale Abdichtungen nachträglich erforderlich werden. Grundsätzlich lassen sich folgende unterschiedliche Vorgehensweisen unterscheiden (siehe Tab. 3).

Wünschenswert wäre es, an dieser Stelle eine Auskunft zum Verbreitungsgrad der einzelnen Verfahren anzugeben. Dieses ist jedoch prinzipiell nicht möglich, weil die Konstellation von Anwendungskonzept – Injektionsverfahren – Injektionsmittel – Anwendungstechnik eine große Rolle spielt.

Tab. 3: Übersicht der Injektionsverfahren

Verfahrensbezeichnung	Wirkprinzip
drucklos verfüllend wirkende Injektionen	kapillares Saugen
drucklos hydrophobierend wirkende Injektionen	kapillares Saugen
Druckinjektion bis ca. 10 bar (Niederdruck)	äußere Drücke
Druckinjektionen bei 10 – 100 bar (Hochdruck)	äußere Drücke

Tab. 4: Erfahrungen mit Injektionsverfahren/Injektionsmitteln

Injektionsmitteleinsatz	Erfahrungen am Bauwerk
Hochdruckverfahren	• häufig bei der Betoninstandsetzung anzuwenden, wenn Injektionsmittel schnell reagieren • Polyacrylat-Gel wird als mehrkomponentiges System angewendet.
Niederdruckverfahren	• Regelfall beim Mauerwerk • geeignet für Mörtelinjektionen • Alkalisilikate (Wasserglas) und Methylsiliconate in wässriger Lösung = Verkieselung. • Die Reaktionen im Mauerwerk erfordern eine Kohlendioxidzufuhr, die bei dicken Mauerwerken sehr schwer abzusichern ist. • Silicon-Mikroemulsionen und Methylsiliconate werden als reine Hydrophobierungsmittel mit Erfolg eingesetzt.

In der Vergangenheit wurden so viele Fehler auf diesem Instandsetzungsgebiet gemacht, dass die Injektionsverfahren völlig in Verruf gebracht worden sind. Gearbeitet wurde vielfach ohne Konzept, mit demzufolge ungeeigneten Bohrlochabständen, mit ungeeigneten Injektionsmitteln bei zu hohen Durchfeuchtungsgraden und außerdem ohne notwendige Nachkontrollen.

Durchweg stoßen Injektionsmittel-Verfahren gegenwärtig aus meiner Sicht auf große Skepsis, ja sogar auf totalen Widerstand. Der größte Fehleranteil geht auf ungebildetes Fachpersonal in der Bautenschutzbranche zurück, denn den Bautenschutz kann halt „jeder" betreiben. Die schlechtesten Vertreter der Branche bestimmen leider den Ruf.

Positive Ansätze können nur durch eine sorgfältige Fachplanung, durch objektbezogene Voruntersuchungen und durch den Einsatz geeigneten Injektionsmittel erreicht werden. Die Übersicht in Tabelle 4 benennt einige Aspekte.

Folgende Hauptfehler sind im Zuge der Planung und Ausführung festzustellen, wenn Injektionsmittel zum Einsatz kommen:

- Injektionsverfahren werden eingesetzt, ohne dass bauwerksdiagnostische Vorleistungen am Bauwerk zum Einsatz kommen.
- Injektionsverfahren werden eingesetzt, ohne die Aufnahmefähigkeit von Injektionsmitteln im Labor zu untersuchen.
- Wenn Mauerwerke aus Ziegeln und Mörtel betrachtet werden, wird immer wieder zu wenig vorab darüber entschieden, welcher Effekt erzielt werden soll. Prinzipiell ist es möglich, porenraumverfüllend oder -hydrophobierend zu arbeiten. Es ist auch wichtig, zu entscheiden, ob Fugensysteme oder Steine mit Injektionsmitteln zu behandeln sind.
- Injektionsmittel werden in Mauerwerken appliziert, obwohl zu hohe Durchfeuchtungsgrade vorhanden sind.
- Bohrlochabstände werden willkürlich und dann meist viel zu groß festgelegt.
- Injektionsmittel breiten sich nicht weit genug aus, es kann keine in sich geschlossene Abdichtungsebene entstehen.
- Auswahl und Anwendung ungeeigneter Injektionsmittel erfolgt vielfach am grünen Tisch. Viele Anwender sind nicht darüber

informiert, welche Mittel unter welchen Umständen besser geeignet sind als andere.

- Injektionsmittelabdichtungen funktionieren zwar, die Trocknung von Mauerwerkspartien ist nicht oder nur kaum möglich, weil ungeeignete flankierende Maßnahmen zum Einsatz kommen, die eine Trocknung behindern. Dennoch wird bei der Rechtsprechung vielfach der Versuch unternommen, bei ausbleibender Trocknung diejenigen zur Verantwortung zu ziehen, die eine Injektionsmittelebene ausgebildet haben.
- Mauerwerksversalzungen werden ignoriert. Obwohl Abdichtungen ggf. voll funktionstüchtig sind, kommen keine Trocknungen zustande. Misserfolge werden in solchen Fällen immer besonders gern auf den Subunternehmer „abgeschoben", der sich lediglich für seinen Part verantwortlich zeichnet, keineswegs jedoch für die Gesamtplanung.
- Im Bereich der Denkmalpflege werden auch vielfach die Injektionsverfahren abgelehnt. Die Begründungen bei den mechanischen Verfahren sind identisch. Die Irreversibilität der baulichen Maßnahmen einerseits und die „Fremdartigkeit" des Injektionsmaterials andererseits sind die Argumente. Hinzu kommt, das von vielfach schlechten Handwerksleistungen stets auf die Injektionsverfahren selbst geschlossen wird.

3.3 Elektrophysikalische Verfahren

Injektionsmittel stehen zwar aus den o.g. Gründen in der Kritik. Die Kritik zu den elektrophysikalischen Verfahren fällt jedoch noch viel heftiger aus. Es „tobt" gewissermaßen ein Glaubenskrieg darüber, ob denn elektrophysikalische Verfahren überhaupt wirken können, um Mauerwerke zu entfeuchten. Kein Streit polarisiert die Fachwelt mehr als dieser.

Vorab sei erwähnt, dass hier an dieser Stelle nur drahtgebundene, elektrisch aktiv betriebene Anlagen angesprochen sind. Sogenannte fernwirkende Anlagen – sie werden gelegentlich auch als „passive oder drahtlose Elektroosmose" bezeichnet – die mancherorts auch als Zauberkästchen bezeichnet werden, sind bewusst völlig ausgeklammert, denn diese haben mit dem Begriff Elektroosmose rein gar nichts zu tun.

3.3.1 Wissenschaftlich begründete Position zur Elektroosmose

Aus der Sicht der Naturwissenschaften, d.h. der Physik, der Chemie, der physikalischen Chemie ist nachgewiesen, dass elektrokinetische Erscheinungen, wie die Elektroosmose, das Strömungspotential, die Elektrophorese und das Sedimentationspotential im sogenannten Mikromaßstab wirksam sind. Sie sind tatsächlich als wissenschaftlich gesichert zu bezeichnen.

Es ist aber nicht möglich, im Mikromaßstab als gesichert geltende Erkenntnisse auf ein Bauwerk, auf Bauwerksteile zu übertragen, denn die Anwendung dieser elektrokinetischen Effekte erfordert die Einhaltung einer ganzen Reihe bestimmter Voraussetzungen, so z. B.:

- Verfahren, die elektrokinetische Effekte zur Trocknung nutzen wollen, müssen beachten, dass mit elektrischen Mindestspannungen gearbeitet werden muss, ohne die ein elektroosmotischer Transport gar nicht zustande kommen kann. Nur höhere elektrische Spannungen, die über dieser Mindestspannung liegen, garantieren Feuchtigkeitsbewegungen.
- Zu beachten sind weiterhin die elektroosmotische Permeabilität, das Zeta-Potenzial (siehe Helmholtz – Smoluchowski – Gleichung), die Wahl von Elektroden, die Elektrodenkorrosion, die Gasbildung an den Elektroden und die konkrete Situation der vorhandenen Werkstoffe.
- Die Massestromdichte beschreibt die Intensität und die Richtung von elektroosmotischen Prozessen. Zu beachten ist die Abhängigkeit von der elektrischen Feldstärke und vom Durchfeuchtungsgrad. Untersuchungen im Dahlberg-Institut, Wismar, haben deutliche Abhängigkeiten ergeben, die sich grafisch veranschaulichen lassen, wenn von Ziegelprobekörpern ausgegangen wird (Abb. 1).
- Daraus geht u.a. hervor, dass ein Mindest-Durchfeuchtungsgrad von ca. 45 Prozent vorhanden sein muss, damit elektroosmotisch verursachte Feuchtigkeitsbewegungen möglich sind. Entfeuchtungen können, wenn sie auf diese Weise erfolgen, dann auch nur bis hinunter zu eben diesen 45 Prozent Durchfeuchtungsgrad erfolgen.

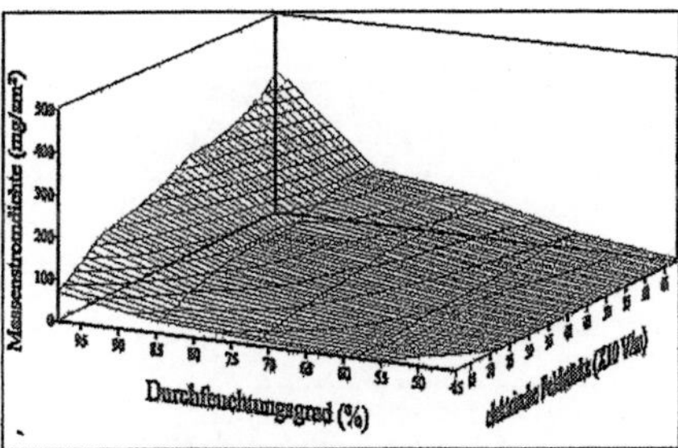

Abb. 1: Massestromdichte als Funktion von der elektrischen Feldstärke und des Durchfeuchtungsgrades (für Ziegelprobekörper)

Weiter hinab führende Trocknungen auf Werte von ca. 20 Prozent (siehe Ö-Norm) sind prinzipiell nicht möglich.

- Zu beachten ist weiterhin, dass die elektroosmotisch verursachten Richtungen der Strömung durchaus verschieden sein können. Dieses hängt von Grenzschichtbedingungen im Bereich Porengerüst/-elektrolytische Lösung ab, von dem sich die elektrischen Aufladungen ableiten (siehe Coehnsche Regel, Zeta-Potenzial).

3.3.2 Unwissenschaftliche Position

Naiverweise wird von Laien versucht, Verfahren einzusetzen, die naturwissenschaftlich als vollkommen sinnlos zu bezeichnen sind. Die Tatsache, dass ein Bautenschützer keinerlei berufliche Ausbildungen nachweisen muss, ist schon bezeichnend. Die zweite Tatsache, dass die angebotenen Verfahren keine Prüfzertifikate erforderlich machen, bevor eine Anwendung erfolgt, ist eigentlich alarmierend.

Folgende Hauptfehler sind bei der Planung und Ausführung immer wieder zu beobachten:

- Planer und Ausführende besitzen keine ausreichenden Kenntnisse im Bereich der Naturwissenschaften, sie „glauben einfach nur an den Erfolg".
- Planer vertrauen auf Referenzlisten, auf Erfolge an Objekten, die niemals überprüft werden können, ohne den sogenannten Anfangszustand zu kennen.
- Anlagen arbeiten mit zu kleinen elektrischen Spannungen, zu kleinen elektrischen Feldstärken und mit Elektroden, die korrodieren und keine Langzeitwirkung gewährleisten.
- Elektroosmotische Anlagen werden als Dauersperranlagen angeboten. Dieses ist aus naturwissenschaftlichen Gründen sinnlos.
- Elektroosmotische Anlagen (wenn diese Anlagen zur Entsalzung eingesetzt werden) sind mit dafür verantwortlich, dass sich lösliche Salze in Richtung der Elektroden verschieben. Gerade im oberflächennahen Raum von Wänden können über Entsalzungsanlagen lösliche Salze ausgelöst werden. Diese werden aber durch weitere aus dem hinteren Raum ersetzt. Volumenentsalzungen erfordern langanhaltende Betriebsverhältnisse. Denen stehen aber nur kurzfristig wirkende Anlagen gegenüber, die vielfach nicht gewartet werden und quasi verkommen.
- Elektrokinetische Anlagen erfordern hochqualifiziertes Fachpersonal. Es handelt sich um ein Einsatzgebiet, das sich nicht zur breiten Massenanwendung eignet, wie eine andere Leistung im Bauhauptgewerbe. Positive Beispiele (siehe Buchheim/Kaps von der Bauhaus-Universität Weimar) belegen diese Aussage.

Elektrophysikalische Verfahren haben aus heutiger Sicht kaum eine Relevanz im Bereich der Trocknung von Bauwerken und Bauwerksteilen und wenn, dann nur eine indirekte.

Vielmehr spielen die elektrokinetischen Effekte eine gewisse Rolle bei der elektrophysikalischen Entsalzung von Mauerwerken. Wenn der Salzgehalt sinkt, fällt die hygroskopisch bedingte Gleichgewichtsfeuchte und somit kann eine Trocknung quasi als Sekundäreffekt eintreten. Hier gelten die gleichen Randbedingungen wie oben bereits genannt.

3.4 Kombinierte Verfahren

Immer mehr kommen kombinierte Verfahren zur Anwendung, um das Problem der Mauerwerksentfeuchtung besser in den Griff zu bekommen. Typische Beispiele sind Kombinationen zwischen den Injektionsverfahren und thermischen Vorbehandlungen (siehe Tab. 5).

Tab. 5: Übersicht erfolgversprechender Verfahrenskombinationen

Kombinationen zur Injektionsmittel-Applikation	Kurzbeschreibung	Beurteilung und Verbreitungsgrad
Thermische Vorbehandlung	Heizung der Injektionsmittel	Selten: Paraffin-Penetration begrenzt
Heizstab-Trocknung vor Injektionsmittelapplikation	Durchfeuchtungsgrad senken, dann Injektionsmittelapplikation	Selten: Verfahren wirksam
Thermisch-konvektive Vortrocknung	Beheizte Druckluft senkt Durchfeuchtungsgrad,	Selten: In Verbindung mit Mauerwerk-Verkieselung
Mikrowellen-Vortrocknung	Flächensender-Einsatz	Selten: zur Beseitigung von Hochwasserschäden

Diese Verfahrenskombinationen sind einfach deshalb sinnvoll, weil sich die Anwendungsbedingungen der Injektionsverfahren deutlich verbessern lassen, denn bekanntermaßen lassen sich Injektionsverfahren stets dort schwer einsetzen, wo sie eigentlich am Notwendigsten sind: in stark durchfeuchteten Mauerwerken. Die Ergänzungen zielen darauf ab, das Mauerwerk vorab thermisch so zu behandeln, dass in den Bereichen, in denen die Injektionsmittel eingesetzt werden sollen, vorab die Senkung des Durchfeuchtungsgrades herbeigeführt wird. Von allen Verfahren ist die thermisch konvektive Vortrocknung offensichtlich am effektivsten.

4. Grundübel Planungsfehler

Aus der langjährigen Praxis der Beobachtung von Instandsetzungen schälen sich folgende Planungsfehler heraus, die immer wieder gemacht werden und einfach unausrottbar scheinen:

- fehlende Sachkenntnis der Architekten/Bauingenieure. Dies ist auf eine zu kurze (bzw. völlig unterbliebene) Ausbildung in den Naturwissenschaften und im Bautenschutz zurückzuführen. Obwohl ca. 60 Prozent der Bauleistungen im Bestand erbracht werden, sind Hochschulausbildungen immer noch auf den Neubau fixiert. Gelegentlich gibt es Vertiefungen in der Stadt- und Gebäudesanierung (Vorschlag: Anzustrebendes Ziel = Dipl.- Ingenieur für Holz- und Bautenschutz).
- Obwohl es mittlerweile zum Stand der Technik gehört, Voruntersuchungen durchzuführen (siehe OLG Hamm), wird fast immer darauf verzichtet. Angeblich werden bauwerksdiagnostische Leistungen (Fachplanungen) zu teuer. Nach diesem Urteil ist der Untersuchungsverzicht eine fahrlässige Handlung des Architekten. Das genaue Gegenteil ist aber der Fall, denn solche Untersuchungen rechnen sich in jedem Fall, wie konkrete Beispiele zeigen.
- Während der Planungsphase wird immer mehr auf Probeinstandsetzungen verzichtet.
- Aus Gründen der Kostenersparnis gehen Planer immer häufiger den Weg, diejenigen Firmen mit (natürlich kostenlosen) Voruntersuchungen zu betrauen, die später das Material liefern sollen. Dieses sind dann nichtneutrale Planungen, bei denen z.B. schon vorher feststeht, welche Injektionsmittel und welche Putze verwendet werden sollen.
- Hersteller gehen immer mehr dazu über, dem Planer Bauprodukte oder Instandsetzungsverfahren zu empfehlen, die durch Scheingutachter beurteilt und zur breiten Anwendung empfohlen werden.
- Hersteller/Verkäufer führen vielfach ihre Instandsetzungserfolge listenmäßig dem Planer vor, um ihn im Planungsprozess zu beeinflussen. Solche Referenzlisten sind vielleicht ein Arbeitsnachweis, aber keineswegs ein überzeugendes Argument für eine tatsächliche Wirksamkeit.
- Planer ziehen für die Instandsetzung sehr häufig Materialien oder Verfahren heran, die vollkommen ungeeignet sind.

- Im Zuge der Planungsprozesse werden Instandsetzungsverfahren oder Materialien ausgewählt, die zwar ansonsten geeignet sind, aber deren erforderliche Einsatzbedingungen unter den gegebenen Umständen nicht vorhanden sind.

5. Grundübel Ausführungsfehler

Aus der Beobachtung von Ausführungsleistungen stellen sich folgende Fehler heraus:

- Da die Arbeiten des Bautenschutzes heute von jedermann durchgeführt werden können, häufen sich Fehler. Es ist langsam an der Zeit, dass die Disziplin Bautenschutz zu einem Lehrberuf entwickelt wird (Vorschlag: anzustrebendes Ziel = Holz- und Bautenschützer).
- Viele Bautenschutzfirmen sind so klein, dass sie sich leider einseitig auf ein Verfahren der Instandsetzung orientieren und daher ein Interesse daran besitzen, dieses Verfahren auch überall einzusetzen, natürlich auch dort, wo es eigentlich gar nicht geeignet ist.
- In Verkennung der Komplexität maßen sich viele Ausführungsfirmen Planungsleistungen an. Häufig werden dann die Grenzen eigener Leistungsfähigkeit weit überschritten. Wer plant, muss dann auch alle Aufgaben eines Planers übernehmen, z. B. auch diejenigen, die auf die bauwerksdiagnostischen Voruntersuchungen entfallen.
- Vielfach wird von ausführenden Unternehmen (u.a. auch aus finanziellen Gründen) darauf verzichtet, rechtzeitig der Hinweispflicht zu genügen, wenn die erforderlichen Voraussetzungen für den Ansatzpunkt der eigenen Arbeiten nicht gegeben sind.

6. Grundübel ungeeignete Messgeräte an der falschen Stelle

6.1 Fehler bei der Analytik der Feuchtigkeitsquellen

In ca. 80 Prozent aller Fälle wird Bauwerkstrockenlegung betrieben, ohne überhaupt mit Hilfe bauwerksdiagnostischer Methoden (welche Methoden auch immer zum Einsatz kommen) eine Diagnose zu stellen. Daher erklären sich auch die vielen Fehlschläge, denn es werden in der Folge falsche Instandsetzungen vorgenommen. In den verbleibenden ca. 20 Prozent aller Fälle wird mit bestimmten Methoden diagnostiziert, um gezielt vorgehen zu können. Diese Vorgehensweisen teilen sich nach Schätzungen des Autors wie in Tabelle 6 gezeigt auf.

6.2 Vertikale und horizontale Feuchtigkeitsprofile

Die Quellen der Feuchtigkeit können nur eindeutig ermittelt werden, wenn vertikale und horizontale Feuchtigkeitsprofile für jede gewählte Messachse bestimmt und interpretiert werden können. Unterschieden werden kann nach folgenden grundsätzlichen Fällen (Tab. 7).

Dazu ist zu bemerken, dass in praktischen Fällen oft nicht nur eine Feuchtigkeitsquelle vorhanden ist. In der Regel überlagern sich mehrere Quellen so miteinander, dass es notwendig ist, diese voneinander zu trennen.

Tab. 6: Vorgehensweise bei der Feuchtigkeitsdiagnostik

Schätzung	Vorgehensweise	Bewertung
80 %	Keine Untersuchungen	Abzulehnen
12 %	Einsatz von ungeeigneten Handgeräten	Abzulehnen, weil unsinnig
4 %	Materialanalysen von Produktherstellern	Abzulehnen, weil nicht neutral
2 %	Systematische Bohrkern – Analysen durch Fachplaner	Zu begrüßen, reicht aber nicht aus
1 %	Einsatz von Messverfahren aus der Forschung	Zu begrüßen, wird leider zu selten wahrgenommen,
1 %	Einsatz von Messverfahren aus der Forschung zur tomografischen Analytik	Wünschenswert, liefert aus tomografischen Darstellungen jeden Gradienten zur Feuchtigkeitsverteilung

Tab. 7: Feuchtigkeitsquellen und Feuchtigkeitsprofile

Feuchtequellen	Feuchteprofile	
	vertikale	horizontale
Vertikal aufsteigend	von unten nach oben abnehmende Feuchte	–
seitlich von außen eindringend	–	von der äußeren Oberfläche nach innen abnehmende Feuchte
seitlich von innen eindringend		von der inneren Oberfläche nach innen abnehmende Feuchte
vertikal aufsteigend u. seitlich eindringend	von unten nach oben abnehmende Feuchte	von der äußeren/inneren Oberfläche nach innen abnehmende Feuchte

6.3 Beispiele zur Feuchtigkeits-Tomografie

Mit Hilfe einer im NF-Bereich arbeitenden Feuchtigkeitsmessanlage können Feuchtigkeitsgradienten analysiert werden, wobei die Materialprobenentnahmen auf ein Minimum zu reduzieren sind. Proben sind zu entnehmen, um die Messeinrichtung zu kalibrieren.

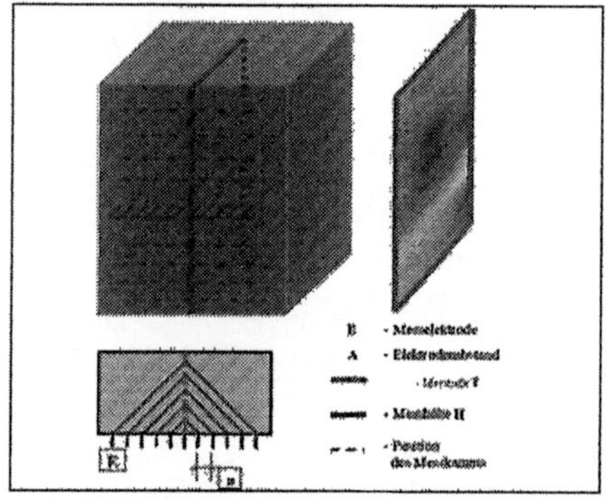

Abb. 2: Messprinzip Feuchtigkeits-Tomografie

6.3.1 Fürstenhof Wismar

Während in der Außenwand der Einfluss der aufsteigenden und seitlich eindringenden Feuchtigkeit eindeutig dominiert (Abb. 3), sehen die Verhältnisse bauwerksinnenseitig anders aus. Ein Mittelpfeiler eines gotischen

Abb. 3: Fürstenhof Wismar, Außenwand

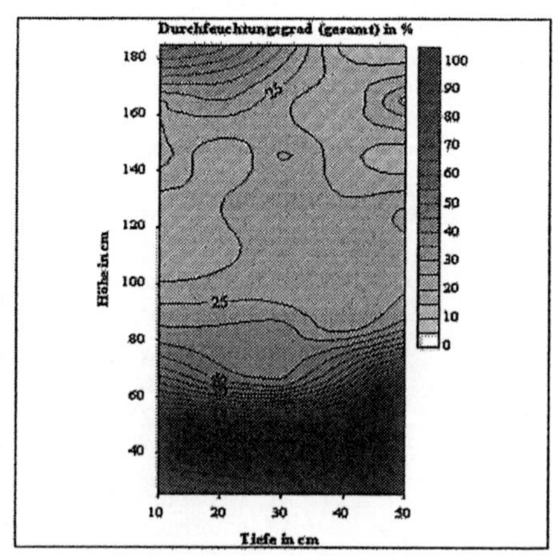

Gewölbes weist naturgemäß keine seitlichen Feuchtigkeitsbelastungen auf. Lediglich das Fundament des Pfeilers kann mit der Feuchte des Bodens in Verbindung treten, wenn welche vorhanden sein sollte. Es ist nicht davon auszugehen, dass eine horizontale Bauwerksabdichtung in einem derartigen historischen Bauwerk tatsächlich existiert. Die kleinen Feuchtigkeitsgehalte bzw. Durchfeuchtungsgrade sind darauf zurückzuführen, dass ganz offensichtlich kaum ein ständiges Feuchtigkeitsangebot vorliegt (Abb. 4).

6.3.2 Lilienthal-Gymnasium, Anklam

Diese Messachse im Kellergeschoss zeigt im unteren Messbereich des Tomogramms hohe Durchfeuchtungsgrade in der Nähe von 100 Prozent. Bohrkernentnahmen im gleichen Bereich weisen in der Entnahmehöhe von 12 Zentimetern über dem Fußbodenniveau gravimetrisch ermittelte Durchfeuchtungsgrade zwischen 94 und 99 Prozent auf. Diese nehmen im Kern mit zunehmender Höhe rasch ab. Die Ergebnisse verdeutlichen, dass innenseitig kein Einfluss von seitlich eindringender Feuchte vorhanden ist (Abb. 5).

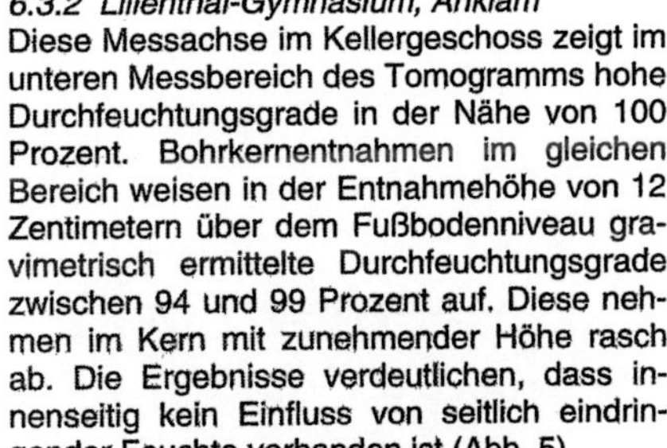

Abb. 4: Fürstenhof Wismar, Pfeiler innen

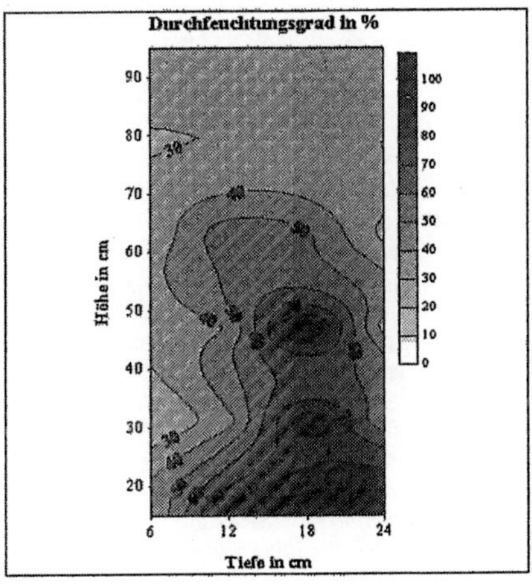

Abb. 5: Lilienthal – Gymnasium, Anklam

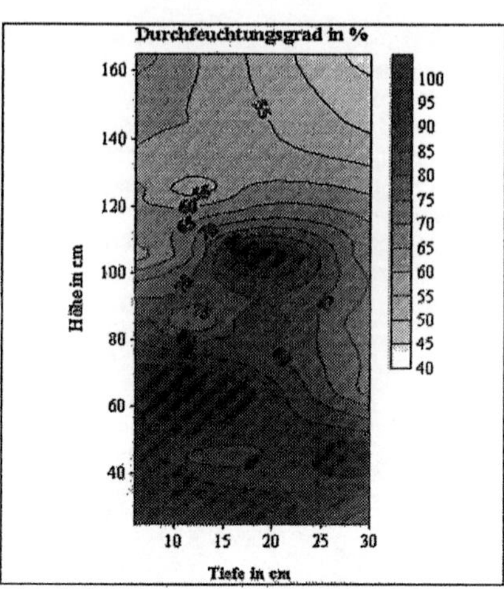

Abb. 6: Pestalozzi-Schule, Neubrandenburg

6.3.3 Pestalozzi-Schule, Neubrandenburg
Diese Messachse liegt im Kellergeschossbereich, dessen Fußbodenhöhe ca. 160 Zentimeter unterhalb des Terrains liegt. Dem Kellergeschossbereich ist außen ein ca. 120 Zentimeter tiefen Graben vorgelagert, der den Einfluss von seitlich eindringender Feuchtigkeit im oberen Bereich ausschließt. Deutlich ist die intensive Durchfeuchtung in den Tomogrammen zu erkennen. Die Durchfeuchtungsgrade erreichen maximal ca. 95 Prozent. Durchbohrungen des Wandquerschnitts bestätigen diese Untersuchungen, denn diese liegen in der Höhe von 25 Zentimeter ü. OK Fußboden zwischen 83 und 98 Prozent und in der Höhe von 100 Zentimeter zwischen 65 und 91 Prozent (Abb. 6).

6.3.4 Burmeister-Haus, Stralsund
Die Messachse bezieht sich auf die straßenseitige Giebelfront im Kellergeschoss. Während rauminnenseitig relativ geringe Feuchtegehalte festzustellen sind, nehmen diese mit zunehmender Tiefe zu. Dieses hängt mit einem Kellerraum zusammen, der dem Bauwerk vorgelagert ist und gegenwärtig quasi unterhalb des Gehweges liegt. Dieser wurde vor längerer Zeit aufgegeben und mit Erdstoffen verfüllt, die Feuchtigkeit speichern. Infolge fehlender vertikaler Bauwerksabdichtungen führt diese Feuchtigkeit zu einer Belastung des Mauerwerks. Im Zuge von Bohrungen konnten steigende aktuelle Feuchtigkeitsgehalte von 4-14 Masseprozent (in 35 cm Höhe) und von 4-12 Masseprozent (in 115 Zentimeter Höhe) zum Vergleich ermittelt werden, die beide die elektrisch gemessenen Ergebnisse bestätigen (Abb. 7).

6.3.5 St.-Petri-Kirche, Hamburg
Das Tomogramm weist auf Inhomogenitäten hin, die im Tiefenbereich zwischen 12 und 25 Zentimeter anzutreffen sind. An diesen Stellen sind nicht gebrannte Ziegel anzutreffen, die in der Lage sind, eine große Menge an bauschädigenden Salzen in Verbindung mit Feuchtigkeit aufzunehmen. Die hohen Feuchtekonzentrationen stehen in keinem Zusammenhang zu anderen Feuchtigkeitsquellen (Abb. 8). Es liegen weder die Einflüsse aufsteigender noch seitlich eindringender Feuchtigkeit vor.

Leider wird immer wieder ungenau argumentiert, wenn die Genauigkeit von Feuchtigkeitsmessverfahren miteinander verglichen wird. Insbesondere versuchen die Hersteller von HF-Feuchtigkeitsmessverfahren immer wieder, zu betonen, dass ihre Geräte sich besonders günstig verhalten, wenn Störeinflüsse (wie zum Beispiel lösliche Salze) vorhanden sind. Vergleichende Untersuchungen

Aktueller Feuchtegehalt in m.-%

Höhe in cm

Tiefe in cm

Abb. 7: Burmeisterhaus, Stralsund

Durchfeuchtungsgrad in %

Höhe in cm

Tiefe in cm

Abb. 8: Kirche St. Petri, Hamburg

mit verschiedenen Messverfahren an ein und demselben Ort weisen auf gravierende Abweichungen hin. Selbst das Mikrowellen-Feuchtigkeitsmessgerät nach Göller/Leipzig liefert ebenso deutliche Abweichungen gegenüber der gravimetrischen Feuchtigkeitsbestimmung, wie die Gann-Hydromette (Abb. 9).

Die größte Genauigkeit wird bei der Verwendung der gravimetrischen Feuchtigkeitsmessverfahren erreicht. Alle anderen Verfahren sind sehr problematisch. Mit dem Verfahren der Feuchtigkeits-Tomografie geht es den Anwendern nicht in erster Linie um höchste Genauigkeit, sondern um die störungsfreie Erkennung von Feuchtigkeitsgradienten.

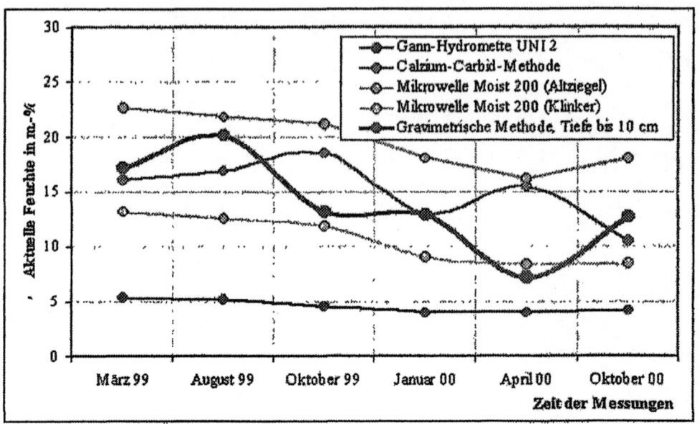

Abb. 9: Vergleich verschiedener Messverfahren an einem Messort

6.4 Methoden zur Analytik der Versalzungen

In der Praxis der Feuchte- und Salzanalytik hat sich die Vorgehensweise mittlerweile vollkommen durchgesetzt, fotometrische Methoden zur Bestimmung der Anionen: Sulfate, Chloride, Nitrate und (gelegentlich auch) Carbonate einzusetzen. Von der Größe dieser Salzkonzentrationen werden Schlussfolgerungen zur Notwendigkeit bestimmter Instandsetzungsmaßnahmen gezogen. Graduierungen zur leichten, mittleren und starken Versalzung von Mauerwerken gestatten in Verbindung mit Informationen zur hygroskopischen Gleichgewichtsfeuchte die Ausarbeitung eines objektspezifischen Instandsetzungskonzeptes.

Alte klassische Vorgehensweisen, wie zum Beispiel halbquantitative Methoden der Anionenbestimmung mit Hilfe von Papierstreifen sind zu ungenau und sollten nicht mehr zur Anwendung kommen. Ebenso sind klassische nasschemische Verfahren untypisch geworden in der praktischen Bauwerksdiagnostik.

7. Literatur

Die im Verlaufe der Arbeit genannten Quellen sind über die Autorennamen gekennzeichnet worden. Jederzeit besteht die Möglichkeit, bei Bedarf die Quellen bei den Autoren anzufragen.

Angegeben werden hier an dieser Stelle lediglich erst in jüngster Zeit erschienene Arbeiten.

- Kaps, Ch.; Buchwald, A.; Li, L.Y.: Zum Einfluss von elektrischen Gleichfeldern auf die Entsalzung von feuchten Ziegeln in einer Dreischeibenanordnung. Vortrag anlässlich des Workshops Feuchte- und salzbelastete Mauerwerke – Möglichkeiten und Grenzen elektroosmotischer Beeinflussung am 14./15. September 2000 in Wismar. Schriftenreihe Altbauinstandsetzung Heft 2, Verlag Bauwesen, Berlin 2001
- Venzmer, H. (Hrsg.): Feuchte- und salzbelastete Mauerwerke – Möglichkeiten und Grenzen elektroosmotischer Beeinflussung. Workshop, Hochschule Wismar am 14./15. September 2000. Schriftenreihe Altbauinstandsetzung H. 2, Verlag Bauwesen, Berlin 2001
- Venzmer, H.; Lesnych, N. und Kots, L.: Modellversuche zum Trocknungsverhalten sanierputzbeschichteter Ziegel. Vortrag anlässlich der 9. Hanseatischen Sanierungstage Kühlungsborn, 1998, Putzinstandsetzung (Hrsg. H. Venzmer), FAS-Schriftenreihe Heft 9, Verlag Bauwesen Berlin, 1998
- Venzmer, H. (Hrsg.): Lexikon Mauerwerk – Von der Diagnostik bis zur Instandsetzung, Verlag Bauwesen, Berlin 2001

Bauteilbeheizung als Maßnahme gegen aufsteigende Feuchtigkeit

Professor Dipl.-Ing. Axel C. Rahn, Berlin

1. Einleitung

Bei der Sanierung historischer Gebäude wird als Maßnahme zur Mauerwerkstrockenlegung die Bauteilbeheizung bzw. Bauteiltemperierung propagiert. Der vorliegende Beitrag hat zum Ziel, die realen Möglichkeiten und Grenzen einer Bauteilbeheizung im Rahmen der Bauwerkssanierung zu verdeutlichen. Hierzu wird zuerst das von den Befürwortern der Bauteilbeheizung als Maßnahme gegen aufsteigende Feuchtigkeit propagierte Wirkprinzip vorgestellt. Anschließend werden die Grundlagen des Feuchtetransports zusammengefasst und abschließend das propagierte Verfahren bewertet und die Möglichkeiten und Grenzen der Bauteilbeheizung dargestellt.

2. Propagiertes Wirkprinzip der Bauteilbeheizung als Maßnahme gegen aufsteigende und horizontal eindringende Feuchtigkeit

Abb. 1 ist einer Veröffentlichung entnommen, die sich dem Thema "Die Temperierung – Verfahren zur Feuchte- und Schadsalzsanierung, Klimastabilisierung und Raumbeheizung mit Hilfe von Sockelheizrohren" befasst [1]. Bei dem Verfahren werden im raumseitigen Sockelbereich erdberührter Wände Heizrohre angeordnet, die anfangs mit einer Vorlauftemperatur von θ = 50 °C und später mit einer Vorlauftemperatur von ungefähr θ = 30 °C betrieben werden. Hinsichtlich der Wirkung dieser Sockelbeheizung werden Primär- und Sekundäreffekte beschrieben, die ich nachfolgend zusammenfassend zitiere:

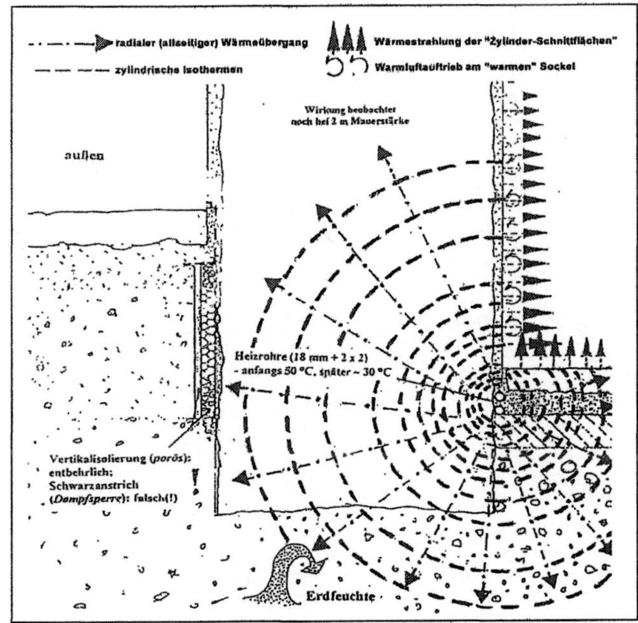

Abb.1: Zeichnerische Darstellung des Wirkprinzips der Bauteilbeheizung als Maßnahme gegen aufsteigende und horizontal eindringende Feuchtigkeit (aus [1])

Zu den Primäreffekten *gehört die Sockeltrocknung, die durch eine radiale Wasserverdrängung nach mechanischer Überwindung der Haftung des Wasser-Dipols sowie durch Verdunstung gegen Außenluft erfolgen soll. Ferner wird eine Wärmeakkumulation in Form zylindrischer Isothermen beschrieben, wodurch auch eine Heizwirkung infolge verstärkter Infrarotstrahlung auf den Raum auftreten soll. Durch diese Erwärmung des Bauteils und die Verdrängung des Wassers soll eine Inaktivierung der Bauteilsalze durch mechanische Abstoßung der Wassermoleküle dank höherer Wärmeschwingung der Salzmoleküle die Folge sein, wodurch eine schadensfreie Salzkristallisation im Inneren bzw. zeitweilige unschädliche Ausblühungen an der Oberfläche die Folge sind.*

Als Sekundäreffekt *wird ein Warmluftauftrieb durch Verstärkung der Molekularschwingung der sockelnahen Luftschicht als Folge der vergrößerten Schwingungsamplitude der Oberflächenmoleküle des Sockels, d. h. unabhängig von der Wärmestrahlung, beschrieben. Hieraus soll auch eine Heizwirkung infolge der Erhöhung der Oberflächentemperatur der Wand als Folge dieser Minimalkonvektion erfolgen. Des Weiteren wird von einer Wandtrocknung ausgegangen infolge Wasserverdrängung gegen Außenluft durch den in das Bauteil hinein wirksamen Wärmefluss. Unabhängig hiervon wird ein Kondensatschutz infolge mechanischer Abwehr des Dipol-Effektes der Wasserdampf-Moleküle der Raumluft durch die vergrößerte Amplitude der Oberflächenmoleküle der Wandfläche vorausgesagt. Des Weiteren soll durch diese Maßnahme eine verbesserte "Wärmedämmung" durch die geringere Baustoff-Feuchte erreicht werden. Ferner wird ausgesagt, dass bei einer entsprechenden Sockelbeheizung von Wänden mit einer Wanddicke von d ≈ 2 m die o. g. Effekte noch beobachtet werden konnten. Der Abb. 1 ist zudem der Hinweis zu entnehmen, dass eine Vertikalabdichtung poröser Art oder bituminöser Art entbehrlich oder sogar falsch ist.*

3. Grundlagen des Feuchtetransports

Bevor man sich im Einzelnen mit derartigen Verfahren auseinandersetzt, ist eine Kenntnis der bauphysikalischen Grundlagen erforderlich. Hierzu gehört zum einen die Kenntnis der Wechselwirkung zwischen Umgebungsklima und Bauteilen und zum anderen die Kenntnis des Feuchtetransports in porösen Baustoffen.

3.1 Wechselwirkung zwischen Umgebungsklima und Bauteilen

Im Hinblick auf die hygrische Wechselwirkung zwischen Umgebungsklima und Bauteilen ist es von besonderer Bedeutung, dass sich die Luft nicht nur aus einer Reihe von Gasen, sondern auch aus Wasserdampf zusammensetzt. Hierbei ergibt sich das Problem, dass die maximal aufnehmbare Wasserdampfmenge *(Sättigungsfeuchte [c_S (g/m^3)])* von der Temperatur abhängig ist. Dies wird durch Abb. 2 verdeutlicht. Die Grenzlinie zwischen dem grau unterlegten und dem weißen Bereich stellt hier den Verlauf der Sättigungsfeuchte dar. Der Abb. 2 kann entnommen werden, dass bei einer Lufttemperatur von θ = 20 °C die Sättigungsfeuchte c_s = 17,3 g/m³ beträgt. D.h. die Luft kann bei θ_L = 20°C maximal c_s = 17,3 g/m³ Wasserdampf aufnehmen. Demgegenüber kann Luft bei einer Temperatur von θ = 0 °C lediglich eine Wasserdampfmenge von maximal c_s = 4,85 g/m³ binden. Analog zur Sättigungsfeuchte verhält sich der durch den Wasserdampf verursachte Partialdampfdruck.

Im Gegensatz zur Sättigungsfeuchte gibt die *absolute Luftfeuchte [c_a(g/m^3)]* an, wie viel Wasserdampf in g/m³ in der Luft aufgrund der äußeren Randbedingungen real enthalten ist.

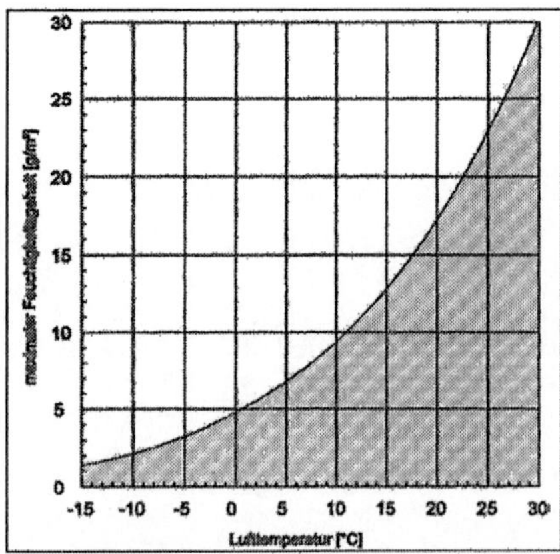

Abb. 2: Darstellung des maximalen Feuchtegehaltes der Luft in Abhängigkeit von der Lufttemperatur

Die *relative Luftfeuchte [φ(%)]* ergibt sich schließlich als Quotient von absoluter Luftfeuchte und Sättigungsfeuchte.

Die vorangehenden Definitionen verdeutlichen im Zusammenhang mit Abb. 2, dass bei gleicher relativer Luftfeuchte kalte Luft, absolut betrachtet, stets trockener ist als warme Luft. Hieraus lässt sich der Umkehrschluss ziehen, dass die relative Luftfeuchte eines gegebenen Luftvolumens beim Abkühlen stetig ansteigt. Die Temperatur, bei der die relative Luftfeuchte einen Wert von g=100 % annimmt, wird *Taupunkttemperatur [θ_s(°C)]* genannt. Zur *Vermeidung von Tauwasseranfall* auf raumseitigen Bauteiloberflächen ist es somit erforderlich, dass die raumseitigen Bauteiloberflächen eine höhere Temperatur aufweisen als die Taupunkttemperatur des Umgebungsklimas.

Kapillarporöse Baustoffe haben zudem die Eigenschaft, in Abhängigkeit von dem Klima, dem sie ausgesetzt sind, Feuchtigkeit aufzunehmen oder abzugeben. Dies begründet sich dadurch, dass die in den Kapillaren/Poren enthaltene Luft in Wechselwirkung mit dem Raumklima steht. Hierbei können sich an den oberflächennahen Stoffflächen, abhängig von der relativen Luftfeuchte, Wassermoleküle anlagern *(Adsorption)*. Ebenso ist dies auch im Inneren der Stoffe möglich *(Kapillarkondensation)*. Adsorption und Kapillarkondensation werden auch unter dem Begriff *Sorption* zusammengefasst. Hierbei differenziert man zwischen der *Absorption* (Feuchteaufnahme des Baustoffes) und der *Desorption* (Feuchteabgabe des Baustoffes).

Das Sorptionsverhalten von Stoffen wird durch deren Porenstruktur und -größe geprägt. In Abb. 3 ist exemplarisch das Absorptionsverhalten unterschiedlicher Stoffe bei konstanter Temperatur dargestellt. Das Bild zeigt, dass, in Abhängigkeit von dem Bereich der möglichen Feuchteschwankung, unterschiedliche Baustoffe unterschiedlich viel Feuchtigkeit durch Absorption aufnehmen und durch Desorption abgeben können. Im Hinblick auf die Vermeidung von Oberflächenschäden ist das Sorptionsverhalten von besonderer Bedeutung. Dies begründet sich dadurch, dass es infolge der Sorption zu einer Feuchteanreicherung in den oberflächennahen Kapillaren kommen kann, wodurch unterschiedlichste Schadensbilder hervorgerufen werden können. Zum einen kann die Ansiedlung von Schimmelpilzen erfolgen, zum anderen können in Beschichtungen hygrisch bedingt Spannungen auftreten, die zu einem Ablösen dieser führen können.

Neben diesem baustoffbedingten, klimaabhängigen Feuchteaufnahme- und Feuchteabgabeverhalten muss auch das hygroskopische Verhalten bauschädlicher Salze berücksichtigt werden, sofern eine Kontamination gegeben ist. Das hygroskopische Verhalten von bauschädlichen Salzen ist dadurch geprägt, dass in Abhängigkeit von der relativen Luftfeuchte im Bauteil eingelagerte Salze Feuchtigkeit aufnehmen und somit in Lösung gehen können oder Feuchtigkeit abgeben und somit auskristallisieren. Die Kristallisation ist hierbei mit einer Volumenvergrößerung verbunden, die zu einer mechanischen Beanspruchung des Baustoffs führt und auf Dauer Schäden verursacht.

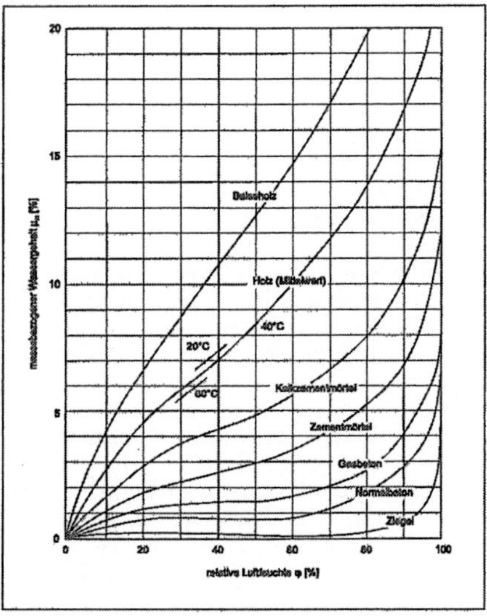

Abb. 3: Absorptionsverhalten unterschiedlicher Stoffe bei konstanter Temperatur; aus [15]

3.2 Feuchtetransport in porösen Stoffen

Zum Thema "Feuchtigkeitstransport in porösen Stoffen" liegen eine Vielzahl nationaler und internationaler Forschungsberichte, Dissertationen und Veröffentlichungen vor (exemplarisch [2-6]).

Grundsätzlich lässt sich aussagen, dass der Feuchtehaushalt im Inneren eines Bauteils in

Wechselbeziehung zu den thermischen und hygrischen Bedingungen seiner Umgebung steht, wie dies auch vorangehend erläutert wurde. Analog zum Wärmetransport wird auch der Feuchtetransport nur ausgelöst, wenn ein Potentialgefälle vorliegt. Das heißt, ein Feuchtetransport tritt nur dort auf, wo ein Feuchtegefälle vorliegt. Hierbei sind folgende Mechanismen des Feuchtetransports bekannt:

- Diffusion
- Kapillarität
- Strömung
- Elektrokinese

Diffusion beschreibt den Massetransport, der infolge von Konzentrationsunterschieden auftritt. Trennt ein Bauteil zwei Halbräume mit unterschiedlichen Wasserdampfkonzentrationen voneinander ab, kommt es über das trennende Bauteil zu einem Feuchtestrom, der durch das Bestreben des Dampfdruckausgleiches ausgelöst wird. Die Größe des hierbei auftretenden Feuchtestroms hängt zum einen von der Dampfdruckdifferenz und zum anderen von der Art und Beschaffenheit der Baustoffe des Bauteils ab (Diffusionswiderstand). Der Diffusionsstrom ist stets vom Bereich des höheren Wasserdampfdruckes zum Bereich des niedrigeren Wasserdampfdruckes gerichtet.

Unter dem Begriff *Kapillarität* fasst man diejenigen physikalischen Erscheinungen bei Flüssigkeiten zusammen, welche von der spezifischen Kraftwirkung an der Oberfläche der Flüssigkeit maßgeblich beeinflusst werden. Die diese Erscheinungen verursachende Kraftwirkung nennt man Grenzflächenspannung. In Abhängigkeit von der Art und der Größe der Kapillaren kommt es durch diese Grenzflächenspannung zu einer Art Saugwirkung bei porösen Baustoffen, sofern diese mit Wasser in flüssiger Form benetzt werden.

Zur *Strömung* in Baustoffporen und Kapillaren kann es kommen, sofern diese mit Wasser gesättigt sind und ein hydrostatischer Druck einseitig wirkt.

Mit *Elektrokinese* wird der Feuchtetransport in wassergesättigten feinporigen Stoffen bezeichnet, der durch ein elektrisches Gleichspannungsgefälle ausgelöst wird. Die Elektrokinese ist jedoch nur bei sehr feinporigen Stoffen möglich.

Diese zusammenfassend dargestellten Feuchtetransportvorgänge verdeutlichen die Komplexität des Feuchtetransports durch Baustoffe und Bauteile. Die Feuchtigkeitsaufnahme von Bauteilen kann hierbei kapillar, sorptiv oder hygroskopisch erfolgen. Der Feuchtetransport im Bauteil selbst hängt von einer Reihe von Randbedingungen ab, wobei Strömung, Kapillarleitung und Diffusion nur in seltenen Fällen als eigenständige Mechanismen auftreten. Maßgeblich für den Feuchtetransport in porösen Stoffen ist hierbei, dass entweder ein Dampfdruckgradient oder ein hydrostatischer Druck als Antrieb für den Feuchtetransport vorliegen muss. Die Elektrokinese kann demgegenüber nur bei sehr feinporigen Stoffen auftreten, sofern eine entsprechend gerichtete Gleichspannung anliegt.

4. Möglichkeiten der Bauteilbeheizung

4.1 Theoretische Grundüberlegungen

Die vorangehenden Erläuterungen verdeutlichen die physikalischen Vorgänge hinsichtlich der Feuchtigkeitsaufnahme und des Feuchtigkeitstransports in Baustoffen und Bauteilen. Nun ergibt sich die Frage, welcher dieser beschriebenen Vorgänge sich durch eine Bauteiltemperierung beeinflussen lässt.

Betrachten wir zuerst die Wechselwirkung zwischen Umgebungsklima und Bauteilen. Durch eine Beheizung von Bauteiloberflächen kann sichergestellt werden, dass die Oberflächentemperaturen im Hinblick auf die Vermeidung von Tauwasseranfall und Oberflächenschäden den Umgebungsklimabedingungen angepasst werden. Ziel der Beheizung ist es hierbei, z. B. eine Unterschreitung der Taupunkttemperatur im Bereich von Bauteiloberflächen zu vermeiden. Über derartige Anwendungen liegen entsprechende Veröffentlichungen und Erfahrungsberichte vor [10, 11].

Befassen wir uns als nächstes mit dem Feuchtetransport in Baustoffen und Bauteilen. Geht man hierbei von einem durchfeuchteten Bauteil aus, das durch geplante bzw. bereits ausgeführte Bauwerkssanierungsmaßnahmen *keine weitere Feuchtigkeitszufuhr* von außen erfährt, so wird durch eine Beheizung die Bauteiltemperatur und hiermit bedingt, der Temperaturgradient zwischen Bauteil und Umgebungsklima erhöht. Unter Berücksichtigung der sich aus Abb. 2 ergebenen Beziehung zwischen Temperatur und Sättigungsfeuchte hat diese Erhöhung des Temperaturgradienten auch eine Erhöhung des Dampfdruckgradienten zur Folge. Da die transportierte Feuchtigkeitsmenge proportional vom Wasserdampfdruckgradienten abhängt, kann somit unter der Voraussetzung, dass keine weitere Feuchtigkeitszufuhr erfolgt, eine Austrocknung des Bauteils bewirkt bzw. beschleunigt werden.

Dieses Grundprinzip liegt sowohl der von Balak und Fross [7] beschriebenen Mauerwerksentfeuchtung mittels Heizstabtechnik, als auch der thermisch konvektiven Trocknung, die von Hölzen [8] vorgestellt wurde und auf einer Forschungsarbeit von Dr. Friese beruht, zugrunde. Diese Art der Bauteiltrocknung durch Beheizung ist jedoch nur im kausalen Zusammenhang mit abdichtungstechnischen Sanierungsmaßnahmen, die die eigentliche Schadensursächlichkeit der von außen eindringenden Feuchtigkeit beheben, zu sehen.

Legt man den Betrachtungen nun zugrunde, dass das Bauteil aufgrund einer nicht funktionstüchtigen Bauwerksabdichtung eine *weitere Feuchtezufuhr* erfährt, ergibt sich ein komplexer Kreislauf. Für den unmittelbar beheizten Bereich kann davon ausgegangen werden, dass durch die Temperaturerhöhung auch eine Dampfdruckerhöhung erfolgt, und hierdurch ein Austrocknungsprozess der unmittelbar beheizten Zonen in Richtung der Dampfdruckgradienten eingeleitet wird. Hierdurch entsteht jedoch wieder ein neues Dampfdruckgefälle im Bauteil selbst, wodurch Diffusion und Kapillarleitung angeregt werden. Diesmal wirkt jedoch der Dampfdruckgradient von den nicht temperierten durchfeuchteten Zonen zu dem temperierten und ausgetrockneten Bereich. Das heißt, wenngleich die oberflächennahen Bauteilzonen vordergründig als trocken erscheinen, wird durch eine derartige Temperierung der Kapillartransport vom Erdreich ins Bauteilinnere angeregt, womit auch eine Beschleunigung möglicher Schadsalzreaktionen und hiermit verbundener Bauteilschädigungen einhergehen kann.

Abschließend muss man im Rahmen der theoretischen Grundüberlegungen zu den Möglichkeiten der Bauteilbeheizung auch die Auswirkung auf die Behaglichkeit betrachten. Zu den Grundlagen des bauphysikalischen Wissens gehört hierbei die Kenntnis, dass ein Wärmetransport immer nur dann ausgelöst wird, wenn ein Temperaturgradient vorliegt. Für den praktischen Fall bedeutet dies, je geringer der Temperaturgradient zwischen dem menschlichen Körper und einer Bauteiloberfläche ist, desto weniger Wärme wird dem menschlichen Körper durch Wärmestrahlung und Konvektion entzogen und desto behaglicher ist das Empfinden im Raum. Vor diesem Hintergrund kann durch eine Bauteiltemperierung die Behaglichkeit in einem Raum vom Grundsatz her positiv beeinflusst werden. Dies setzt jedoch im Regelfall eine flächige Beheizung der Bauteiloberflächen voraus und nicht, wie in dem propagierten Fall, nur eine Beheizung einer begrenzten Sockelzone.

4.2 Erkenntnisse einer Recherche

Zum Themenfeld "Bauteilbeheizung zur Mauerwerkstrockenlegung" liegt eine Literaturrecherche und Auswertung von Praxiserfahrungen zu Methoden der Temperierung an historischen Gebäuden vor [12]. Diese sehr umfassende Arbeit enthält sich jedoch im Hinblick auf das untersuchte Verfahren einer abschließenden Bewertung. Gleichwohl werden aus der Arbeit sehr interessante Aspekte ersichtlich. So kommt man zu dem Schluss, dass offensichtlich für keines der angeführten Referenzobjekte nachvollziehbare und nachprüfbare Untersuchungen hinsichtlich der ursprünglichen Schadensursache, der Sanierungskonzeption und des Sanierungserfolgs vorliegen. Vielmehr wird ersichtlich, dass die eigentliche Schadensursache bei ausgewählten Referenzobjekten strittig ist und die Schadensfreiheit nicht ohne weiteres auf die "thermische Horizontalsperre" sondern vielmehr auf die Anordnung eines Sanierputzes zurückgeführt werden könnte.

4.3 Erkenntnisse einer praktischen Überprüfung

Von Arendt wurden im Rahmen eines Forschungsvorhabens [13, 14] praktische Versuche durchgeführt. Arendt untersuchte hierbei zwei gleichartige Wandkonstruktionen, bei denen eine Wand als Maßnahme gegen aufsteigende Feuchtigkeit eine Bauteilbeheizung erhielt. Arendt stellte hierbei fest, dass eine Beeinflussung der Temperaturen an der Bauteiloberfläche sowie im Inneren des Bauteils erwartungsgemäß nachgewiesen werden konnte. Signifikant war die Temperaturerhöhung jedoch nur bis in eine Höhe von h ≈ 0,6 m über dem verlegten Heizkabel. Auch im Inneren der Testwand war der Einfluss der Beheizung lokal beschränkt. Bei einer Mauerwerkstiefe von t = 26 cm war eine Erwärmung des Bauteils nicht mehr messbar. Die im Rahmen der Untersuchungen durchgeführten Feuchtemessungen ergaben, dass nach einer Heizphase von vier Monaten lediglich im oberflächennahen Bereich eine Reduzierung des Feuchtegehalts festzustellen war. Des Weiteren zeigten die Untersuchungen, dass bei der beheizten Wand nach ca. drei Wochen erste Salzausblühungen auf der Wandoberfläche auftraten. Bei der Referenzwand wurden diese Salzausblühungen nicht festgestellt.

4.4 Rechnerische Überprüfung des Temperatur- und Wärmestromverhaltens

In Abb. 4 ist eine exemplarisch ausgewählte Wandkonstruktion sowie für deren Querschnitt und deren Oberfläche der im Rahmen einer Simulationsberechnung [9] ermittelte Temperaturverlauf dargestellt. Den Berechnungen wurde hierbei für einen Kellerraum eine Raumlufttemperatur von θ = +10°C und eine Erdreichtemperatur von θ = +8°C zugrunde gelegt. Wie zu erkennen ist, kann im unmittelbaren Bereich des angeordneten Heizmediums (Leistung: P = 15 W/m) eine deutliche Oberflächentemperaturerhöhung festgestellt werden. Diese nimmt mit zunehmendem Abstand entlang der Wandoberfläche asymptotisch ab. Über den Wandquerschnitt betrachtet, nimmt die Temperatur von der Bauteiloberfläche zum Heizmedium hin deutlich zu und fällt dann asymptotisch zum äußeren Bauteilrand hin recht rasch ab. Der Ausbreitungseffekt lässt sich im Bereich der Wandoberfläche näherungsweise mit Δb ≈ 60 cm und im Bereich des Wandquerschnitts näherungsweise mit Δb ≈ 30 cm abschätzen.

Die Berechnungsergebnisse verdeutlichen, dass, wenngleich örtlich begrenzt, eine deutliche Temperaturerhöhung im Bauteilquerschnitt bei vergleichsweise geringer Leistung erreicht werden kann, eine gleichmäßige Erwärmung über den gesamten Bauteilquerschnitt durch eine derartige Anordnung eines Heizrohres oder Heizbandes nicht möglich ist. Anhand des ermittelten Temperaturverhaltens lässt sich auch herleiten, dass von der unmittelbaren Beheizungszone aus bei entsprechend durchfeuchteten Bauteilen der Dampfdruckgradient deutlich erhöht werden kann, wodurch der Feuchtetransport von der Beheizungszone zur Umgebung beschleunigt wird.

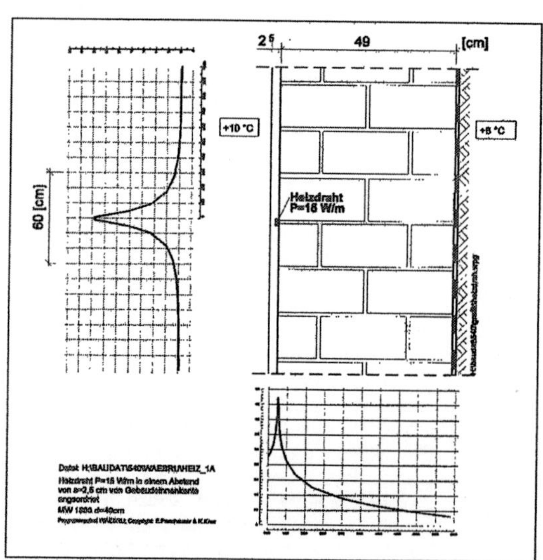

Abb. 4: Für eine exemplarisch ausgewählte Wand ermittelter Oberflächentemperaturverlauf und Querschnittstemperaturverlauf bei Beheizung mit einem Heizdraht mit einer Leistung von P = 15 W/m

4.5 Wirksame Bauteilbeheizungs-maßnahmen

Die vorangehenden Ausführungen verdeutlichen, dass eine Bauteilbeheizung als Maßnahme gegen kapillar aufsteigende oder kapillar eindringende Feuchtigkeit nicht geeignet ist. In diesen Fällen führt eine Bauteilbeheizung lediglich zu einer zeitweilig wirksamen, kostenintensiven Kaschierung, nicht jedoch zur Beseitigung des eigentlichen Schadensmechanismus.

Eine Bauteilbeheizung ist lediglich zur Sanierung nicht konventionell sanierbarer Wärmebrücken anzuraten [10, 11] sowie im Bedarfsfall zur Trocknung stark durchfeuchteter Bauteile im Vorfeld bzw. im Rahmen von Abdichtungssanierungsmaßnahmen [7, 8]. Nicht konventionell sanierbare Wärmebrücken können hierbei, z. B. bei historischen Gebäuden, auftreten. Erfahren derartige Gebäude eine Umnutzung oder sogar eine Vollklimatisierung, wie dies bei Museen üblich ist, können sich vorhandene Wärmebrücken, wie Fensterleibungen oder Gebäudekanten, schadensträchtig auswirken. In diesem Fall kann sich die Erfordernis ergeben, diese kritischen Bereiche zu beheizen, um Schäden zu vermeiden.

Eine Trocknung stark durchfeuchteter Bauteile im Vorfeld bzw. im Rahmen von Abdichtungssanierungsmaßnahmen kann notwendig werden, wenn als nachträgliche Querschnittsabdichtung ein Injektageverfahren in Betracht gezogen wird und der vorhandene Bauteilquerschnitt einen zu hohen Durchfeuchtungsgrad aufweist. In diesem Fall kann durch eine entsprechende Bauteiltrocknung der Durchfeuchtungsgrad derart abgesenkt werden, dass die erforderlichen Randbedingungen für eine erfolgreiche Injektage gegeben sind.

5. Zusammenfassung

Entsprechend dem Stand des Wissens lässt sich aussagen, dass durch eine Bauteilbeheizung das Temperaturverhalten von Bauteilen beeinflusst werden kann. Dies kann sich je nach Konzeption der Bauteilbeheizung in vielerlei Hinsicht positiv auswirken. Im Rahmen der Bauwerkssanierung hat sich die Bauteilbeheizung als Maßnahme zur Sanierung von Wärmebrücken bewährt. Ebenso können durch Beheizungsmaßnahmen Bauteilaustrocknungsprozesse bewirkt werden. Von einer Bewährung als Maßnahme gegen aufsteigende Feuchtigkeit kann jedoch nicht ausgegangen werden. Die dem Beheizungsprinzip von den Befürwortern zugrundegelegten Mechanismen entsprechen nicht dem Stand des Wissens hinsichtlich des Feuchtetransportes. Wenngleich durch eine Bauteilbeheizung nur im unmittelbaren Einflussbereich eine oberflächennahe Trocknung von Bauteilen erreicht wird, ist dies nicht die Folge einer thermischen Horizontal- und Vertikalsperre, sondern die Folge der Verlagerung der Verdunstungszone in den Bauteilquerschnitt infolge der Beheizung. Dies lässt sich nicht nur eindeutig anhand der theoretischen Grundlagen zum Feuchtetransport erklären, sondern wird auch durch die Versuche von Arendt und durchgeführte Berechnungen eindeutig bestätigt.

Unter Berücksichtigung dieser Erläuterungen muss die Anwendung einer Bauteilbeheizung als "thermische Horizontal- bzw. Vertikalsperre" als ungeeignet beurteilt werden.

6. Literatur

[1] Bayerisches Landesamt für Denkmalpflege, Landesstelle für die nichtstaatlichen Museen, "Temperierung - Verfahren zur Feuchte- und Schadsalzsanierung, Klimastabilisierung und Raumbeheizung mit Hilfe von Sockelheizrohren", 10/96

[2] Krischer O., Wissmann W., Kast W., "Feuchtigkeitseinwirkungen auf Baustoffe aus der umgebenden Luft", Gesundheitsingenieur, Heft 5, 1958

[3] Krischer O., Kast W., "Die wissenschaftlichen Grundlagen der Trocknungstechnik", Springer Verlag Berlin/Heidelberg/New York, 1978

[4] Kießl K., "Kapillarer und dampfförmiger Feuchtetransport in mehrschichtigen Bauteilen - Rechnerische Erfassung und bauphysikalische Anwendung", Dissertation Universität Essen (Gesamthochschule), 1983

[5] Künzel H. M., "Verfahren zur ein- und zweidimensionalen Berechnung des gekoppelten Wärme- und Feuchtetransports in Bauteilen mit einfachen Kennwerten", Dissertation Universität Stuttgart, 1994

[6] Krus M., "Feuchtetransport- und Speicherkoeffizienten poröser mineralischer Baustoffe - Theoretische Grundlagen und neue Meßtechniken", Dissertation Universität Stuttgart, 1995

[7] Balak M., Fross H., "Mauerwerksentfeuchtung mittels Heizstabtechnik - Altbausymposium anläßlich der Bautec 2000", Feuchte- und Altbausanierung e. V., Verlag Bauwesen Berlin, 2000

[8] Hölzen F.-J., "Thermische und konvektive Trocknung von Mauerwerk - Altbausymposium anläßlich der Bautec 2000", Feuchte- und Altbausanierung e. V., Verlag Bauwesen Berlin, 2000

[9] Panzhauser, Heindl, Kreč, "WAEBRU V 6.0, Computerprogramm zur Berechnung mehrdimensionaler Wärmeströme und Temperaturverteilung in Bauteilen und Baukonstruktionen mit Wärmebrücken", 1997

[10] [10] Cziesielski E., Rahn A., "Nachbesserung von Wärmebrücken durch Beheizung - Aachener Bausachverständigentage 1992", Bauverlag, 1992

[11] Rahn A., Müller M., "Möglichkeiten der Bauteiltemperierung im Rahmen der Bauwerkssanierung - Altbausymposium anläßlich der Bautec 2000", Feuchte- und Altbausanierung e. V., Verlag Bauwesen Berlin, 2000

[12] Zmeck, M., "Temperierung - Literaturrecherche und Praxiserfahrung zu Methoden der Temperierung an historischen Gebäuden", ZHD-Projektbericht, 1998

[13] Arendt, C., "BMFT-Forschungsvorhaben Bau 5030 A - Diagnose und Therapie überhöhter Feuchte-/Salzbelastung in historischen Mauerwerkskomplexen", Oktober 1994

[14] Arendt, C., Seele J., "Feuchte und Salze in Gebäuden - Ursachen, Sanierung, Vorbeugung", Verlagsanstalt Alexander Koch, 2000

[15] Albrecht W., Steinbach W., Henkel F., Künzel H., "Berichte aus der Bauforschung - Heft 42: Außenputze, Innenputze, Außenverkleidungen", Wilhelm Ernst & Sohn, 1965

Der Aussagewert und die Praxistauglichkeit von Feuchtemessmethoden bei aufsteigender Feuchtigkeit

Dr.-Ing. Claus Arendt, Architekt, Schliersee

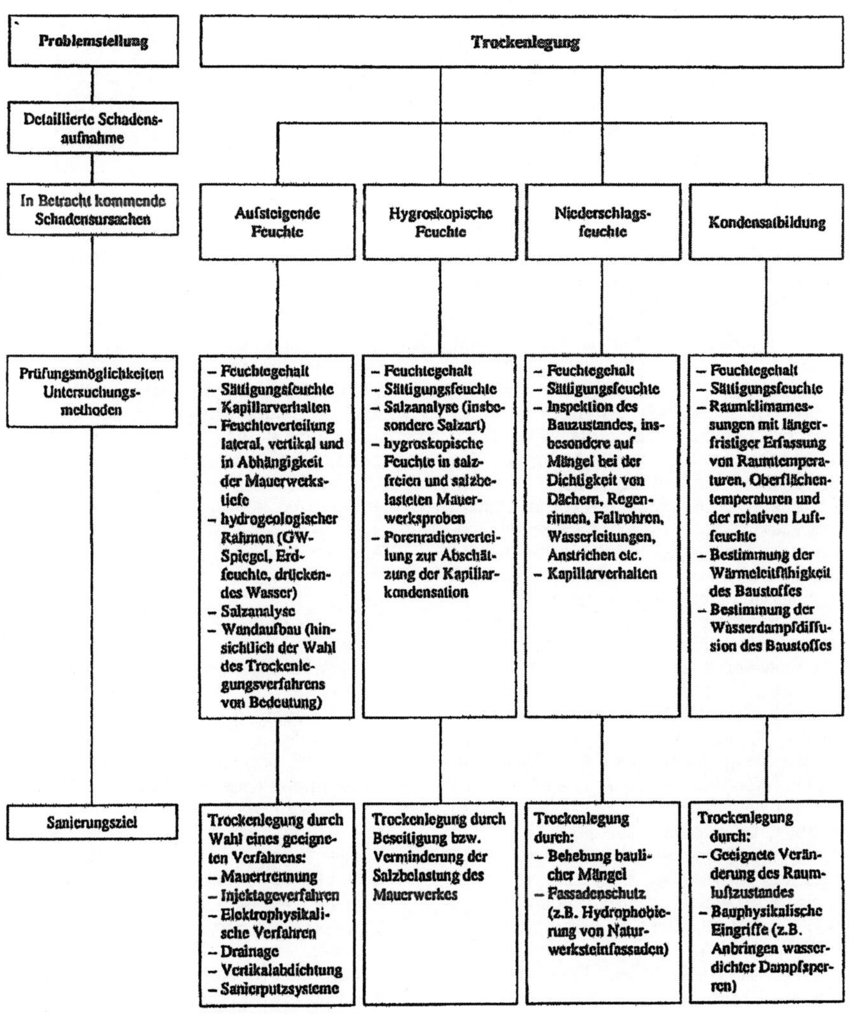

Abb. 1: Vorgehensschema bei Feuchteschäden

Zur Messung der aufsteigenden Feuchtigkeit sowie anderer Durchfeuchtungsursachen von Bauteilen wird eine Vielzahl von Verfahren angeboten. Bevorzugt werden davon oft zerstörungsfreie oder besonders zerstörungsarme Messverfahren wie Messung des *elektrischen Widerstands*, der *Dielektrizitätskonstanten* sowie *Mikrowellengeräte*, *Neutronenmessgeräte*, Geräte unter Einsatz von *Radar* oder *Ultraschall* und die *Thermographie*.

Ein weiterer Vorteil dieser Methoden ist, dass ihre Ergebnisse direkt vor Ort gewonnen werden und damit auch sofort zur Verfügung stehen. Leider haben sie alle ihre spezifischen Mängel und Unsicherheiten und sind deshalb für die Baupraxis – insbesondere als Grundlage für Sanierungsaufgaben an hochwertiger Bausubstanz – weniger geeignet als beispielsweise für die Kontrolle einer Trockenlegungsmaßnahme oder für die Feststellung von Feuchtetrends. Besser geeignet ist bereits das *CM-Gerät*, mit dem bei sorgfältigem Arbeiten für die Materialfeuchte ausreichend genaue Werte für die Praxis erzielt werden.

Die genauesten Werte, vor allem ihre zur Beurteilung notwendige Ergänzung, bringt immer noch ausschließlich die Feststellung des Feuchtegehalts im Labor. Da an den entnommenen Proben außerdem eine Anzahl weiterer Untersuchungen vorgenommen werden kann, bietet diese Methode die umfassendste Grundlage für die Auswahl des geeigneten Sanierungsverfahrens unter Berücksichtigung des jeweiligen Eingriffs.

Zum Verständnis, weshalb welche Geräte besser eingesetzt werden können als andere, ist es notwendig, sich über die Bedeutung von Feuchtemessungen klar zu werden: Wozu muss ich eigentlich wissen, wie feucht eine Wand tatsächlich ist? Die Antwort reicht von der Kontrolle ausgeführter Trockenlegungsmaßnahmen bis zur Aussage über die maximale Wasseraufnahme (Sättigungsgrad) des trockenzulegenden Materials, also den tatsächlichen Durchfeuchtungsumfang.

Ihn zu kennen ist aber nicht nur wichtig für die einzelne Probe, sondern auch für die Feuchteverteilung der zu überprüfenden Wand. Gerade diese Feuchteverteilung gibt aber die ersten und bereits konkreten Hinweise auch für die Durchfeuchtungsursachen.

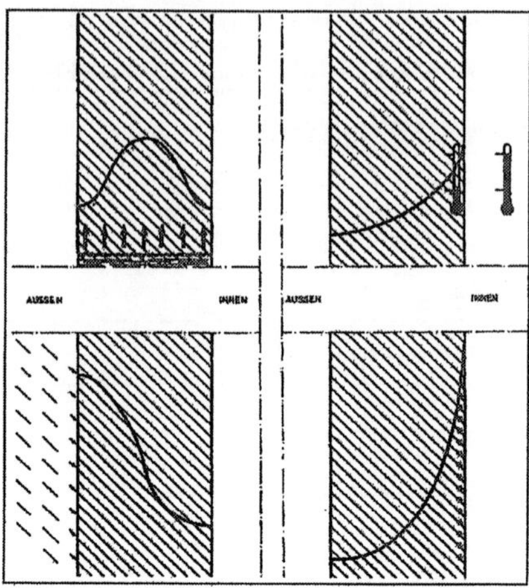

Abb. 2: Darstellung des Verlaufs unterschiedlicher Durchfeuchtungsgrade bei unterschiedlicher Feuchtebeanspruchung

Einige Begriffe werden hierbei verwendet, die manchmal leider verwechselt werden:

- Wird die Probe genommen, enthält sie eine bestimmte Menge Wasser, die Materialfeuchte: Sie bestimmt das *Feuchtgewicht* der Probe mit.
- Ist diese Feuchte durch Darren oder ein anderes Verfahren entzogen, ergibt sich das *Trockengewicht*.
- Aus der Differenz beider Wägungen errechnet sich die tatsächliche *Wassermenge*.
- Nach einem Tauchen der Probe bis zur Gewichtskonstanz wird das Sättigungsgewicht ermittelt. Manchmal kommt es vor, dass das Feuchtegewicht der frischen Probe über dem Sättigungsgewicht liegt. Der Grund für diese scheinbare Unlogik liegt darin, dass auch durch mehrtägiges Tauchen nicht jene Mikroporen erreicht werden können, die durch das Darren austrockneten, aber für ihr Wiederfüllen eine jahre- oder auch jahrzehntelange praktische Feuchtebelastung benötigten. Für die Sanierungspraxis bleibt dies unerheblich, da diese Differenzen der Durchfeuchtung im Sättigungsbereich keinerlei Auswirkung auf Wahl und Ausführung der Sanierung haben. Will man diesen Unterschied aus

beispielsweise wissenschaftlichen Gründen vermeiden, müssen die Proben unter Überdruck getränkt oder vor dem Tauchen einem Vakuum ausgesetzt werden.

- Der Vergleich von Sättigungsgewicht und Materialgewicht ergibt die *Sättigungsfeuchte*.
- Die Relation von Sättigungsfeuchte zu Materialfeuchte nennt den *Durchfeuchtungsgrad*, der unabhängig vom Porenvolumen der Probe den Anteil der wassergefüllten Poren als Prozentsatz angibt, was nun auch den direkten Vergleich unterschiedlicher Baustoffe einer Wand wie Ziegel, Mörtel, Naturstein erlaubt.
- Die *hygroskopische Feuchte* der Probe nennt jene Wassermenge, die sich – vor allem – in Abhängigkeit des Salzgehalts der Probe in dieser durch die umgebende Luft einstellt. Dies heißt aber auch, dass die hygroskopische Feuchte jenen unteren Feuchtewert nennt, unter den eine Wand ohne zusätzliche Maßnahmen niemals abtrocknen kann, auch wenn sie noch so gut und wirksam trockengelegt wurde. Der Vergleich dieses Feuchtewerts mit der Materialfeuchte erlaubt auch wieder ein Abschätzen beider Feuchteursachen.
- Zur Verdeutlichung der Zusammenhänge lässt sich auch der *hygroskopische Durchfeuchtungsgrad* errechnen.

Feuchtemessung ist also tatsächlich bereits Voraussetzung für die Ursachensuche und kann deshalb nicht beschränkt bleiben auf die übliche Feststellung, so und so feucht sei das untersuchte Material – oder gar, unten sei es feuchter als oben. Dies ist häufig die unbefriedigende Quintessenz mancher Untersuchungsprotokolle, selbst bei Einsatz teurer Verfahren wie Thermographie oder Radar.

Eine Differenzierung verlangt Untersuchungen auch zur Feuchtebelastung durch Kondensation und durch Salze. Während die Untersuchungen zur Kondensation einen völlig anderen und hier nicht beschriebenen Messaufwand verlangen, gehen die Untersuchungen zur Versalzung häufig Hand in Hand mit den reinen Feuchtigkeitsmessungen, so dass in der Praxis durchaus jene Messmethoden sinnvollerweise bevorzugt werden, in denen bereits Vorleistungen für die spätere Salzuntersuchung – auch diese bleibt hier unbeschrieben – enthalten sind. Es ist sachlich sogar erlaubt zu sagen, dass manche Salzuntersuchung erst wieder Hinweise darauf gibt, wo welche Feuchteuntersuchungen vorgenommen werden müssen – oder aber, ob sie unter Umständen sogar entfallen können. Da die hygroskopische Feuchte ohnehin jenen Grenzwert angibt, unter den keine Trockenlegungsmaßnahme – und sei sie noch so gut! – den Feuchtegehalt einer Wand treiben kann, sind Messungen zum Salzgehalt nicht von denen zur Feststellung einer Durchfeuchtung zu trennen: *Salz und Wasser können* – sieht man von Frost ab – *nur gemeinsam schaden*.

Im Einzelnen werden die folgenden Feuchtemessgeräte beziehungsweise Untersuchungsmethoden bei aufsteigender Feuchte angeboten: Am Häufigsten trifft man in der Praxis auf das Widerstandsmessgerät oder auch Geräte zur Erfassung der Dielektrizitätskonstanten; am häufigsten deshalb, weil es in der Anschaffung am billigsten ist – und leider wohl auch, weil damit am ungeniertesten Messergebnisse im Sinne des Messenden verfälschend interpretiert werden können.

Diese beiden Messgrößen, das heißt Leitfähigkeit beziehungsweise elektrischer Widerstand zwischen zwei Messpunkten, oder die Dielektrizitätskonstante, werden nämlich nicht nur durch die Feuchtigkeit, sondern auch durch den Salzgehalt im Mauerwerk bestimmt; zusätzlich gibt es noch andere Einflussfaktoren. Da also gerade jene beiden Hauptfaktoren in die Messung eingehen, über die man durch diese Messung erst ein Ergebnis bekommen möchte, ist die Anwendung solcher Geräte entgegen den Ankündigungen der Hersteller zur Ermittlung der Mauerwerksfeuchtigkeit ungeeignet.

Ein Beispiel kann diese Fehleinschätzung erläutern, der leider auch allzu viele Gutachter anhängen. Der betrügerische Anbieter eines nicht funktionsfähigen Trockenlegungsverfahrens weist mit einem solchen Gerät nach, dass die Mauer bis zur Sättigung feucht ist. Diese Messung lässt er sogar vom vorsichtigen Auftraggeber selbst durchführen; er wählt dazu einen Tag hoher Luftfeuchte und lässt im Hauptbereich der Schäden messen: Der Zeiger des Geräts schlägt bis zum Anschlag aus! Der clevere Trockenlegungsspezialist erhält den Auftrag, da er zusätzlich anbietet, dass die zweite Rate seiner Bezahlung erst dann fällig sei, wenn eine zweite Messung einen entsprechenden Feuchterückgang zeigt. Auch diesmal – ein trockener Wintertag – darf der Auftraggeber selbst messen: Die Anzeige ist verblüffend niedriger; der Rest wird bezahlt – und die Wand zeigt sich je nach Art des verbergenden Putzes nach einiger Zeit so feucht wie je. Weshalb?

Die erste Messung erfasste eine hohe salzbedingte Feuchtigkeit der Wandoberfläche – salzbedingte hygroskopische Feuchte! – und dazu noch die hohe Menge der im geschädigten Putz abgelagerten Salze: Die Anzeige musste sehr hoch sein. Die zweite Messung wurde nach Abschlagen des salzverseuchten Putzes und Neuverputz durchgeführt; es fehlte nun ein Großteil der die Messung beeinflussenden Salze und zudem, dank Witterung und Salzentfernung, der zusätzliche Anteil hygroskopischer Feuchte: Die Anzeige konnte nur noch wesentlich niedriger ausfallen.

Seit etwa zehn Jahren liegt eine ausführliche und reproduzierbare Untersuchung in Labor und Praxis vor, die auf erschreckende Weise die geschilderte Unbrauchbarkeit dieser Geräte für diesen Anwendungszweck belegt; und so ist es umso peinlicher, wenn eines dieser viel verwendeten Geräte zwar auf zwei Stellen hinter dem Komma genau anzeigt, niemand aber sagen kann, wie hoch die Zahlen vor dem Komma von der Wirklichkeit abweichen.

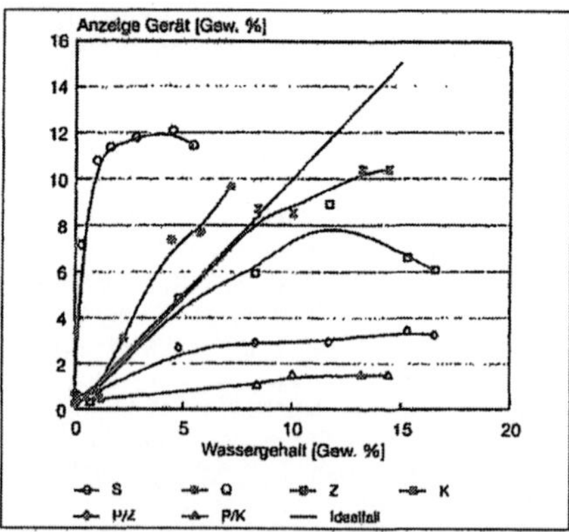

Abb. 3: Die Abweichungen der Messwerte von der richtigen Verteilung (Gerade „Idealfall") belegen die Unbrauchbarkeit

Im Bemühen, trotz der naturgesetzlich gegebenen Ungenauigkeit zutreffendere Ergebnisse zu bekommen, wurden derartige Geräte messtechnisch verbessert, aber auch versucht, ihre Anwendung durch Vergleichsmessungen unangreifbarer zu machen. So bietet das *Wennerfeld-Gerät* nicht nur einen höheren technischen Aufwand, sondern es wird auch relativ eng die Anwendungsweise vorgeschrieben.

Sinnvoll kann jedoch auch dieses Gerät wie alle vergleichbaren bei feuchtem Mauerwerk nur dann eingesetzt und damit der Vorteil zerstörungsfreier Messung genutzt werden, wenn anstatt des absoluten Feuchtegehalts nur die ungefähre Feuchte-Salz-Verteilung in einer Wandoberfläche ermittelt werden soll oder wenn das Material in seiner Zusammensetzung – einschließlich späterer Versalzung! – bekannt und homogen ist, wie dies bei Beton der Fall sein kann.

Für den stationären Feuchtezustand wird man mit Geräten der beschriebenen Art allerdings kaum über die Aussage hinauskommen können, die Wand sei unten feuchter als oben, wozu es wiederum keiner Messung bedürfte. Größere jahreszeitliche Schwankungen – und damit durchaus auch bereits bescheidene Hinweise auf verschiedene Feuchteursachen – oder aber der Austrocknungsverlauf der Wand nach Einbau einer funktionsfähigen Sperrschicht oder Dränage können im Trend damit jedoch verfolgt werden, ebenso die über den sichtbaren Schadensbereich führende Salz-Feuchte-Schädigung. Da lediglich die Feuchtigkeit der oberflächennahen Wandschicht erfasst werden kann, sind alle oberflächenbeeinflussenden Faktoren wie Sonnenbestrahlung, Beregnung, starker Wind, Luftfeuchtigkeit, wenigstens so weit zu berücksichtigen, dass nur Ergebnisse bei ähnlichen Voraussetzungen miteinander verglichen werden.

Seit langem sinnvoll werden diese Widerstands- oder kapazitiven Handmessgeräte allerdings dort eingesetzt, wo der Feuchtegehalt von Materialien überprüft wird, die in ihrer Zusammensetzung kaum variieren. Im Bauwesen sind dies vor allem Messungen der Holz- und Estrichfeuchte: Der Maler wird also das Holz der Fenster auf seine Eignung für den Anstrich überprüfen, der Zimmerer auf die Abbindeeignung hin und der Parkettbodenleger den Estrich. In der Denkmalpflege sind diese Geräte zudem dann rasche und preiswerte Helfer bei der häufig wichtigen Feststellung der Holzfeuchte, wenn diese wieder einmal als unbelegtes Abbruchargument missbraucht wird.

Für zerstörungsfreie Messungen im Feuchtebereich werden auch wieder *Mikrowellengeräte angeboten*. Ihre Wirkung beruht darauf, dass viele flüssige Stoffe ihr Maximum an Absorption durch Resonanz im Bereich dieser Wellen zeigen. Dieses Mitschwingen aber bedeutet einen Energieverlust, der messbar ist. Um auch hier alle Störungen durch andere, die Messung beeinflussende Faktoren auszuschließen, muss mit sehr hohen Frequenzen und vor allem unter Einsatz von sehr viel Sendeenergie gearbeitet werden. Dies ist in einer für die Baustelle praktikablen Form in handelsüblichen Geräten bis heute nicht möglich, so dass auch die auf dem Markt befindlichen Handgeräte als praktisch nicht einsetzbar beurteilt werden müssen.

Auch das *Neutronenmessverfahren* beruht darauf, dass eine auf das Wasser einwirkende Energie durch dieses verändert wird: Schnelle Neutronen werden beim Auftreffen auf einen Wasserstoffkern, der annähernd die gleiche Masse besitzt, gebremst, was messbar ist. Auch hier gibt es störende Einflüsse, vor allem aber wird mit dieser Art der Messung das chemisch gebundene Wasser ebenfalls erfasst. Der Einsatz solcher Geräte setzt also voraus, dass das zu messende Bauteil aus möglichst bekannten, das heißt, vordefinierten Stoffen errichtet ist und dass der Anteil an gebundenem Wasser niedrig oder bekannt ist, wobei bei aufgehendem Mauerwerk der zweite Fall fast die Regel ist. Die Eindringtiefe dieser Geräte ist ebenfalls begrenzt, auch gibt es nur einen Mittelwert der erfassten Schichten. Dennoch kann der Einsatz auch bei aufsteigender Feuchte sinnvoll sein; uneingeschränkt kann er bei Flachdachschäden empfohlen werden, da damit rasch der Weg von der Wasseraustrittsstelle zur Undichtigkeit festzustellen ist. Die Feststellung der Feuchteursachen einer durchfeuchteten Wand ist damit jedoch nur sehr bedingt möglich. Negativ mag mancher noch zudem bewerten, dass Transport und Anwendung solcher Sonden wegen der Verwendung strahlenden Materials bestimmten Vorschriften unterworfen sind und damit umständlicher wird als die gewohnte Anwendung vergleichbarer Geräte.

Ebenfalls mit strahlendem Material arbeitet die *Gabelsonde*, deren Markteinführung allerdings seit Jahren aussteht, im Übrigen aber schon aus Kostengründen nicht zu erwarten ist. Ihr Prinzip und auch der Name verlangen eine gabelartige Messsonde; sie wird in zwei parallele Kernbohrungen eingeschoben und trägt an ihren Enden eine Strahlungsquelle beziehungsweise einen Detektor. Das dazwischen liegende Wandmaterial schwächt die Gammastrahlung beim Durchgang, wobei hierbei mehrere Effekte wirksam werden, und erzeugt im Detektor ein Signal, das ausgewertet werden kann. Zur Vermeidung von Austauschprozessen von Feuchte über die Bohrlochwandung muss diese allerdings dampfdicht verschlossen werden, was durch dünnwandige Glasröhrchen geschieht.

Wichtig für diese *radiometrische* Feuchtemessung ist die Tatsache, dass Wasser die Zählrate verringert und somit wieder eine Relation von Wassergehalt und Wasserverteilung zur Abschwächung im trockenen Material hergestellt werden kann. Leider stellen sich diesem Vergleich in der Praxis große Probleme entgegen, da Ziegel wie auch Naturstein Dichteschwankungen selbst in kleinsten Bereichen zeigen. Auch hier muss wieder eine Vergleichsmessung durchgeführt werden, wozu die Dichteprofile beider Bohrkerne dienen, aus denen ein tiefenabhängiger Korrekturfaktor ermittelt werden kann, was mit Sicherheit nicht bei jedem erbohrten Material möglich ist. Die Gabelsonde verlangt also eine unverhältnismäßig aufwändige Untersuchungsvorbereitung, kann aber dann in beliebiger Tiefe und beliebig oft an gleicher Stelle messen, was bisher noch durch kein einziges Feuchtemessverfahren möglich war.

Ein eklatanter Nachteil dieses Prinzips liegt in der Abhängigkeit einer Eichung über intakte Bohrkerne: Gerade in älterem Mauerwerk erhält man bei Mörtel, aber auch Ziegel, erst recht bei Mischmauerwerk wegen des geringen Durchmessers der Bohrkerne – 18 mm – oft nur Brösel statt verwendbare Kernstücke, leider eine Entwicklungsvorgabe des bezuschussenden Ministeriums, die von völliger Praxisfremdheit zeugt.

Auch die bereits beschriebene *Thermographie* wird zur Feststellung von Feuchteschäden eingesetzt. Mit Ausnahme von Feuchtelecks in wasserführenden Leitungen ist hier jedoch die Aussage fast unbrauchbar, da zu allgemein. Da der Wärmedurchgang eines Bauteils mit seinem Wassergehalt zunimmt, zeichnen sich im Thermographiebild feuchtere Bauteile als wärmedurchgängiger ab. Auch hier ist also bei aufsteigender Feuchte nur erkennbar, dass eine Wand im Regelfall unten feuchter ist als oben; bestenfalls sind wieder Trends erkennbar, wozu Gerät und Einsatz viel zu kostenträchtig sind.

Auch *Radar* wird inzwischen zur Feuchtermittlung eingesetzt. Der Prototyp ist handlicher als die alten herkömmlichen Geräte, bietet aber im Feuchtebereich zumindest bis jetzt ebenfalls nicht die notwendigen Aussagen: Weder ist eine Tiefenauflösung und damit ein Feuchteprofil möglich, dessen Kenntnis Voraussetzung für eine Zuordnung zu den unterschiedlichen Feuchteursachen ist, noch lassen sich Salz und Wasser ausreichend voneinander trennen. Wie auch beim Mikrowellenverfahren können Reflexion und Transmission der Strahlen gemessen werden.

Mit Ausnahme von Gabelsonde und auch Mikrowellengerät liegt der tatsächliche Vorzug der bis jetzt genannten Verfahren allerdings darin, dass ihre Ergebnisse direkt vor Ort gewonnen werden können und damit auch sofort zur Verfügung stehen. Dies bietet, lässt man eine Probenentnahme zu, lediglich noch die Messung mit dem *CM-Gerät.*

Das Probematerial einer Menge von üblicherweise 10 bis 50 Gramm wird sorgfältig zerkleinert und in eine Druckflasche gefüllt, es werden eine oder mehrere Stahlkugeln sowie eine Calciumcarbid-Patrone beigegeben, dann wird die Druckflasche geschlossen und kräftig geschüttelt. Beim Schütteln zerkleinern die Stahlkugeln nicht nur weiter das Probematerial, sondern zerschlagen auch die Glaspatrone mit der Chemikalie, so dass sich nun mit dem in der Probe enthaltenen Wasser Acetylengas bildet, dessen Menge als Überdruck am Druckmesser der Flasche abgelesen werden kann. Dieser Druck wiederum erlaubt über Tabellen eine direkte Angabe des in der Probe enthaltenen Wassers. Die genaue Betrachtung dieser Umrechnungstabelle zeigt auch, dass die Probenmenge, sieht man von extremer Feuchtigkeit ab, nicht die entscheidende Rolle spielt; in der Praxis hilft hier die Erfahrung.

Eine genauere Feststellung des Feuchtegehalts des Wandmaterials ist jedoch, außer mit der Gabelsonde, nur im Labor möglich, vor allem die Ermittlung des für die Feuchteverteilung notwendigen *Durchfeuchtungsgrads.* Hierunter wird verstanden das Verhältnis des in der Probe entnommenen Wassers zu jener Wassermenge, die bis zur Sättigung aufgenommen werden kann. Diese Verhältniszahl, der benennungslose Durchfeuchtungsgrad, gibt also unabhängig vom Porenvolumen eines Stoffes das Maß seiner Durchfeuchtung an und erlaubt damit den unmittelbaren Vergleich von Baustoffen oft sehr unterschiedlicher Porosität.

Mit den hierfür zu entnehmenden Proben werden auch weitere Untersuchungen möglich, so dass dieses Verfahren in zunehmendem Maß selbst bei kleineren Objekten vorgezogen wird und zur Regel werden sollte.

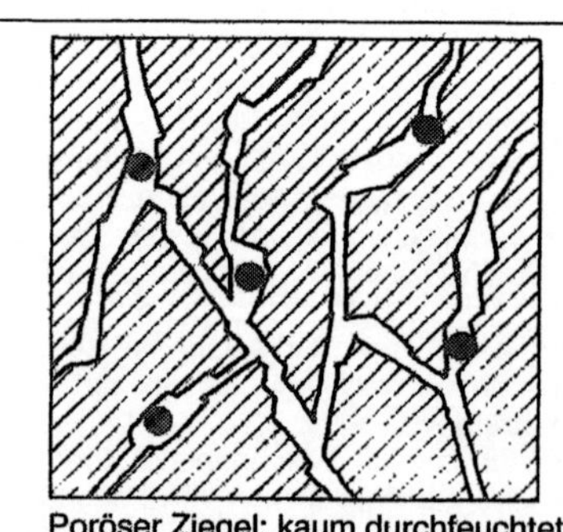
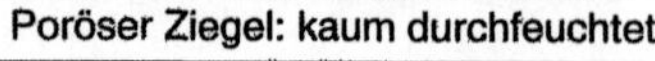
Poröser Ziegel: kaum durchfeuchtet

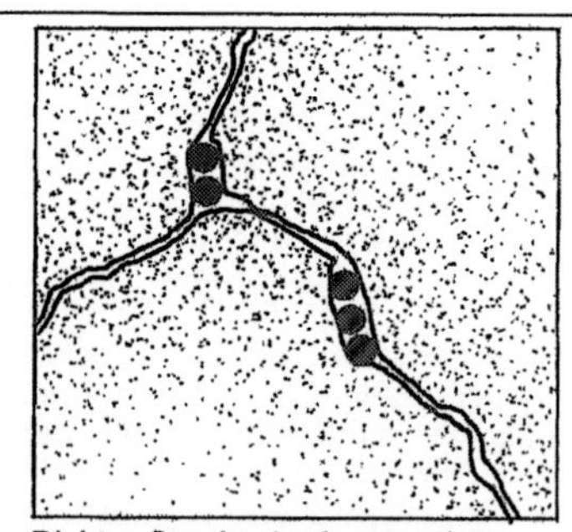
Dichter Sandstein: fast gesättigt

Abb. 4: Vergleich der Porenfüllung zweier unterschiedlicher Wandbaustoffe gleichen Wasserinhalts

An der zu untersuchenden Wand werden die Proben bis in die gewünschte Tiefe durch *Kernbohrung* entnommen und vor Ort sofort dampfdicht verpackt. Verhältnismäßig einfach ist eine Probenentnahme bei Oberflächenproben, nicht aber bei Kernbohrungen, die notwendig werden, soll die Messung etwas über die horizontale Feuchteverteilung im Mauerwerk aussagen. Es ist selbstverständlich, dass durch die Probenentnahme das Probegut in seiner Feuchtigkeit nicht verändert werden darf. Es müssen deshalb entfallen: Kernbohrungen mit Wasserspülung, schnelllaufende Bohrgeräte, deren Wärmeentwicklung das Bohrgut vortrocknen würde, und – obwohl immer wieder aus Unkenntnis gefordert – Bohrungen zu geringen Durchmessers; 50 mm sollten möglichst nicht unterschritten werden, 40 mm können in Ausnahmefällen ein Kompromiss sein.

Das Gewonnene wird im Labor durch Abflammen, fast immer jedoch im *Darrschrank* bei einer bestimmten Temperatur getrocknet und nach Erreichen der Gewichtskonstanz nochmals gewogen. Aus dem Gewichtsverlust kann dann der *Feuchtegehalt in Volumenprozenten oder Gewichtsprozenten* sehr einfach errechnet werden. Die gedarrte Probe erlaubt nun durch Tauchen bis zur Sättigung nochmals eine Aussage. Nun lässt sich errechnen, wie hoch der Durchfeuchtungsgrad im Verhältnis zum Gesamtporenanteil ist, eine Aussage, die vor allem dann benötigt wird, wenn als Trockenlegungsmaßnahme ein Injektageverfahren in Aussicht genommen wird. Da diese Durchfeuchtungsgrade also selbst bei gleicher Wassermenge den Porenaufbau des untersuchten Materials spiegeln, wird die Auswirkung der Durchfeuchtung auch plausibel erkennbar.

Zumindest für den Laien, in aller Regel also den Auftraggeber, ist die graphische Darstellung der ermittelten Durchfeuchtungsgrade wichtig, da sie leichter zu verstehen ist als in den Zahlen der Untersuchungstabelle. So zeigt die Abbildung 5 der schematisiert dargestellten unterschiedlichen Verläufe von Durchfeuchtungsgraden so deutlich die Schadensursache, dass damit auch schon der Lösungsweg dieses Schadensfalles angedeutet wird: eine Abdichtung im erdberührten Bereich, da dann sich die ohnehin niedrige Sockelfeuchte bis unter Terrain zurückziehen wird.

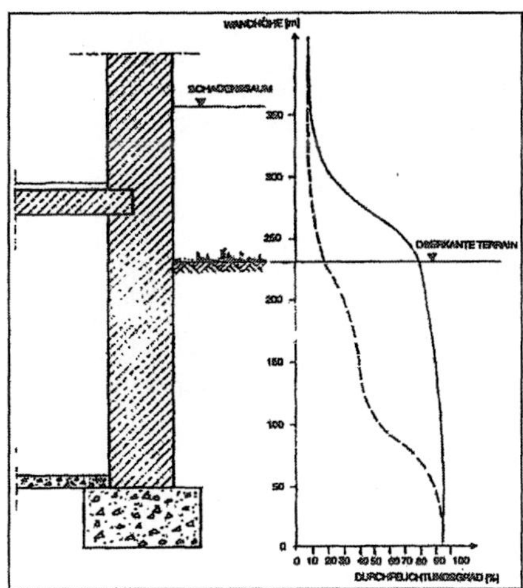

Abb. 5: Graphische Darstellung der Durchfeuchtungsgrade einer Wand

Da diese Untersuchungen nur an einem ungestörten Material vorgenommen werden können, Bohrmehl also nicht geeignet ist, wird eine Kernbohrung zwingend, will man nicht durch Aufstemmen noch mehr an Substanz beschädigen. Dies führt immer wieder dort zur Ablehnung durch die Denkmalpflege, wo erhaltenswerte Substanz angebohrt werden soll. Die Kenntnis des Durchfeuchtungsgrads und vor allem auch des Durchfeuchtungsverlaufs in einer feuchtegeschädigten Wand ist jedoch für die überwiegende Mehrzahl von Sanierungs- und Restaurierungsarbeiten die unabdingbare Voraussetzung, so dass eine Ablehnung dieser Untersuchung aus den genannten Gründen kurzsichtig und realitätsfremd ist. Durch eine Ablehnung der Untersuchungen würde allenfalls ein Bruchteil der Substanz gerettet und dafür der gesamte Bereich dem ungewissen Schicksal des weiteren Verfalls preisgegeben.

Aus dem gleichen Grund wird seit Jahren millimeterweise um den Bohrkerndurchmesser gekämpft, dies umso mehr, als die Gabelsonde hierfür nur 22 mm benötigt, woraus sich auch bereits das beschriebene Problem ihrer Anwendung ableiten lässt. Was dort jedoch in Abhängigkeit vom beprobten Material noch vernünftig sein kann, wird bei einer Bohrkernentnahme zur Darrprobe deshalb unsinnig, weil das Verhältnis von wasserhaltendem und zu messendem Bohrkernvolumen zur Mantelfläche des Bohrkerns immer ungünstiger wird. Solche Bohrkerne sind trocken zu ziehen, so dass sich der bei einer solch dünnen Bohrung ergebende Bohrkern von etwa 18 mm Stärke über seine Mantelfläche viel zu sehr erwärmt und damit vortrocknet. Auch hierüber gibt es Untersuchungen, die diese Differenz quantifizieren. Als grober Anhaltswert darf bei geeigneter Bohrkrone und verständigem Bohren gelten: Mindestdurchmesser der Kernbohrung 40 mm, besser 50 mm.

Die Notwendigkeit der Kenntnisse über die Durchfeuchtung im Wandinneren verleitet auch wieder die Anbieter von *Widerstandsmessgeräten* zu unhaltbaren Versprechungen. Durch Bohrungen können zwei Sonden, deren Elektrodenausbildung ein Anpressen an die Bohrlochwandung erzwingt, beliebig tief in die Wand geschoben werden. Selbstverständlich ergibt sich ein Messwert – seine Ungenauigkeit entspricht aber dem schon Beschriebenen.

„Elektronische Wundermittel" und andere Exotika zur Beseitigung von Mauerfeuchte

Prof. Dipl.-Ing. Reinhard Lamers, Aachen, Holzminden

1. Einleitung

Trockene Keller ohne aufwendige Sanierungsmaßnahmen zu wesentlich günstigeren Kosten – davon hört jeder Besitzer eines Altbaus gerne und lässt sich trotz anfänglicher Skepsis dann eventuell eine solches „Zauberkästchen" im Keller installieren. Aber auch der Fachmann für Altbaumodernisierung und der erfahrene Denkmalpfleger horcht auf, wenn ohne Zerstörung der Originalsubstanz saniert werden kann.

Ist man unter diesen Umständen als Sachverständiger oder Architekt nicht geradezu verpflichtet nachzuprüfen, ob sich unter den vielen Anbietern nicht auch einige seriöse befinden? Schließlich ist die Beschreibung der Wirkungsweise von Hersteller zu Hersteller so unterschiedlich, dass man verunsichert ist, ob man alle *über einen Kamm scheren* und pauschal vor „solchen" Geräten warnen kann. Schon die Begriffsbestimmung für „solche" Geräte zeigt das Problem auf: „Elektronische Wundermittel" klingt eher negativ, „Zauberkästchen" hat sich in einigen Regionen offensichtlich als übergeordneter Fachbegriff herausgebildet und ist dabei nicht unbedingt abwertend gemeint. Speziell in den neuen Bundesländern haben solche „unwirksamen Maßnahmen" gegen aufsteigende Feuchtigkeit viele Käufer gefunden.

Abb.1: „Zauberkästchen" mit Betriebsstundenzähler und verplombter Abdeckhaube

Magnetfeld der Erde, gravomagnetische Energie, Funkwellen, Zetapotential etc. sind die Begriffe, die das Wirkprinzip beschreiben sollen. Die ÖNORM B 3355 *Trockenlegung von feuchtem Mauerwerk* wird in den Werbeprospekten vielfach zitiert (denn eine entsprechende DIN-Norm existiert nicht) und wenn nur darauf hingewiesen wird, dass die begleitende Erfolgskontrolle nach der Darr-Methode gemäß ÖNORM erfolgen soll.

Was ist aber, wenn der Hersteller des „Zauberkästchens" für sich die Ausnutzung elektrophysikalischer Verfahren reklamiert? Diese sind schließlich in der o.g. ÖNORM erfasst und die Hintergründe der vorgenannten Verfahren sind in seriöser Literatur beschrieben (z.B. [5]).

Ob das im Prospekt abgebildete Gerät auch nur annähernd in der Lage ist, solche in seriöser Literatur beschriebenen physikalischen Vorgänge zu beeinflussen oder in Gang zu setzen, ist dann immer noch nicht zu beurteilen: Elektroosmose oder elektrokinetische Verfahren mit entsprechenden Elektroden an oder in der Wand sind an einen gerichteten Strom gebunden, der mit elektromagnetischen Wellen nicht erzeugt werden kann. Darüber hinaus funktionieren selbst die seriösen elektrophysikalischen Verfahren nur unter bestimmten Randbedingungen (vgl. nachfolgend Abs. 3).

2. Placebo-Effekt – Beratungsbedarf für den Sachverständigen

Um es klar vorweg zu sagen: die „elektronischen Wundermittel" bzw. „Zauberkästchen" funktionieren in dem versprochenen elektrophysikalischen Sinne *nicht*.

Die Geräte selber haben allenfalls einen Placebo-Effekt beim Hausherrn und Käufer des Gerätes und wenn der Kunde dann durch das Placebo „zufriedengestellt" ist, dann kann der Vertreiber des Gerätes in Ruhe abwarten, ob bestimmte flankierende Maßnahmen, die von einigen Vertreibern der „Zauberkästchen" vertraglich zwingend festgelegt werden bzw. von anderen zumindest dringend empfohlen werden, nicht tatsächlich die

Wirkung haben, die die Werbung dem Gerät eigentlich zuschreibt. Den Fachleuten ist ja bekannt, dass einfache Maßnahmen – die im Fall des „Zauberkästchens" so nebenbei ausgeführt werden – im feuchten Keller große Effekte haben können: Schon das Aufräumen eines Kellers kann u.U. den vom Nutzer beklagten Modergeruch beseitigen. (Zu den flankierenden Maßnahmen siehe auch den nachfolgenden Absatz 6.)

Ich will in diesem Aufsatz weniger dem Nichtfunktionieren des eigentlichen Gerätes nachgehen (vgl. Abs. 3), sondern zum einen analysieren, warum es den Vertreibern gelingt, solche Geräte zu verkaufen und zum anderen warum die Kunden teilweise tatsächlich mit dem Gerät zufrieden sind. Es zeigt sich, dass offensichtlich Beratungsbedarf für Keller besteht, bei denen eine aufwendige, perfekte Sanierung finanziell nicht möglich ist, die der Bauherr aber dennoch sinnvoller und effektiver nutzen will als bisher. Dieser Beratungsbedarf wird von anderer Seite, z.B. von Sachverständigen, offensichtlich nicht ausreichend abgedeckt.

Wenn ich an dieser Stelle dafür werbe, dass Sachverständige und sanierende Architekten sich tatsächlich mehr auch um diese kleinen Aufträge bemühen sollten, möchte ich nicht verheimlichen, dass solche Aufträge häufig sehr unattraktiv für den Sachverständigen sind. Wichtig ist es, von vornherein klarzustellen, was ein Gutachten leisten kann. Ansonsten wird der Bauherr über das „teure Gutachten" nörgeln, das doch nur relative Verbesserungen herbeigeführt hat und nicht den perfekten trockenen Zustand. Absurd ist, dass der gleiche Bauherr unter Umständen mit den gleichen Verbesserungen, die das von ihm gekaufte „Zauberkästchen" vermeintlich herbeigeführt hat, hoch zufrieden ist. Er ist stolz, dass er die mutige Entscheidung für dieses umstrittene Gerät getroffen hat und erzählt dies auch weiter.

Er will nicht wahrhaben, dass die möglicherweise tatsächlich auftretende Wirkung nur auf die flankierenden Maßnahmen zurückzuführen ist, die er mit geringem Kostenaufwand gleichzeitig veranlasst bzw. in Eigenarbeit durchgeführt hat. Denn nur dann kann er die 8.000,- DM bis 12.000,- DM, die das Gerät gekostet hat, verschmerzen. Und er will nicht wahrhaben, dass ein Gutachter ihm möglicherweise die gleichen Maßnahmen empfohlen hätte und wesentlich preiswerter gewesen wäre.

3. Angebliche Funktionsweise – Elektroosmose, elektrokinetische Effekte

Die Wirkungsweise der elektronischen „Wundergeräte" wird von den einzelnen Herstellern offensichtlich bewusst sehr unterschiedlich beschrieben. Von außen sieht man vielfach einen kleinen Elektroschaltkasten für Wandmontage mit einem geheimnisvollen Anzeigeinstrument und zwei oder drei Bedienelementen. Dieser Kasten ist verplombt. Vertraglich vereinbart ist, dass er nicht geöffnet werden darf. Andere Hersteller bieten Deckenlampen für den Kellerbereich an, in die das Wundergerät integriert ist. Unterscheiden kann man noch zwischen Geräten, die eine eigene Stromversorgung benötigen (z.B. Netzgerät 9 Volt) und anderen Herstellern die betonen, dass eine Stromversorgung nicht notwendig ist und dass das Gerät daher baubiologisch unbedenklich ist. Ein anderer Hersteller wiederum erklärt, dass man jetzt eine Stromversorgung eingeführt hat, weil man doch bemerkt habe, dass ohne externe Stromversorgung das Gerät nicht ausreichend gewirkt habe.

Die Mehrzahl der Hersteller nennt das Prinzip der Elektroosmose, spricht von elektrokinetischen Effekten oder umfassender von elektrophysikalischen Verfahren, operiert also mit den Begriffen, die auch in der ÖNORM B 3355 genutzt werden. Andere Hersteller dagegen vermeiden, um sich zu unterscheiden, bewusst diese Begriffe und sprechen z.B. vom Magnetfeld der Erde, von Funkwellen, Zetapotential etc.

Unbestritten ist, dass elektro-kinetische Effekte erzielt werden können. Umstritten ist aber, ob solche Effekte baupraktisch zur Trocknung von Kellern angewandt werden können. Selbst Verfahren, die vor Jahren noch optimistisch beurteilt worden sind [5], werden heutzutage wesentlich kritischer beurteilt (s. [1] aber auch [2]). Der vorgenannte Aufsatz ist in einem Tagungsband enthalten [3], in dem sich sieben Fachaufsätze mit grundlegender Beurteilung der elektro-osmotischen Verfahren aber auch mit der Anwendbarkeit im Bauwesen befassen.

Im Aufsatz [4] werden zusammenfassend z.B. folgende Grundbedingungen für Elektroosmose herausgearbeitet:

(1) Offensichtlich ist eine elektrische Mindestfeldstärke einzuhalten, die ca. 50-100 V/m (Volt pro Meter) bezogen auf den Abstand Anode und Kathode betragen muss.

(2) Trockenes Mauerwerk lässt sich nicht entsalzen. Zur Entsalzung ist ein hoher Feuchtegehalt notwendig.

(3) Eine Entfeuchtung von Mauerwerk kann allein auf Basis der Elektro-Osmose nicht bis zur vollständigen Trocknung, sondern nur bis zu einem Feuchtegehalt von ca. 50% durchgeführt werden.

Die vorgenannten Anwendungseinschränkungen zeigen, warum selbst die seriösen elektrophysikalischen Verfahren mit bandförmigen Elektroden auf der Wandoberfläche, unabhängig von dem Problem der Korrosion dieser Elektroden, ihre Anwendungsschwierigkeiten haben. Nach diesen Untersuchungen zeigt sich aber, dass bei sogenannter drahtloser Elektroosmose über Funkwellen sicherlich nicht die für irgendeine Wirkung notwendigen elektrischen Feldstärken erreicht werden können. Über die Wirkungslosigkeit von elektronischen „Wundergeräten" wird berichtet in [1], [6], [8], [9].

4. Referenzobjekte

Den seriösen Veröffentlichungen über die Nichtwirkung der „elektronischen Wundermittel" treten die Vertreiber in der Regel mit dem Argument entgegen, dass in Versuchen im Labor nicht die Bedingungen nachgestellt werden können, die in einem Altbaukeller tatsächlich auftreten. Oder es wird unterstellt, dass bewusst ein Gerät sabotiert wurde, um über Negativergebnisse berichten zu können. Das beste Argument gegen theoretisch-wissenschaftliche Fehleinschätzungen, so die weitere Argumentation der Anbieter, sind Referenzobjekte, die man vorzeigen kann. Teilweise ist die Dreistigkeit, mit der die Objektliste aufgebauscht wurde, durchschaubar. So gibt es mindestens zwei Hersteller, die ein Rathaus in München als Referenzobjekt nennen. Bei näherer Nachforschung heißt es dann, dass die Sanierung ca. 40 Jahre zurück läge und dass man damals mit klassischer Elektroosmose gearbeitet hat. Nunmehr habe man das Verfahren sogar verbessert, man arbeite mit Funkwellen.

Unser Institut hat eine Vielzahl von Herstellern angeschrieben und sich eindringlich um die Benennung von Referenzobjekten bemüht. Praktisch zu keinem Zeitpunkt gab es eine zufriedenstellende Antwort. Erst nachdem ich mich als Architekt mit Einpersonenbüro, der eine preiswerte Sanierungsmethode für das Haus seines Vaters sucht, ausgegeben habe, wurden mir tatsächlich anschaubare Referenzobjekte benannt. Offen gaben Vertreiber des Gerätes und der sog. Referenzkunde zu, dass zwischen ihnen eine vertragliche Vereinbarung bestünde. Dem Referenzkunden war das Gerät zu wesentlich günstigeren Bedingungen überlassen worden, da er die Mühe auf sich nahm, Interessenten durch sein Haus zu führen. Tatsächlich war der Referenzkunde sehr zuvorkommend und zeigte mir sein Haus, auch an einem Sonntagnachmittag. Das Gerät war im Erdgeschoss in der Küche montiert. Der Stundenzähler zeigte, dass es seit rund 600 Tagen im Einsatz war. Das Gerät war verplombt. Im Keller unterhalb der Küche waren sehr viele Ausblühungen und Putzabplatzungen zu beobachten. An einer kleinen Stelle war der Fußboden deutlich feucht. Der Keller ist trocken, so die stolz vorgetragene Überzeugung des Referenzkunden. Er führte als Beleg die durchgeführten Messungen an. Ich selber konnte keine Feuchtemessung durchführen. Das Kellerfenster stand offen. Die darüber liegende Küche wurde beheizt, so dass über die intensive Lüftung sicher eine gute Austrocknung des Kellers stattfand. Im Keller waren kein Papier, keine Textilien o.ä. Material, das zu Schimmelansatz neigt, zu finden. Ein muffiger Geruch war nicht feststellbar.

Zwar gab sich der Referenzkunde als technischer Laie aus, steuerte aber sehr gezielt auf einen Kunststoffpapierkorb zu, nahm ihn vom Boden hoch und ließ mich mit der Hand auf der Aufstandsfläche erfühlen, ob der Papierkorb trocken oder feucht war. Er kannte also diesen Trick, mit dem auch Sachverständige nach Hinweisen auf Feuchtigkeit suchen. Der Kunde war in diesem Punkt möglicherweise vom Gerätevertreiber instruiert worden. Ob der Gerätevertreiber auch darauf bestanden hatte, dass schimmelgefährdete Stoffe aus dem Keller entfernt werden, ließ sich natürlich nicht überprüfen. In einem längeren Gespräch erfuhr ich dann, dass dem Referenzkunden der Keller im Grunde nicht so wichtig gewesen war; vielmehr hatte er das Gerät aufgehängt, um Feuchtigkeit in der Erdgeschossküche zu beseitigen. Gleichzeitig mit der Installation des Gerätes hatte man an der Kelleraußenwand den Innenputz in einem oberen, ca. 50 cm breiten Streifen entfernt. Dies wurde auf mein Nachfragen bestätigt, ohne dass eine Begründung geliefert wurde. Tatsächlich deckte der restliche noch bestehende Innenputz des Kellers eine Teerpappe ab, die offensichtlich von irgendeinem Vorbesitzer des Hauses hier aufgeklebt und dann verputzt worden war. Abbildung 2 zeigt die vorgefundene Situation. Ein Wegnehmen dieser inneren Abdichtung erhöht bekanntermaßen die Verdunstung der in der Wand aufsteigenden Feuchtigkeit so sehr, dass der Feuchtenachschub bis in das Erdgeschoss u.U. entscheidend reduziert wird. Der Referenzkunde wies eher beiläufig darauf hin, dass er vorhabe, in Eigenarbeiten den Putz im Keller insgesamt abzuschlagen, da dieser ja nicht schön aussehe.

Ungefragt erzählte mir der Kunde freimütig, dass er ca. 1 Jahr nach Installation des Gerätes in der Küche starke Schimmelpilzschäden an der Tapete beobachten konnte. Daraufhin habe er Tapete und Putz bis ca. 1,00 m Höhe entfernt und neu verputzt. Hierzu zeigte er mir Fotografien. Der Referenzkunde erklärte mir dann, dass diese Schimmelpilzbildung ja im Grund zu erwarten gewesen war, denn das Gerät habe ja eine verstärkte Austrocknung bewirkt und die austrocknende Feuchtigkeit sei dann in der Tapete hängen geblieben. Falls dieses Verhalten des Referenzkunden gezielt abgesprochen war, soll es vermutlich zum einen signalisieren, dass der Referenzkunde offen und wahrheitsgemäß über seine Erfahrung mit

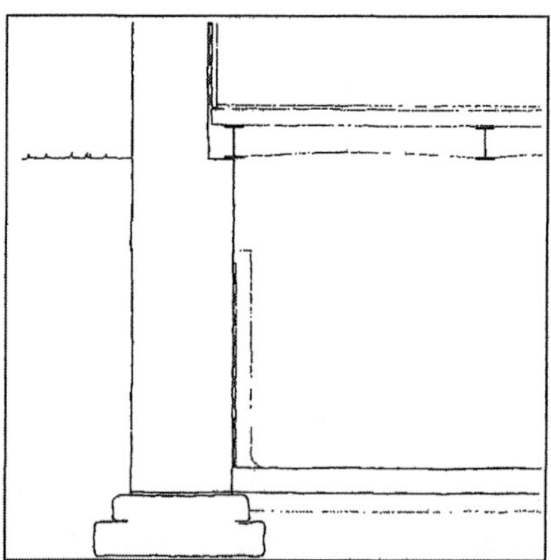

Abb. 2: Eine nicht fachgerechte Innenabdichtung der Kellerwand in Form einer Teerpappe hatte das Aufsteigen der Feuchtigkeit bis in die Erdgeschossbereiche gefördert. Zum Zeitpunkt der Installation des „Zauberkästchens" wurde unterhalb der Kellerdecke ein 50 cm breiter Streifen dieser Teerpappe entfernt.

dem Gerät berichtet, zum anderen wird der potentielle Neukunde schon darauf vorbereitet, dass innerhalb der üblicherweise 3-jährigen Garantiezeit einzelne Rückschläge auftreten können. In den Vertragsbedingungen der Hersteller ist z.B. vielfach formuliert, dass verstärkte Salzausblühungen nur ein Hinweis auf die sehr gute Trocknungswirkung sind. Der Referenzkunde wies mich noch darauf hin, dass er das Gerät 3 Jahre lang zurückgeben könne bei voller Erstattung des Kaufpreises. Allerdings sei vereinbart, dass in diesem Fall die Personalkosten für Beratung und Installation des Gerätes in Rechnung gestellt werden müssten. Aber dies könne ja nicht so viel sein, sagte der Referenzkunde. Ein Stundensatz, der dann in Ansatz zu bringen war, war jedoch offensichtlich nicht vereinbart. Gleiche Vertragsklauseln finden sich auch bei anderen Herstellern.

Der Referenzkunde war sich aber jetzt schon sicher, dass er das Gerät nicht zurückgeben werde, denn die Feuchtemessungen hätten schon eindeutig die sehr starke Austrocknung gezeigt. Vertraglich war vereinbart, dass zum Zeitpunkt der Installation des Gerätes und dann zwei oder drei weitere Male per Feuchtemessung die Wirksamkeit des Gerätes nachgewiesen wird. Das Messprotokoll werde dann von dem Firmenvertreter und dem Kunden gegengezeichnet. Vertraglich festgelegt war auch der Typ des Messgerätes, das nach dem Prinzip der elektrischen Widerstandsmessung arbeitete. Auf die Möglichkeiten mit dieser Messmethode zu manipulieren, hat Herr Arendt in seinem Beitrag für die diesjährigen Aachener Bausachverständigentage hingewiesen [2].

Im vorliegenden Fall erfolgte die Installation des Gerätes im Sommer, bei vermutlich entsprechend hoher Luftfeuchtigkeit. Die Nachmessungen waren dagegen in der Heizperiode durchgeführt worden und zudem war der Kunde zum Offenhalten des Fensters vertraglich verpflichtet, denn irgendwohin müsse die Feuchtigkeit, die das „Wunderkästchen" aus der Wand heraus treibt, ja entweichen können. Bekanntermaßen wird bei stark versalzenem Mauerwerk und Putz die Sorptionsfeuchteaufnahme mit einer Verringerung der relativen Luftfeuchtigkeit sehr effektiv abgesenkt und suggeriert damit die große Wirksamkeit des „Wunderkästchens". Bei dem größten Teil der Wunderkästchenanbieter ist die Garantie einer Austrocknung auf 3 Jahre beschränkt. Offensichtlich würde dem Kunden bei längeren Beobachtungszeiträumen auffallen, dass die Feuchtigkeit im Wandquerschnitt nicht mehr sinkt, sondern dass es nur den ersten Effekt nach der Aufstellung des Gerätes gegeben hat.

5. Auftreten der „Zauberkästchen"-Anbieter gegenüber dem Käufer

Im Wesentlichen versuchen die Vertreiber dieser Geräte auf regionaler Ebene, z.B. über Regionalverkaufsmessen die Interessenten für das „Zauberkästchen" zu gewinnen. Im Vorfeld solcher Regionalmessen greift die Tagespresse gerne Themen auf, die auf der Messe behandelt werden. Auf diesem Wege gelingt es auch, in Zeitungsartikeln das „Zauberkästchen" vorzustellen. In der Regel wird über die erfolgreiche Anwendung beim Referenzkunden berichtet. Ein solcher Referenzkunde ist dann wieder wichtig, wenn es gilt, die Bedenken eines Interessenten zu zerstreuen. Dies wiederum erklärt, warum ein gutes Referenzobjekt hilft, regionale Schwerpunkte in der Anwendung eines bestimmten Gerätes aufzubauen. Daher wird auch versucht, regional bedeutsame Bausubstanz in die Liste der Referenzobjekte einzureihen. Hierzu wird berichtet, dass in Einzelfällen Geräte kostenfrei in solchen Kellern aufgehängt worden seien, die zuvor mit großem Kostenaufwand, z.B. durch Aufgraben an der Außenseite, konventionell saniert worden waren. Der Bauherr hat möglicherweise keine Bedenken, einem solchen Vorgehen zuzustimmen, übersieht dabei aber, dass er mithilft, Verbraucher über die Wirkungsweise dieser Geräte zu täuschen.

Bei den Gesprächen auf den Regionalmessen wird versucht, die eigene Seriosität dadurch zu unterstreichen, indem man, offensichtlich fachlich kompetent, z.B. die Schwachstellen der Bohrlochverfahren, die eigentlich auf allen Regionalmessen präsent sind, erklären kann. Zum Bohrlochverfahren wird z.B. darauf hingewiesen, dass der Keller ja überhaupt nicht trockengelegt wird, sondern lediglich eine Sperre eingebaut wird in der Hoffnung, dass danach eine allmähliche Austrocknung einsetzt. Die Seriosität des Zauberkästchenanbieters wird aus Sicht des Interessenten auch dadurch unterstrichen, dass Hausbesitzern, deren Haus aus den 50-iger Jahren stammt oder noch jünger ist, gesagt wird, dass das Verfahren für diese Objekte nicht anwendbar sei, da bei diesen Objekten in der Regel eine Horizontalsperre vorhanden ist, die das Zurückdrängen der Feuchtigkeit verhindert. Ist nach dem Beratungsgespräch auf einer Regionalmesse das Interesse im ausreichenden Maße geweckt, wird eine Inaugenscheinnahme und eine Beratung vor Ort vereinbart. Die dann immer noch bestehenden Bedenken sollen durch die vermeintlich großzügigen Garantiebedingungen zerstreut werden.

6. Garantiebedingungen, flankierende Maßnahmen

In den letzten Jahren sind verstärkt Anfragen zur Seriosität solcher „Zauberkästen" an unser Institut herangetragen worden. Dabei waren die Fragenden in der Regel potentielle Käufer, die über Industrie- und Handelskammern oder über Sachverständige auf unser Institut aufmerksam gemacht worden waren. Bei diesen Gesprächen wurde häufig beklagt, dass es schwer ist, Sachverständige oder auch Verbraucherberatungsinstitutionen zu finden, die eine eindeutige Stellungnahme zu den „Zauberkästchen" abgeben wollen. Dabei ist festzuhalten, dass vielen, an Informationen Interessierten schon mit einer Beratung geholfen wäre, in der die vertraglichen Vereinbarungen analysiert werden. Vielfach zeigt sich dann nämlich, dass die Garantieversprechen dem Verbraucher keine besondere Sicherheit geben. Üblicherweise werden die Geräte verkauft, wobei sich der Preis bei einigen Herstellern nach der zu trocknenden Kellergröße richtet. Der Kauf wird verbunden mit einer Garantie, dass das Gerät bei Nichtwirksamkeit zurückgegeben werden kann. Allerdings häufig mit dem Vermerk, dass auf die erbrachten handwerklichen Leistungen für Aufstellung und Wartung keine Rückerstattung möglich ist. Für den Verkäufer des Gerätes ist das Risiko also gering. Er wird seine Kosten in Ansatz bringen und nicht zurückerstatten und hat lediglich das Risiko, dass er zu einem bestimmten Prozentsatz Geräte zurücknehmen muss, die in den Herstellungskosten nur einen relativ geringen Wert repräsentieren. Da dem potentiellen Käufer in der Regel bewusst ist, dass der Begriff „Trocknung" und „zu hohe Feuchtigkeit" relativ ist, wird vertraglich in der Regel die Feuchtmessmethode vereinbart. Der genaue Zeitpunkt wird offengelassen. Der Geräteaufsteller muss im Wesentlichen darauf achten, dass das Gerät in der Jahreszeit hoher relativer Luftfeuchtigkeit im Keller aufgestellt wird; eine Trocknung ist dann im Grunde vorprogrammiert.

Neben den Messwerten gibt es für den Käufer aber noch andere Indikatoren für zu hohe

Feuchtigkeit im Raum: dies sind Ausblühungen im Putz, Algen, Moose und Pilze evtl. mit entsprechendem Geruch im Raum. Das Thema Salzausblühungen wird von den meisten Geräteanbietern vertraglich geregelt. Zum Beispiel wird festgelegt, dass das Auftreten von Salzausblühungen nach der Installation des Gerätes verstärkt auftreten kann. Dies sei Beweis für das korrekte Funktionieren des Gerätes. An anderer Stelle heißt es: „Falls eine Putzsanierung geplant ist, soll ein absolut salzfester Entfeuchtungsputz von hoher Diffusionsfähigkeit eingesetzt werden". In der Regel empfiehlt der Gerätehersteller aber das Abschlagen des Putzes. Damit ist der Algen- und Pilzbefall beseitigt und die Salzausblühungen im Mauerwerk sind ebenfalls weniger augenfällig als Ausblühungen im Putz, so dass der Keller somit schon optisch trockener wirkt. Außerdem ist die Verdunstung aus der Mauerwerksoberfläche in der Regel intensiver als über die zusätzlichen Putzschichten. An anderer Stelle und/oder von anderen Herstellern wird darauf hingewiesen, dass zuviel eingestellte Möbel im Keller die Wirkung der Entfeuchtung natürlich etwas einschränken. Für den Hersteller ist dieser Hinweis m.E. mit der Hoffnung verbunden, dass der Hausherr den Keller gründlich aufräumt und somit auch die Stoffe beseitigt werden, die bisher Schimmelpilzansatz zeigten und damit für den modrigen Kellergeruch sorgten. Praktisch in allen Verträgen wird darauf hingewiesen, dass ausreichende Lüftung Voraussetzung für die Gewährleistung der Garantie ist. Hier hat der Verkäufer des Gerätes also auch noch ausreichenden Ansatzpunkt, die Verantwortung für das Nichtfunktionieren von sich zu weisen.

7. Zusammenfassung

Die Fachleute, die von ratsuchenden Hausbesitzern um eine Stellungnahme zu den „elektronischen Wundermitteln" gefragt werden, haben in der Regel keine Möglichkeit, aus eigener Anschauung die angesprochenen Geräte zu bewerten, da die Vertreiber solcher Geräte Referenzobjekte für wissenschaftliche Untersuchungen ungern zur Verfügung stellen. Dennoch ist es notwendig, Stellung zu beziehen. Dies ist bei der vorliegenden Literatur meines Erachtens möglich. Eine andere Möglichkeit, den ratsuchenden Verbraucher zu beraten liegt darin, gemeinsam die Vertragsbedingungen des Herstellers zu studieren und damit herauszuarbeiten, dass die gegebenen Garantien für den Vertreiber der Geräte kein großes Risiko bedeuten und den Bauherrn nur unzureichend vor Scharlatanerie schützen.

8. Literatur

[1] Arendt, C.; Seele, I.: Feuchte und Salz in Gebäuden. Verlag Alexander Koch, Leinfelden-Echterdingen, 2000

[2] Arendt, C.: Der Aussagewert und die Praxistauglichkeit von Feuchtemessmethoden bei aufsteigender Feuchtigkeit. In: Aachener Bausachverständigentage 2001, Tagungsband.

[3] Becker, G.: Von AET zu ETB: Ein altes Prinzip – neue Technologie. In: [7]

[4] Dettmann, A.; Bakhramov, O.; Venzmer, H.: Neue Möglichkeiten zur Bestimmung der elektroosmotischen Permeabilität. In: [7]

[5] Hübler, M.: Bauwerkstrockenlegung, Instandsetzung feuchter Grundmauern. In: Aachener Bausachverständigentage 1990. Bauverlag Wiesbaden und Berlin 1990

[6] Müller, M.: Zur Notwendigkeit der Überprüfung von Verfahren, die eine Trocknung und Entsalzung versprechen. In [7]

[7] Venzmer, H. (Hrsg.): Feuchte- und salzbelastete Mauerwerke. Tagungsband 2. Dahlberg-Kolloquium, September 2000 in Wismar. Verlag Bauwesen Berlin, 2001

[8] Wieber, J.: Stand der Technik? Elektroosmotische Trockenlegungsverfahren. In: Bautenschutz und Bausanierung, Heft 3, 2001

[9] Wittmann, F.H.: Über unwirksame Verfahren gegen aufsteigende Feuchtigkeit. In: Internationale Zeitschrift für Bauinstandsetzung, Heft 4, 1995

1. Podiumsdiskussion am 23.04.2001

Frage:
Herr Keldungs lehnt es in seinem Vortrag ab, dass Bausachverständige Aussagen zur Unverhältnismäßigkeit einer Nachbesserung machen, da dies ein rein juristisches Problem sei, dessen Lösung den Juristen vorbehalten bleiben müsse. Mit dem gleichen Argument wird immer wieder von Juristen abgelehnt, dass Sachverständige zur Mangelhaftigkeit einer Werkleistung Stellung nehmen, da auch dies juristische Vertragsauslegung sei. In Beweisbeschlüssen werden aber immer genau diese Fragen an den Sachverständigen gestellt. Darf nun der Sachverständige zur Mangelhaftigkeit einer Werkleistung und zur Unverhältnismäßigkeit einer Nachbesserung Stellung nehmen oder darf er nicht?

Oswald:
Jeder bauleitende Architekt steht ständig vor der Entscheidung, ob die zu überwachende Werkleistung mangelfrei ist. Dabei hat er zu überprüfen, ob das im Bauvertrag vereinbarte auch ausgeführt wurde. Der Architekt muss also eine Vertragsauslegung machen, um überhaupt seine Leistung erbringen zu können. Wurde die abzunehmende Bauleistung nicht in Spitzenqualität ausgeführt, so stellt sich dem Architekten weiter die Frage, ob es unverhältnismäßig ist in diesem Zusammenhang eine Nachbesserung einzufordern. Alle am Bau Beteiligten haben demnach ständig zu beurteilen, ob Leistungen mangelfrei erbracht wurden und ob es unverhältnismäßig ist, kleine Mängel nachzubessern. Wenn wir Rechtsstreitigkeiten vermeiden wollen, ist es selbstverständlich Aufgabe jedes Fachmanns Entscheidungen in dieser Hinsicht zu treffen, die natürlich eine stark juristische Komponente haben. Wenn nun von allen übrigen Baufachleuten solche Entscheidungen erwartet werden, so gibt es für mich keinen Grund, warum nicht auch Sachverständige in gleichem Sinne beurteilend tätig werden dürfen und müssen.

Keldungs:
Wenn der Architekt beurteilt, ob das Werk vollständig und mangelfrei erbracht worden ist, dann stellt er die Frage, ob der Vertrag erfüllt worden ist. Das ist eine juristische Fragestellung, die Sie auch als Laie beantworten können. Insofern will ich Ihnen da gar nicht widersprechen. Dies gilt auch für den Handwerker, der eine Werkleistung ausführt und der Auffassung ist, dass er seine Leistungen nach den für ihn gültigen, anerkannten Regeln der Technik und nach den vertraglichen Vereinbarungen erbracht hat. Die Prüfung, inwieweit der Vertrag erfüllt ist, ist eine juristische Arbeit, die in diesem Fall von dem Handwerker als Laien erbracht wird. Mich stört aber, das Nichtjuristen auch darauf eingehen, welche Maßnahmen unverhältnismäßig sind. Das ist das, was ich eigentlich nicht möchte.

Oswald:
Neben dem soeben schon gebrachten Argument sprechen auch Praktikabilitätsaspekte für eine Beurteilung der Unverhältnismäßigkeit durch den Sachverständigen: Es geht in Rechtsstreitigkeiten häufig um Mängel, die aus technischer Sicht unbedeutende Kleinigkeiten sind, deren Nachbesserung aber äußerst aufwändig – eben unverhältnismäßig – wäre. Es ist ziemlich unsinnig, wenn sich der Sachverständige in einem solchen Fall stundenlang mit der detaillierten Ermittlung von Nachbesserungskosten beschäftigt und damit viele Gutachtenseiten füllt – obwohl er von der offensichtlichen Unsinnigkeit dieses Aufwands weiß. Es ist auch in diesem Fall sinnvoll, dass der Nichtjurist „juristische" Entscheidungen zur Frage der Unverhältnismäßigkeit trifft.

Keldungs:
Ich möchte dazu noch 2 Beispiele nennen: Im Rahmen von Bauerrichtungsverträgen oder Bauträgerverträgen ist häufig die Regelung enthalten, dass unter Hinzuziehung eines Sachverständigen festgestellt werden soll, ob das Werk abnahmereif ist. In diesem Fall beinhaltet die Aufgabe des Sachverständigen auch eine juristische Vertragsauslegung. Wenn Sie den Auftrag bekommen, dann sollten Sie das auch tun, sonst können Sie die Aufgabe nicht erfüllen. Im Laufe einer Gutachtenerstellung stellen Sie fest, dass ein wahnwitziger Mangelbeseitigungsaufwand entstehen könnte. Naheliegend wäre es jetzt,

den Richter anzurufen und zu sagen, dass aus meiner Sicht Unverhältnismäßigkeit ins Kalkül kommt und wie damit verfahren werden soll. Dann sind Sie wieder auf sicherem Gebiet.

Jagenburg:
Das Bauen hat sowohl eine technische als auch eine rechtliche Komponente, wenn im Anschluss an die Bauarbeiten im Prozess über die ausgeführten Arbeiten gestritten wird. Ich glaube, ein Jurist kann gar nicht entscheiden, ob ein Mangel vorliegt, wenn ihm nicht vorher der Techniker aus seiner Sicht eine Einschätzung der Dinge gegeben hat. Genauso ist es mit einer Minderung bzw. mit der Unverhältnismäßigkeit. Dieser juristische Begriff hat auch eine technische Komponente. Der Jurist kann die Unverhältnismäßigkeit gar nicht feststellen, wenn nicht zuvor der Sachverständige ihm gesagt hat, ob der Mangel mit einem vernünftigen Aufwand beseitigt werden kann, oder ob mit relativ hohem Aufwand keine nennenswerte Verbesserung des Ergebnisses möglich ist. Sachverständige, die juristische Begriffe erwähnen, wollen damit keine Rechtsfragen beantworten, sondern die in dem rechtlichen Begriff enthaltenen technischen Komponenten dem Juristen an die Hand geben. Natürlich hat der Richter das letzte Wort, aber der Richter kann das letzte Wort gar nicht sprechen, ohne zuvor die Meinung des Sachverständigen abgefragt zu haben.

Oswald:
Mich beschleicht manchmal der Eindruck, dass es die Juristen generell stört, dass überhaupt relevante Handlungen auf dieser Welt ohne juristischen Beistand stattfinden.

Keldungs:
Ich würde nicht sagen, dass die Juristen das traurig finden, aber ohne uns geht es ja leider auch nicht. Ich möchte die Äußerung von Herrn Prof. Jagenburg unterstreichen, dass ein Bausachverständiger sich absolut richtig verhält, wenn er den Richter anspricht und auf Unverhältnismäßigkeiten hinweist.

Frage:
Gibt es bei sanierten Altbauten juristisch nicht auch eine übliche Beschaffenheit als Beurteilungskriterium? Ist ohne Zusicherung einer besonderen Qualität nicht z. B. bei Kellern eines Hauses aus der Jahrhundertwende eine gewisse Feuchte üblich? Muss der Besteller darüber auch noch aufgeklärt werden oder muss er das nicht selbst wissen?

Jagenburg:
Natürlich weiß der Besteller, dass das bei einem Altbau üblich ist. Die Üblichkeit alleine ist aber nicht das Beurteilungskriterium. Der gesetzliche und auch in der VOB enthaltene Mangelbegriff stellt auf die normale Gebrauchstauglichkeit ab und die Frage ist: Was ist bestellt? Hat er einen feuchten Keller bestellt, in dem er Kartoffeln lagern will, oder will er darin einen Hobbyraum einrichten. Der Unternehmer oder der Veräußerer muss dieses Problem ansprechen und regeln. Das ist eine Frage seiner Haftung. Er muss grundsätzlich die Haftung für diese „normale" übliche Kellerfeuchte bei Altbauten ausschließen, wenn er dafür nicht haften will. Wer heute im Jahr 2001 ein solches Haus kauft, geht nicht davon aus, dass er den Standard von 1900 erwirbt. Das Gesetz ist eine Auffangregelung für Fälle, in denen nichts vereinbart ist und gilt nicht für Sonderfälle. In Sonderfällen, wie z.B. die Altbausanierungen, muss ich den Umfang dessen, was ich schulde genau regeln, sonst schulde ich alles. Es gilt die normale Gebrauchstauglichkeit. Es gibt jedenfalls keine Entscheidung, in der steht, dass ein Erwerber eines Altbaus einen feuchten Keller hinnehmen muss. Im Gegenteil, alle Entscheidungen sagen, dass das ein Mangel ist. Wenn ich dafür nicht haften will, muss ich meine Haftung dafür ausschließen, d. h. konkret darauf hinweisen und mit dem Erwerber vereinbaren, dass ich an dem Keller nichts getan habe und dass dafür keine Haftung besteht. Ich muss die Leistung, die ich erbringen will, in der Baubeschreibung genau beschreiben und genau aufführen, was ich *nicht* leisten will. Sonst muss ich heute im Jahre 2001 davon ausgehen, dass die normale Gebrauchstauglichkeit eines Hauses, auch wenn es ein Altbau ist, einen trockenen Keller voraussetzt. Das ist der gesetzliche Rahmen.

Oswald:
Nun ja, es ist immer klug, alle erdenklichen, möglichen Streitpunkte vorab durch Einzelvereinbarung zu klären. Es geht hier natürlich um die Fälle *ohne* solche Vereinbarungen. Ich kann allerdings nicht verstehen, warum ein Durchschnittsbürger z. B. beim Kauf ein-

es Gründerzeithauses davon ausgehen darf, dass die Kellerräume für hochwertige Nutzungen geeignet sind – also ein Zustand höchster Trockenheit geschuldet ist, obwohl die allgemeine Lebenserfahrung sagt, dass dies nicht der übliche Zustand von Altbauten ist.

Keldungs:
Ich kann da Prof. Jagenburg nur zustimmen. Das Problem bei sanierten Altbauten ist, dass häufig die Baubeschreibungen viel zu lückenhaft sind und auch viel schlechter sind als bei Neubauten.

Frage:
Wann liegt die Situation der „objektiven Unmöglichkeit" einer Nachbesserung vor?
Wann ist eine mit Abbruch verbundene Nachbesserung so umfangreich, dass man sie nicht noch als Nachbesserung sondern als Neuherstellung bezeichnet und damit von einer „objektiven Unmöglichkeit" der Nachbesserung spricht?

Keldungs:
Zunächst möchte ich anhand von Beispielen auf Fragen zum Thema objektive Unmöglichkeit, Nachbesserung oder Abriss eingehen. In einem Prozess über Mängel an einem Dach wurde einem Sachverständigen der Auftrag gegeben, festzustellen, ob das Werk mangelhaft ist, in welchem Umfang und welche Maßnahmen zur Beseitigung der Mängel erforderlich sind. Ich bekam ein zweiseitiges Gutachten zurück. Demnach ist das Werk vollkommen unbrauchbar. Das Dach kann nicht nachgebessert, sondern nur komplett abgerissen werden. In einer beigefügten Mängelliste waren 57 Mängel aufgeführt. Hier spricht man nicht mehr von objektiver Unmöglichkeit der Mangelbeseitigung, sondern das Werk war vollkommen unbrauchbar und musste ersetzt werden.
Ein weiteres Beispiel, an einem mehrgeschossigen Wohnhaus war das Treppenhaus als eigener Baukörper aus Stahl und Beton vor die Fassade gestellt. Die Ausführung erfolgte nicht vom Rohbauunternehmer. Die Treppenläufe waren gewendelt. Auf ca. 50 % der Treppenbreite war an mehreren Stellen die Durchgangshöhe sehr erheblich beeinträchtigt. Sie lag teilweise unter 1,70 m. Eine sachgerechte Nutzung dieser Treppe, z. B. dass zwei normal große Personen gleichzeitig aneinander vorbeigehen konnten, war nicht möglich. Die vorgeschriebene Eignung als notwendiger Fluchtweg war somit ebenfalls nicht gegeben. Eine Nachbesserung ist nicht möglicht und es stellt sich die Frage, Minderung oder Abriss? Da kann ich nur sagen, Abriss. Die Treppe ist unbrauchbar und muss beseitigt werden. Was wäre gewesen, wenn der Rohbauunternehmer das Treppenhaus gebaut hätte? Auch dann muss eben ein Teil des Werkes des Rohbauunternehmers abgerissen werden. Stellen Sie sich vor, jemand bekommt als Generalunternehmer den Auftrag eine Fabrik zu errichten und er errichtet einen Schornstein, der auf das Verwaltungsgebäude zu stürzen droht, dann muss dieser Schornstein abgerissen und neu errichtet werden, obwohl die gesamte Fabrik sonst stehen bleiben kann.

Oswald:
Diskutieren wir hier nicht nur über Begriffsbezeichnungen? Wir nennen also eine Nachbesserung, die nur durch Abbruch möglich ist, nicht mehr „Nachbesserung" sondern „Neuherstellung". Am technischem Sachverhalt ändert die andere Bezeichnung überhaupt nichts. Hat diese andere Benennung denn irgendwelche juristische Konsequenzen?

Keldungs:
Der Unterschied zwischen dem Minderungsanspruch bei objektiver Unmöglichkeit und bei Unverhältnismäßigkeit ist der, dass bei Minderung wegen objektiver Unmöglichkeit der Erwerber nicht warten muss, dass der Auftragnehmer sich darauf beruft. Er kann sofort Minderung geltend machen. Während bei der Unverhältnismäßigkeit die Minderung erst dann zum Tragen kommt, wenn der Unternehmer sich auf die Unverhältnismäßigkeit beruft.
Ich will einräumen, dass es vielleicht richtiger wäre zu sagen, wenn ich durch Neuerstellung einen Mangel beseitigen kann, dann ist gar nicht von objektiver Unmöglichkeit die Rede, sondern auch das ist eine Frage der Unverhältnismäßigkeit. Das wäre eine interessante Diskussion, die man mal führen sollte, aber der BGH spricht in solchen Fällen von objektiver Unmöglichkeit.

Jagenburg:
Ich hatte Ihre Frage, Herr Oswald, auch dahingehend verstanden, dass Sie gerne die Abgrenzung zwischen Nachbesserung und

Neuherstellung gewusst hätten. Früher war man der Auffassung, dass es nach der Abnahme keine Neuherstellung mehr gibt, sondern nur noch Nachbesserung, weil das Werk als erfüllt abgenommen worden ist. Das hat der Bundesgerichtshof relativiert in einem Fensterfall, bei dem die Fensterprofile so schwach und nicht ausreichend gedämmt waren, dass sie nicht nachgebessert werden konnten. Die einzige Möglichkeit war, diese herauszureißen und neu herzustellen. Wenn also die Mängelbeseitigung nicht alleine durch Nachbesserung, sondern nur durch Neuherstellung möglich ist, ist auch eine Neuherstellung nach der Abnahme geschuldet.

Frage:
Die USA steigen aus dem CO_2-Szenarium aus. Müssen wir dann diese Energieeinsparverordnung überhaupt haben?

Hegner:
CO_2 ist für mich ein Abfallprodukt bei den Bemühungen um nachhaltiges, ressourcenschonendes Bauen. Es geht erstens um Energieeffizienz, zweitens um größere planerische Möglichkeiten bei der energetischen Bilanzierung und drittens um Innovationen am Bau; auch dafür brauchen wir diese Verordnung. Es geht nicht ums Erbsenzählen beim CO_2. Dass die CO_2-Senkung bei energieeffizienten Gebäuden natürlich eine willkommene Geschichte ist, das will ich nicht verhehlen. Die Bundesregierung und die europäische Gemeinschaft stehen im übrigen zu ihren Beschlüssen.

Frage:
Welcher Anwendungsbereich gilt für das vereinfachte Verfahren?

Hegner:
Das vereinfachte Verfahren ist nach der Verordnung anwendbar für alle Wohngebäude und wohnähnliche Gebäude, d.h. Gebäude mit Wohnungsnutzung und z.B. mit Praxen, dann können Sie das Verfahren genauso anwenden. Für komplizierte Gebäude soll es nicht angewendet werden, weil wir davon ausgehen, dass solche Gebäude ohnehin immer vernünftig geplant werden. Das Monatsbilanzverfahren, das hier zur Anwendung kommt, ist vom Zeitaufwand genauso einfach zu benutzen wie das vereinfachte Verfahren.

Oswald:
Es gibt also ein vereinfachtes Verfahren und eine genaue Berechnung. Was schuldet der Planer demnächst in dieser Hinsicht? Schuldet er das vereinfachte Verfahren oder schuldet er die genaue Berechnung? Der Erwerber eines Hauses wird vermutlich das überschlägliche Verfahren als geschuldet ansehen, weil es ein höheres Wärmeschutzniveau ergibt. Ein Bauherr, der sein Haus möglichst wirtschaftlich errichtet haben will, der wird wahrscheinlich die genaue Berechnung fordern?

Hegner:
Nach der Verordnung schuldet man einen Grenzwert, für den es zwei Methoden zur Ermittlung gibt. Die eine Methode geht davon aus, dass man in der Planung weniger Aufwand hat. Dies war eine Forderung der Bundesländer. In Bayern sind z. B. auch die Handwerker teilweise entwurfvorlageberechtigt. Hier sollte es eine Handrechenmethode geben. In diesem vereinfachten Verfahren liegt man auf der sicheren Seite. Man wird dann eben etwas mehr Dämmstoff dran machen und fertig ist die Laube.

Oswald:
Mehr Dämmstoff ist für den Auftraggeber ein Mehraufwand, den er planerisch bei Anwendung des anderen Verfahrens hätte einsparen können.

Hegner:
Auch bei der jetzt geltenden Wärmeschutzverordnung gibt es die Wahlmöglichkeit zwischen verschieden genauen Verfahren. Bisher ist mir nicht bekannt geworden, dass darüber gestritten wurde, welche Methode geschuldet ist.

Oswald:
Gehen wir also davon aus, dass beim Fehlen ausdrücklicher vertraglicher Vereinbarungen zu diesem Thema beide Wege gleich richtig sind. Das wäre jedenfalls vernünftig.

2. Podiumsdiskussion am 23.04.2001

Frage:
Was ist von Quellmitteln bei Unterfangungen zu halten?

Hilmer:
Angewendet habe ich das Produkt noch nie. Aus dem Untergrund kommende Setzungen sind sehr viel größer als Setzungen durch Schwinden oder Kriechen des zur Unterfangung verwendeten Baustoffs.

Frage:
Auch bei sorgfältiger Unterfangung sind Setzungen nicht auszuschließen?

Hilmer:
Grundsätzlich bringt uns nur das Messen weiter. Ich setze überall Messbolzen und beobachte diese. In 30 Jahren Berufstätigkeit habe ich mehr gemessen als gerechnet. Die Messungen ergeben, dass herkömmliche Unterfangungen bei nicht bindigen Böden in der Regel zu Setzungen in den Größenordnungen von 3 bis 5 mm führen.

Frage:
Wer trägt die Schadenskosten bei Unterfangungen?

Hilmer:
Wenn die Baufirma nach den Regeln der Technik unterfangen hat, trägt der Bauherr die unvermeidlichen Risseschäden beim Nachbargebäude in nachbarrechtlichen Gemeinschaftsverhältnissen.

Frage:
Reicht es bei Unterfangungen aus, im LV einfach auf DIN 4123 zu verweisen?

Hilmer:
Natürlich nicht. In der Norm steht, was alles bei einer Unterfangung gemacht werden muss. Dazu gehört auch eine Berechnung. Es steht in der Norm, dass eine Unterfangung geplant werden muss. Lediglich der Hinweis auf eine Norm ist keine Planung.

Frage:
Worin besteht der Unterschied zwischen der alten und der neuen Norm DIN 4123?

Hilmer:
Ich habe 1991 in meinem Buch „Schäden in Gründungsbereichen" in einem Kapitel beschrieben, was in der alten Norm nicht eindeutig definiert ist. Prof. Weisenbach hat dies aufgenommen und einen Kollegenkreis mit 10 Beteiligten eingeladen, die Norm zu überarbeiten. In der neuen Norm steht endlich der Gültigkeitsbereich drin. Die Norm gilt für mindestens mitteldichte, nicht bindige Böden und für mindestens steife, bindige Böden. Bei steifen, bindigen Böden wäre ich persönlich aber vorsichtig, weil dort lastabhängige größere Setzungen eintreten können. Ein steifer, bindiger Boden hat z.B. einen Steifemodul von 5 MN/m² und das Gebäude eine Streifenlast von 150 kN/m, dann sind Setzungen von 3 cm zu erwarten. Man darf die Norm nicht blind übernehmen. Die wesentlichen Forderungen in der Norm sind die Beschreibung der Böden und der geforderte statische Nachweis. Selbstverständlich ist die Forderung nach einer „Beweissicherung", also die Bauzustandsdokumentation der vor der Baumaßnahme vorhandenen Risse, ebenfalls darin enthalten.

Frage:
Wie wirksam sind biozide Beschichtungen auf Fassaden, wie lange können sie maximal wirksam sein?

Grünberger:
Die Frage der Wirksamkeit hängt sehr stark von den Umgebungsbedingungen (Temperatur, Luftfeuchtigkeit, Bestrahlung etc.) ab. Nach meiner Erfahrung geben die Beschichtungsstoffhersteller auf die Wirksamkeit ihres bioziden Anstriches keine über das übliche Maß hinausgehende Gewährleistung ab. Generelle Angaben über die maximale Wirksamkeit, die Zeiträume von mehr als 2 bis 3 Jahren betreffen, können nicht getätigt werden, da diese, wie bereits angeführt einer-

seits von den Umgebungsbedingungen, andererseits aber auch von der Art und Menge der eingesetzten Wirkstoffe bzw. Wirkstoffkombinationen abhängt. Aus der Literatur sind mir keine Untersuchungen bekannt, die die maximale Wirksamkeit im Praxiseinsatz für unterschiedliche Systeme ermittelt haben.

Oswald:
Die zugesetzten Mengen müssen sehr klein sein, weil sie sonst umweltschädigend sind. Ich habe es so verstanden, dass überhaupt nicht gewährleistet wird, dass eine algizide Wirkung eintritt.

Grünberger:
Tatsache ist, dass die Wirkkonzentrationen sehr klein sind, sie bewegen sich, je nach Wirkstoff und Einsatzgebiet bzw. Anforderungsprofil, meist deutlich unter 1%. Garantiezusagen von den Herstellern werden nur schwer gegeben. Die Wirksamkeit hängt von der „Beständigkeit" des Wirkstoffes (Abbau durch Strahlung, Auswaschphänomene) im System ab. Es gibt Wirkstoffe sowohl für wasserverdünnbare als auch für lösemittelhältige Beschichtungssysteme.

Frage:
Wie wirken sich die nicht wasserlöslichen Wirkkomponenten auf den Organismus aus?

Grünberger:
Von nicht wasserlöslichen Bioziden wird erwartet, dass sie von Organismen eher schwer aufgenommen werden. Fettlösliche Biozide können sich hingegen z.B. im Fettgewebe anreichern. Bei wasserlöslichen Bioziden besteht eine gute Wahrscheinlichkeit, dass sie in wässriger Umgebung rasch ausgewaschen bzw. abgebaut werden und somit ihre Wirksamkeit nicht mehr gegeben ist.

Frage:
Was halten Sie vom Lotuseffekt? Was können Sie zu Anstrichen sagen, die die sogenannte Mikrorauigkeit aus der Biologie nachahmen?

Grünberger:
Der Lotusblüteneffekt, ein Effekt der nicht nur dieser Pflanze eigen ist, zeichnet sich einerseits dadurch aus, dass die Oberflächen extrem unbenetzbar mit Wasser und andererseits weitgehend resistent gegen Verschmutzungen jeglicher Art sind. Bilder mit hoher Vergrößerung von der Oberfläche eines Lotusblattes zeigen, dass dieses nicht „glatt" sondern rau und strukturiert ist. In Richtung Blattinneres weist diese Pflanze hydrophile, nach außen hingegen stark hydrophobe Eigenschaften auf. Es gibt in Deutschland einen Hersteller, der mit diesem Effekt wirbt. Bei eigenen Laborversuchen, mit denen wir die Verschmutzungsanfälligkeit bzw. die Reinigungsfähigkeit im Vergleich mit handelsüblichen, stark hydrophobierten Siliconharzfarben untersucht haben, wurden keine signifikanten Unterschiede festgestellt.

Oswald:
Können Sie etwas zur Dauerwirksamkeit sagen?

Grünberger:
Mir liegen keine Untersuchungen über Langzeiterfahrungen aus Deutschland vor. In Österreich ist dieses Produkt erst etwa anderthalb bis zwei Jahre auf dem Markt, in Deutschland vermutlich etwas länger. Insofern können zur Dauerwirksamkeit im Praxiseinsatz noch keine repräsentativen Angaben gemacht werden. Laborversuche bei den Kollegen in Stuttgart zielen unter anderem darauf ab, die Benetzbarkeit in Abhängigkeit von der Zeit zu untersuchen. Vor ca. einem Jahr ist auch ein Versuch zur Freibewitterung gelaufen, der fortgeführt werden soll. Dabei ist die schlechte Benetzbarkeit, charakterisiert durch einen hohen Randwinkel, weitgehend konstant geblieben.

Frage:
Werden Biozide in Anstrichsystemen im Krankenhausbau, z. B. in infektiösen Abteilungen, eingesetzt?

Grünberger:
Der Trend geht in Richtung 2K-Systeme, an die bezüglich der Dekontaminierbarkeit und der Desinfektionsmittelbeständigkeit bestimmte Anforderungen gestellt werden. In Österreich geht man im Bereich der Krankenhäuser nicht den Weg der bioziden Ausrüstung.

Frage:
Herr Oswald, Sie sprachen von sogenannten „ruhenden Rissen", gibt es die überhaupt? Hygrische, thermische Bewegungen treten doch immer auf. Wenn es keine ruhenden

Risse gibt, bei welchen Bewegungsgrößen spricht man von „ruhend"?

Oswald:
Mit Bewegungen in der Größenordnung von ± 0,05 mm muss auch im Gebäudeinneren immer gerechnet werden. Für Außenoberflächen haben z.B. Untersuchungen in Holzkirchen bei gerissenen Wärmedämmverbundsystembeschichtungen thermisch verursachte Rissrandbewegungen von etwa ± 0,1 mm festgestellt. Bewegungen in diesem Bereich können also bei Rissen in Außenputzen auftreten, die im Hinblick auf ihre primäre Ursache – z. B. Setzungen – als „ruhend" zu bezeichnen sind. Die Bezeichnung „ruhend" bezieht sich demnach auf den Aspekt, ob der rissverursachende chemische oder physikalische Vorgang noch weiter einwirkt, oder weitgehend zum Abschluss gekommen ist, besagt aber nicht, dass Rissrandbewegungen in o. a. Umfang auszuschließen sind.

Frage:
Sind Algenbildungen auf der Oberfläche von Wärmedämmverbundsystemen (Nordfassaden) ein Mangel an der Werkleistung? Stellen verschmutzte Fassaden, insbesondere durch Algenwachstum befallene Fassaden einen Mangel dar?

Oswald:
Dass ein Gegenstand, der genutzt wird, auch verschmutzt, ist eine Selbstverständlichkeit und stellt grundsätzlich keinen Mangel dar. Die Frage ist also, ob durch die konstruktive Gestaltung oder sonstige Rahmenbedingungen eine ungewöhnliche Verschmutzung oder Veralgung vorhanden ist. Es geht also um die Frage, ob die Verschmutzung mit üblichem Aufwand und bei einer richtigen Ausführung der Werkleistung vermeidbar gewesen wäre. Die falsche Ausbildung von z. B. Tropfkanten führt zu Verschmutzungen, die vermeidbar sind und die sind selbstverständlich zu bemängeln. Hat man z. B. bei Tropfkanten alles Übliche richtig gemacht, dann sind die dennoch möglichen Verschmutzungen „unvermeidbar" und „hinzunehmende Unregelmäßigkeiten".
Veralgungen auf hochwärmegedämmten Konstruktionen sind bei bestimmten Klimabedingungen eigentlich fast unvermeidbar. In Situationen, wo sich bei bestimmten Temperaturumschwüngen Oberflächentauwasser auf der Außenseite der Fassade bildet, kann es zu Algenwachstum kommen. Über algizide Anstriche kann versucht werden, das Algenwachstum zu verlangsamen. Nach zwei bis vier Jahren ist der Anstrich dann wieder zu erneuern. Wenn eine Fassade innerhalb eines halben Jahres grün geworden ist, kann man sicherlich von der Seite des Bestellers sagen, dass keine gebrauchstaugliche Oberfläche realisiert wurde. Diese Situation stellt dann einen Mangel dar. Ich verweise auf den Beitrag von Blaich (Aachener Bausachverständigentage 1998).

Frage:
Wenn alte, bereits sanierte Risse durch Erschütterung wieder aufreißen, wo liegt die Ursache bzw. das Verschulden? Ist es eine mangelhafte Altsanierung oder liegen die Ursachen bei den Erschütterungen? Wie kann man die Ursachen abgrenzen?

Oswald:
Zunächst muss geklärt werden, was für ein Anstrichsystem bei der Sanierung der Risse verwendet worden ist. Hat das System überhaupt rissüberbrückende Eigenschaften gehabt? Bei Anstrichsystemen, die keine rissüberbrückenden Eigenschaften haben, müssen Sie bei bestehenden Gebäuden grundsätzlich aus den eben schon genannten Gründen mit Rissen in der Größenordnung von 0,05 bis 0,1 mm rechnen. D. h. solche Rissbildungen sind dann kein Mangel. Wenn ich über einem Riss ein nicht überbrückendes Anstrichsystem anwende, muss ich nach einer gewissen Zeit wieder mit feinen Anrissen rechnen. Nach einigen Jahren ist dann eben neu zu beschichten. Das ist ganz normal. Wenn Sie allerdings ein rissüberbrückendes Anstrichsystem angewendet haben und trotzdem deutliche Risse bekommen, dann muss etwas über das übliche Hinausgehende passiert sein. Sie müssten nun klären, was sind das für Erschütterungen? Wie stark sind sie, was bringen sie für Frequenzen und für Schwinggeschwindigkeiten? Können die Erschütterungen überhaupt einen Einfluss auf die vorgefundenen Risse haben, oder wären die Rissbilder auch ohne sie entstanden?

Frage:
Welchen Einfluss hat die Bodenbeschaffenheit (bindiger bzw. nicht bindiger Boden) auf die Auswirkungen von Erschütterungen?

Oswald:
Die Bodenart hat einen großen Einfluss auf die Ausbreitung von Erschütterungen und muss mitberücksichtigt werden. Die für das Rammen gezeigten Kurven waren unter den Randbedingungen eines bestimmten bindigen Bodens angegeben. Die Randbedingungen sind immer sehr wesentlich. Eine genauere Klärung macht daher fast immer die Hinzuziehung eines Erschütterungsfachmanns notwendig.

Frage:
Können konstruktive Risse im Untergrund (thermisch und hygroskopisch beansprucht, windbelastet) durch rissüberbrückende Beschichtungen geschlossen werden? Beispiel: 30 cm Mauerwerk, 2 cm mineralischer Edelputz mit einem Riss.

Oswald:
Die Frage ist, so wie sie hier formuliert ist, nicht gut gestellt, aber typisch. Die Unterscheidung, ob es sich um einen konstruktiv- oder putzbedingten Riss handelt, ist im Hinblick auf das anzuwendende System relativ uninteressant. Ein konstruktiver Riss großer Breite, bei dem der schadensverursachende Prozess abgeschlossen ist, kann z. B. einfach geschlossen werden, weil keine großen Bewegungen mehr zu erwarten sind, er ist zur „Ruhe" gekommen. Die entscheidende Frage ist also, was passiert noch am Rissrand. Allgemeine Aussagen dazu können nicht getroffen werden. Wenn Sie sich z. B. das Merkblatt des WTA „Beurteilung und Instandsetzung gerissener Putze an Fassaden" (1994) zur Hand nehmen, dann stellen Sie fest, dass die Obergrenze für Rissbreitenänderungen, die von Beschichtungen aufgenommen werden können, in aller Regel bei 0,1 mm liegen. Alles was darüber hinausgeht, ist mit Beschichtungen nicht zu bewältigen. Die Rissüberbrückungseigenschaften von Beschichtungen sind im Wesentlichen eine Frage der Schichtdicke. Mit dünnen Schichtdicken kann man niemals größere Rissbreiten überbrücken.

Frage:
Fallbeispiel: Ein Gebäude mit diversen Rissen an einspringenden Ecken, Fenster im Außenmauerwerk, horizontal, vertikal verlaufend. Die Rissbreiten schwanken zwischen 0,15 bis 0,3 mm. Primäre Ursachen wie Kriechen, Schwinden, Temperatur, Setzung können weitgehend ausgeschlossen werden. Die am Objekt gemessenen Erschütterungen aus Sprengungen lagen unterhalb der Normwerte. Sind die Grenzwerte nach Norm ein hinreichendes Kriterium zur Ursacheneinstufung und Ausschluss?

Oswald:
Die Norm spricht bei ihren Tabellen ausdrücklich von „Anhaltswerten". Ich kenne Fälle, wo die gemessenen Werte um den Faktor 5 – 10 unter den Grenzwerten der Norm lagen. Dann kann man wohl mit großer Wahrscheinlichkeit sagen, dass die Erschütterungen *nicht* ursächlich waren. Liegen die gemessenen Werte näher am Grenzwert, so können Sie selbstverständlich versuchen, durch Einzeluntersuchung den Ursacheneinfluss weiter zu klären. Ansonsten ist das eine Frage an den Spezialisten, inwieweit durch genauere Messung vor Ort, z. B. auch durch Untersuchungen zum genaueren Schwingungsverhalten des schadensbetroffenen Bauteils, die Ursachen weiter eingegrenzt werden können. Ich würde aber in solchen Fällen zur gütlichen Einigung raten, da der Streit endlos dauern kann und die Prozesskosten schnell die ungünstigstenfalls denkbaren Instandsetzungskosten überholen können.

1. Podiumsdiskussion am 24.04.2001

Frage:
Wo wird epiqr (Energy Performance Indoor Evironment Quality Retrofit) im europäischen Ausland oder Deutschland schon verwendet?

Wetzel:
Aufgrund des Zentralismus in anderen europäischen Ländern konnten wir dort größere Fortschritte erzielen; epiqr ist der Gebäudepass der Schweiz geworden. In Deutschland wird sich das sicherlich noch hinziehen. Zur Zeit gibt es nur den Gebäudepass der Ingenieurkammer Baden-Württemberg.

Viele zweifeln die Genauigkeit des Programms an. Dieses Programm gibt eine ganz grobe Analyse, mit der sie schnell Informationen generieren. Man kann mit diesem Verfahren hohe Genauigkeiten, VOB-Tauglichkeiten erreichen. Voraussetzung ist eine entsprechend genaue Kostenanalyse.
Die europäische Kommission fordert uns auf, eine möglichst große Verbreitung des Programms zu erreichen. Diese Aufforderung geben wir hier indirekt an unsere Kunden weiter, indem die Anschaffungskosten mit rund 6.000 DM relativ niedrig liegen.

Oswald:
Gibt das Programm nur eine bestimmte Art der Instandsetzung an, oder können Sie verschiedene Formen wählen? Gibt es beispielsweise bei einem Wärmeschutzmangel folgende Alternativen: Wärmedämmverbundsysteme, hinterlüftete Bekleidungen, etc.?

Wetzel:
Vom Procedere gibt es erst mal die unabhängige Erfassung, die Erstellung des Status Quo des Gebäudes. Im Anschluss daran besteht die Möglichkeit frei zu wählen, welche Maßnahmen ergriffen werden sollen. Da das Budget der Eigentümer häufig nicht ausreicht, wird diese Kategorie oft außer acht gelassen. Es gibt aber Auswahlmöglichkeiten, Wärmedämmverbundsysteme haben wir z.B. in 80 mm, 120 mm, 150 mm Dicke, jeweils aus Mineralwolle.

Frage:
Welchen Einfluss hat die Hinterlüftung des Wärmedämmverbundsystems auf das Brandverhalten des Gebäudes? Führt der Schornsteineffekt im Brandfall nicht zwangsläufig zu einer Verschlechterung?

Cziesielski:
Diese Frage wird zur Zeit beim Deutschen Institut für Bautechnik in einem Sonderausschuss behandelt. Die heißen Brandgase, die bei einem Wohnungsbrand z.B. durch das Fenster aufsteigen und in den Belüftungsspalt eindringen können, führen zu einem Verbrennen oder Schmelzen der Polystyrolschicht. Als Gegenmaßnahme wird erwogen, eine Brandbarriere - z.B. aus Mineralwollplatten - oberhalb der Fenster anzuordnen, damit die heißen Brandgase nicht in den Belüftungsspalt eindringen können.

Frage:
Sind Sie der Auffassung, dass der Regenschutz traditioneller Putze auf Wärmedämmverbundsystemen nicht ausreichend ist und daher hinterlüftete Wärmedämmverbundsysteme nötig sind?

Cziesielski:
Bei ordnungsgemäßer Ausführung des Putzes auf Wärmedämmverbundsystemen ist der Regenschutz ausreichend. Ein unzureichender Regenschutz ist nur dann gegeben, wenn der Putz Risse aufweist, weil es dann bei Mineralfaserdämmplatten zu einer Gefügeschädigung kommen kann.

Frage:
Austrocknungszeiten. Gibt es nicht aus Ihrem Haus Veröffentlichungen, die das rasche Austrocknen (1 Jahr) von Mauerwerk mit Wärmedämmverbundsystemen aus Mineralwolldämmstoffen belegen?

Cziesielski:
Ja! – In meinem Vortrag habe ich eine Grafik gezeigt, die zeigt, dass z. B. Wärmedämmverbundsysteme mit Mineralwolle sich ähnlich günstig wie die hinterlüfteten Außenwandkonstruktionen verhalten.

Frage:
Wie sind die Austrocknungszeiten bei hinterlüfteten Wärmedämmverbundsystem mit EPS-Dämmstoffen?

Cziesielski:
Sie werden sich ähnlich verhalten wie Wärmedämmverbundsysteme ohne Hinterlüftung.

Oswald:
Aufgrund des höheren Wasserdampf-Diffusionswiderstandes der Wärmedämmschicht selbst und der heute meist großen Dämmschichtdicke werden die Austrocknungszeiten wahrscheinlich ungünstiger sein als bei Mineralfaserdämmstoffen mit mineralischen Putzbeschichtungen.

Frage:
Inwieweit können Sie aufgrund ihrer Laboruntersuchungen schon Angaben zum Langzeitverhalten dieses Systems machen? Haben wir es hier mit einer neuen Bauweise zu tun, die sich noch in der Bewährungsphase befindet oder handelt es sich um eine bewährte Konstruktion? Gibt es Rissbildungen im Bereich der Fugen?

Cziesielski:
Laborversuche haben eindeutig gezeigt, dass bei Anordnung von Schleppstreifen über den Plattenstößen keine Rissbildungen auftreten. Vor-Ort-Untersuchungen an 3 bis 7 Jahre alten Objekten zeigten, dass dort visuell keine Rissbildungen erkennbar waren – auch dann nicht, wenn entgegen der bauaufsichtlichen Zulassung der Schleppstreifen nicht ausgeführt wurde; letztere Aussage beruht auf Firmenangaben.

Frage:
Thema Stoßfestigkeit: Hierbei müssen gleich dicke Aufbauten miteinander verglichen werden, d.h. Calciumsilikatplatte plus Putz gleich 2 bis 2,5 cm mit einem Putzsystem von 2 bis 2,5 cm Dicke. Gibt es hier Vergleichsmessungen?

Cziesielski:
Die üblichen Wärmedämmverbundsysteme haben außen ein Putzsystem mit einer Dicke zwischen 3 und 6 mm. Diese Systeme sind nicht hinreichend stoßsicher. Es gibt Untersuchungen mit glasfaserbewehrten mineralischen Putzen. Diese sind bei gleicher Dicke in hohem Maße stoßsicher. Putze auf Calciumsilikatplatten sind stoßsicher – ähnlich wie ca. 2 bis 2,5 cm dicke, bewehrte mineralische Putze auf Wärmedämmverbundsystemen.

Frage:
Wie ist das Langzeitverhalten der beschriebenen hinterlüfteten Wärmedämmverbundsysteme?

Oswald:
Vor einigen Jahren gab es ein nicht belüftetes Fassadensystem, bei dem unmittelbar auf die Wärmedämmung plattenförmige Elemente aufgedübelt waren, die dann – wie die hier angesprochenen belüfteten Systeme – ebenfalls beschichtet wurden. Dieses System ist kläglich untergegangen. Es ist – soviel ich weiß – an der mangelhaften Beherrschbarkeit der Rissbildung über den Plattenstößen gescheitert.

Cziesielski:
Das damalige System unterschied sich aber von den heute ausgeführten belüfteten Wärmedämmverbundsystemen in konstruktiver Hinsicht erheblich (unterschiedliche Putzträgerplatten, Art der Befestigung auf der Wand, Putzrezeptur u. ä.), so dass die Systeme nicht unmittelbar miteinander verglichen werden können. – Hinsichtlich der Langzeitbeständigkeit der heute angebotenen Systeme ist auszuführen, dass Erfahrungen damit während einer Zeit von ca. 7 Jahren vorliegen. Gravierende Schäden oder systembedingte Mängel sind nicht bekannt geworden.

Oswald:
Ich bin der Meinung, dass man zusammenfassend sagen sollte, dass Vorsicht schon angebracht ist – es handelt sich überwiegend um relativ neue Bauweisen ohne praktische Langzeitbewährung.

Frage:
Wenn eine belüftete Fassade schneller austrocknet, trocknet dann nicht auch ein belüftetes Steildach schneller aus? Kerndämmung oder hinterlüftetes, zweischaliges Mauerwerk; unterlüftetes Dach oder nicht unterlüftetes Dach, welche Konstruktionen sind nun besser?

Oswald:
Das ist nun eine Frage, mit der wir leicht den Rest des Vormittags verbringen könnten. Ich muss daher zunächst auf die ausführlichen Beiträge und Diskussionen während früherer Aachener Bausachverständigentage, insbesondere den Tagungsband von 1993, verweisen. Wir reden heute im Wesentlichen über Situationen im Altbaubestand mit durchfeuchteten Untergründen, bei denen es sinnvoll ist, eine Oberflächenschicht aufzubringen, die eine möglichst schnelle Austrocknung ermöglicht. Auch beim Holzdach war die erhöhte Einbaufeuchte des neuen Holzes lange ein wichtiges Argument für die Unterlüftung der Unterspannungen, bis man durch diffusionsoffene Unterspannbahnen das Problem auch ohne Belüftung, aber mit dem Vorteil eines einfacheren Holzschutzes lösen konnte. Beide Bauweisen – belüftet und unbelüftet – haben unterschiedliche Vor- und Nachteile und – je nach Gesamtsituation – kann die eine oder andere „besser" sein.

Vom Referenten Cziesielski nachträglich schriftlich beantwortete Fragen aus dem Teilnehmerkreis:

Frage:
Die von Ihnen vorgestellte hinterlüftete Konstruktion mit Putz auf Putzträgerplatte, thermisch entkoppelt auf einer Alu-Unterkonstruktion, muss nach Zulassung (leichte Vorhangfassaden) mit Fest- und Gleitpunkten ausgeführt werden. Das heißt, es sind Fugen erforderlich.

Sind Fugen im Putz dauerhaft lösbar?

Cziesielski:
Soweit Fugen im Bereich der Unterkonstruktion und in den Putzträgerplatten erforderlich sind, sind diese auch im Putz aufzunehmen. Die Fugen sind offen auszubilden (Kellenschnitt). Probleme mit solchen Konstruktionen sind nicht bekannt.

Frage:
Bis zu welchen Belüftungsquerschnitten (Zuluft, Abluft, Spalt) darf die Luftschicht und die Vorsatzschale wärmedämmtechnisch herangezogen werden?

Cziesielski:
Nach H. Künzel kann bei einer Größe der Belüftungsöffnungen in Anlehnung an DIN 1053 (zweischaliges hinterlüftetes Mauerwerk) davon ausgegangen werden, dass sowohl die Luftschichten als auch die Vorsatzschichten bei der Ermittlung des Wärmedurchlasswiderstandes der Wandkonstruktion mit berücksichtigt werden können. Ein Nachweis hierfür wird zur Zeit im Rahmen einer Dissertation zu führen versucht.

Frage:
Bietet das System einer hinterlüfteten WDV-Fassade auch einen wirksamen Schutz gegen eine Fassadenveralgung (Verringerung der Tauwasserbildung)? - Gibt es Empfehlungen bezüglich des Oberputzmaterials oder des Anstrichs (Wasseraufnahmevermögen)?

Cziesielski:
Algen benötigen zum Wachsen lediglich Wasser, z.B. Tauwasser. Bei nichthinterlüfteten WDVS kommt es im Winter bei klaren Frostnächten aufgrund der Wärmeabstrahlung des Putzes und der geringen Wärmezufuhr durch die dahinterliegende Wärmedämmung zu einer geringeren Temperatur der äußeren Wandoberflächen gegenüber der Außenluft, so dass sich in den frühen Morgenstunden Tauwasser bilden kann. Bei hinterlüfteten WDVS ist der Wärmeschutz der Konstruktion ähnlich gut, so dass auch hier mit Tauwasser und somit auch mit Algenbildung gerechnet werden muss.

Ein Schutz gegen Algenbildung besteht darin, den Außenputz hydrophob (wasserabweisend) und algizid einzustellen.

Oswald:
Zur Langzeitwirkung von Algiziden und weiteren Details zu diesem Problem verweise ich auf den Beitrag von Blaich [Algen auf Fassaden] im Tagungsband der Aachener Bausachverständigentage 1998.

Frage:
Gibt es nicht aus Ihrem Haus Veröffentlichungen, die das rasche Austrocknen (1 Jahr) von Wänden mit *nicht* hinterlüfteten WDVS mit Mineralwoll-Dämmstoffen belegen?

Cziesielski:
Ich verweise auf meinen Beitrag: Nichthinterlüftete WDVS mit Mineralwolldämmplatten ermöglichen das Austrocknen der Wand bis zur Ausgleichsfeuchte innerhalb weniger Wochen/Monate. Dieses Ergebnis steht auch in Übereinstimmung mit Berechnungen von H. M. Künzel.

Frage:
Wie sind die Austrocknungszeiten bei "hinterlüfteten WDVS" mit EPS-Dämmstoffen?

Cziesielski:
Sie entsprechen in etwa denen nichthinterlüfteter Wärmedämmverbundsysteme. Bestätigende Messergebnisse existieren zur Zeit nicht.

Frage:
Wer definiert zulässige Rissbreiten (generell) und insbesondere bei WDVS?

Cziesielski:
Die Beurteilung und Sanierung von vorwiegend auf festen Untergründen auftretenden Putzrissen kann derzeit nach dem Merkblatt [1] der wissenschaftlich technischen Arbeitsgemeinschaft für Bauwerkserhaltung und Denkmalpflege e.V. (WTA) oder den Merkblättern [2, 3] vom Bundesausschuss Farbe und Sachwertschutz (BFS) erfolgen. Eine vergleichende Betrachtung dieser Merkblätter findet sich in [4]. Angaben zur Einschätzung von Putzrissen auf Wärmedämmstoffen fehlten nahezu völlig.

Bisher werden Rissbildungen wie folgt beurteilt:

Putze mit Rissen auf festen Untergründen:
Das Auftreten von Haarrissen ist gemäß DIN 18550, Teil 2, Erläuterungen zu Abschnitt 6.2 nicht zu bemängeln, wenn die Risse in begrenztem Umfang auftreten, da ein rissefreier Putz nicht hergestellt werden kann.

Gemäß WTA-Merkblatt [1] ist ein Riss jedoch dann zu bemängeln, wenn unter gebrauchsüblichen Bedingungen eine optische Beeinträchtigung vorliegt. Nicht gebrauchsüblich ist hierbei eine Blickposition, wenn z.B. eine gärtnerisch gestaltete Fläche oder eine benachbarte Dachfläche betreten oder eine Leiter oder ein Hebegerät benutzt werden muss.

Im WTA-Merkblatt [1] werden folgende Rissbreiten (auf festem Untergrund) unterschieden:

"In der Regel ist bei mineralischen Putzsystemen keine optische Beeinträchtigung gegeben, wenn nachfolgend aufgeführte Rissbreiten nicht überschritten werden:

- *bis 0,1 mm bei glatter Feinstruktur (z.B. gefilzt, verwaschen, geglättet),*
- *bis 0,2 mm bei einem strukturgebenden Korn von > 3 mm.*
- *Breitere Risse stellen dann keinen Mangel dar, wenn sie unter gebrauchsüblichen Bedingungen nicht sichtbar sind und auch sonst keine Beeinträchtigung erfolgt.*

Unabhängig von der Rissbreite liegt ein Mangel vor, wenn

- *die Rissränder verschmutzen und die Risse dadurch gut sichtbar werden,*
- *die technische Funktion beeinträchtigt wird. Hierzu zählen vorzeitige Verwitterungsschäden, anhaltende Verminderung des Wärmedurchlasswiderstandes, Beeinträchtigung des Raumklimas oder eine Schädigung der Innenwandfläche."*

Putze mit Rissen auf Wärmedämmstoffen:
Künzel, H. kommt in seinem Beitrag "Die Bewertung von Putzrissen bei Wärmedämmverbundsystemen" [5] zu dem Schluss, dass Risse in Außenputzen von Wärmedämmverbundsystemen mit Polystyrol-Hartschaumplatten oder mit hydrophobierten Mineralwollplatten *in der Regel* die Funktion des Dämmsystems nicht beeinträchtigen. Die Putzrisse seien lediglich als *optischer Nachteil* zu bewerten. Grenzwerte zulässiger Rissweiten werden nicht angegeben.

Von der Deutschen Forschungsgesellschaft (DFG) wurde im Rahmen des Forschungsschwerpunkts "Bauphysik der Außenwände" der TU Berlin ein Forschungsauftrag mit dem Thema "Putzrisse in Wärmedämmverbundsystemen" erteilt, da keine ausreichenden Kenntnisse zum Verhalten von Wärmedämmverbundsystemen mit Putzrissen vorlagen und insbesondere das Verhalten bei hohen Gebäuden mit großer Schlagregenbeanspruchung zu untersuchen war [6]. Darauf wird im Zusammenhang der nächsten Frage genauer eingegangen.

Frage:
Wie sind Risse im WDVS auf Mineralwollplatten zu beurteilen?

a) Ist es richtig, dass Mineralwoll-Dämmplatten bei Hinterfeuchtung über Risse ≥ 0,2 mm im Oberputz und/oder undichten Bauteil-Anschlussfugen, Abdichtungen (Balkone, Flachdachkante/Attika) schnell an Eigenfestigkeit verlieren und zu schadhaften Oberputzen führen?
b) Kann diese (partiell) durchfeuchtete Mineralwoll-Dämmschicht überhaupt gerettet/saniert werden oder ist ein Rückbau erforderlich?
c) Sind Mineralwollplatten denn für den AG und AN risikobehaftet; wie sieht es mit Hinweispflichten aus?

Cziesielski

Zu a):
Im Bereich eines Putzrisses kann durch den Einfluss von Wasser die Dauerhaftigkeit von Wärmedämmverbundsystemen mit mineralischem Dämmstoff beeinflusst werden:

- Die Wassereindringmenge ist abhängig von den Eigenschaften und dem Alterungszustand der Wärmedämmung bzw. des Putzes. Die klimatische Vorbelastung ("Belastungsgeschichte") des Wärmedämmverbundsystems wirkt sich auf die Wasserverteilung in unmittelbarer Rissnähe aus.
- Für statische Risse bis zu einer Rissbreite von 0,1 mm wurden nur sehr kleine Wassereindringmengen festgestellt. Mehrfach nahm der Wassereindrang im Laufe des Versuches so stark ab, dass kein Wasserzutritt mehr vorlag (Selbstheilungseffekt).
- In Wärmedämmverbundsystemen mit Putzen auf Polystyroldämmung tritt in statischen Druckversuchen weniger Wasser ein als in vergleichbaren Systemen aus Mineralfaserdämmung.
- Die Haftzugfestigkeit des Wärmedämmverbundsystems ist von der Verteilung des eingedrungenen Wassers in der Wärmedämmung abhängig. Dringt Wasser tief in den Dämmstoff ein (z.B. durch Diffusionsvorgänge), so wird die Haftzugfestigkeit stärker herabgesetzt als bei einer Anlagerung des Wassers zwischen Putz und Wärmedämmung.
- Die Haftzugfestigkeit zwischen Putz und Mineralfaserwärmedämmung wird durch Wassereinfluss irreversibel herabgesetzt. Auch nach einer Rücktrocknung wird nicht wieder die Ausgangsfestigkeit erreicht.
- Der Feuchtehaushalt beregneter WDVS mit Mineralfaser- bzw. Polystyroldämmstoff wurde rechnerisch untersucht. Zwischen Wärmedämmung und Putz liegt bei WDVS aus Mineralfaser eine höhere Wasserbelastung vor. In beiden Fällen findet aber keine Wasseranreicherung statt.

Im Hinblick darauf, dass das eindringende Wasser zu einem Gefügeschaden oder einer Verringerung der Haftzugfestigkeit zwischen Putz und Dämmstoff führen kann, wird folgende auf der sicheren Seite liegende Regelung für zulässige Rissbreiten vorgeschlagen:

- Putz auf Mineralfaserdämmung
  $w \leq 0{,}2$ mm
- Putz auf Polystyroldämmung
  $w \leq 0{,}3$ mm

Die Wasserbeanspruchung eines Wärmedämmverbundsystems an undichten Bauteilanschlussfugen kann bzw. wird ungleich höher ausfallen als bei Rissbildungen im Putz. Die Schädigung des Systems ist im Einzelfall zu überprüfen.

Zu b):
Häufig besteht die Notwendigkeit, Risse in Putzen von Wärmedämmverbundsystemen zu sanieren, insbesondere dann, wenn sich die Risse wegen der Durchfeuchtung der Rissränder durch anhaftende Staubablagerungen deutlich abzeichnen.
Voraussetzung für eine erfolgreiche Sanierung ist die Kenntnis des Umfanges der vorhandenen Schädigung am Wärmedämmverbundsystem. Vor der Durchführung einer Putzinstandsetzung sind daher Untersuchungen durchzuführen. Eine Sanierung ist nicht möglich, wenn die Standsicherheit des gesamten Systems nicht mehr gegeben ist. Dies ist z.B. der Fall bei geschädigter oder unzureichender Verklebung der Dämmstoffplatten oder einer verringerten Haftzugfestigkeit zwischen Putz und Wärmedämmung. In solchen Fällen ermöglicht die Haftzugprüfung vor Ort die Ermittlung der noch vorhandenen Standsicherheit.

Dabei ist im Wesentlichen folgenden Fragestellungen nachzugehen:

- Was ist die Ursache der Rissbildung? Treffen ggf. mehrere Ursachen zusammen?
- Stellt das vorhandene Rissbild einen Endzustand dar oder ist in Zukunft mit einer Zunahme bzw. einer Veränderung der Rissbildung bzw. der Rissbreite zu rechnen?
- Wird die technische Funktion und damit die Gebrauchsfähigkeit des Putzes beeinträchtigt?
- Wird die ästhetische Funktion der Fassade beeinträchtigt?

Bei der Sanierung von Einzelrissen ist in den meisten Fällen davon auszugehen, dass die gesamte Fläche abschließend einheitlich beschichtet werden muss. In [7] wurden auf dem Markt befindliche Systeme zur Instandsetzung gerissener Putzoberflächen untersucht. Vor dem Anordnen einer Beschichtung können Einzelrisse bei Wärmedämmverbundsystemen z.B. bei fehlender Überlappung des Gewebes wie folgt saniert werden:

Oberputz und Unterputz bis zur Gewebebewehrung beidseitig des Risses auf ca. 20 cm Breite entfernen. Den Oberputz zusätzlich beidseitig ca. 5 cm breit abnehmen. In den freigelegten Bereich den Unterputz und die mittig eingelegte Gewebebewehrung einarbeiten. Nach ausreichender Standzeit des Unterputzes den Oberputz mit gleicher Struktur und Farbe auftragen.

Zur Erlangung eines ästhetisch befriedigenden Ergebnisses und einheitlichen Gesamtbildes kommen verschiedene flächige Nachbesserungen in Betracht.

Diese sind:

- organische, rissüberbrückende Beschichtungssysteme,
- mikroporöse, füllende Beschichtungssysteme z.B. Siliconharzfüllfarben [8] und Dispersionssilikatfüllfarben,
- mineralische Oberputze nach DIN 18550 (nur auf unbeschichtetem tragfähigem Untergrund),
- modifizierte mineralische Oberputze,
- mineralische gewebearmierte Spachtelung und mineralischer Oberputz z.B. [3-Variante 1],
- Wärmedämmputzsysteme,
- Wärmedämmverbundsysteme z.B. [3-Variante 2],
- vorgehängte Fassadensysteme.

Zu c):

Die Ursachen für Rissbildungen in Wärmedämmverbundsystemen sind vielfältig. Häufig entstehen Risse in Wärmedämmverbundsystemen auf Grund von Zwangsbeanspruchungen, da an den Gebäudeecken und den Fensterkanten Einspannungen vorliegen. Weiterhin ist zu unterscheiden zwischen Rissen, die vom Bauwerkuntergrund ausgehen (Fugenüberbrückung) und Rissen, die durch Verlegefehler der Dämmstoffplatten entstehen. Als Ursachen für Rissbildungen kommen neben Verlegemängeln auch Putzmängel in betracht.

Beim Vorliegen von Rissbildungen sind daher immer die Rissursachen sowie die *Verantwortlichen für die Rissbildungen* zu benennen. Mineralwolldämmstoffe haben – wie Polystyroldämmstoffe – in der Vergangenheit bewiesen, dass sie für Wärmedämmverbundsysteme geeignet sind. Eine Hinweispflicht ist somit nicht gegeben.

Frage:

Es wurde u.a. dargestellt, dass bei Deckschichten auf PS-Hartschaumplatten Risse bis zu einer Weite von 0,3 mm auftreten dürfen, ohne dass es zu Folgeschäden kommt, bei Mineralwollplatten bis 0,2 mm.

Beide Angaben sind äußerst problematisch!

Es kommt dabei wesentlich auf die Dicke der Deckschichten und vor allen Dingen auf die Art des Mörtels der Armierungsschicht an. Darüber hinaus ist es sehr wichtig zu wissen, um welche Art von Rissen es sich handelt, d.h. ob sich die Risse zur Tiefe hin verengen. Weiterhin wäre eine Klarstellung dahingehend hilfreich, dass Risse mit Weiten von 0,3 oder auch 0,2 mm schon aus optischen Gründen nicht akzeptabel sind.

Cziesielski:

Die Gesamtputzdicke ergibt sich aus der Dicke des Unterputzes und des Oberputzes. Wärmedämmverbundsysteme werden mit Gesamtputzdicken von ca. 2 bis ca. 15 mm hergestellt. Diese stark unterschiedlichen Schichtdicken hängen im Wesentlichen von der verwendeten Unterputzsorte und der Art der Wärmedämmung ab.

Die Putzsysteme werden nach ihrer Gesamtputzdicke unterschiedlich bezeichnet. Vom Fachverband Fassadenwärmeschutz werden "Dünnputzsysteme" und "Dickputzsysteme" wie folgt beschrieben:

Unterscheidungsmerkmale von "Dünnputz- und Dickputzsystemen"

System	Bindemittel	Zusätze	Trocken-auftrags-dicke
Dünn-putz	kunstharz-gebunden	-	1 - 2 mm
	kunstharz-gebunden	Zement-zusatz	2 - 4 mm
	zement-gebunden	Disper-sionen	3 - 6 mm
Dick-putz	zement-gebunden	-	6 - 10 mm

Die kunstharzgebundenen "Dünnputzsysteme" kommen wegen ihrer Feinkörnigkeit nur auf planebenen Untergründen mit Dickentoleranzen unter 2,0 mm zur Anwendung. Solche Putze werden daher bevorzugt auf Polystyroldämmstoff eingesetzt. Diese Systeme zeichnen sich durch ein geringes Eigengewicht und eine gute Haftung der Komponenten untereinander aus. Sie bestehen aus brennbaren Einzelkomponenten und werden der Baustoffklasse DIN 4102-B1 oder DIN 4102-B2 zugeordnet.

Diese brennbaren Systeme dürfen aus brandschutztechnischer Hinsicht nur bis zur Hochhausgrenze (22 m) eingesetzt werden.

Auf Mineralfaserplatten werden zementgebundene Systeme ab ca. 4 mm Auftragsdicke als „Dünnputzsystem" oder als „Dickputzsystem" aufgetragen. Mit „Dickputzsystemen" können Unebenheiten im Untergrund bis ca. 4 mm ausgeglichen werden. Diese Systeme gehören im Allgemeinen der Baustoffklasse DIN 4102-A1 an. Im Bereich oberhalb der Hochhausgrenze werden ausschließlich Systeme mit mineralischen Dämmstoffen eingesetzt.

In die Untersuchungen der zulässigen Rissweiten wurden sowohl Dünn- als auch Dickputze unterschiedlicher Zusammensetzung (vgl. Tabelle 1) auf unterschiedlichen Untergründen einbezogen. Der Wasserdurchtritt wurde dabei an vollständig durchgerissenen Putzen untersucht, da bei nicht durchgängigen Rissen kein Wasserdurchtritt nachzuweisen war.

Im Hinblick auf die optischen Beeinträchtigungen wird auf die Ausführungen zu einer der vorherigen Fragen verwiesen.

Literatur zum Thema „Risse im WDVS":

[1] Wissenschaftlich technische Arbeitsgemeinschaft für Bauwerkserhaltung und Denkmalpflege e.V. (WTA): WTA-Merkblatt 2-4-94, Beurteilung und Instandsetzung gerissener Putze an Fassaden. Baierbrunn 1995.

[2] Bundesausschuss Farbe und Sachwertschutz (BFS): BFS-Merkblatt Nr. 19 - Risse in Außenputzen. Beschichtung und Armierung. 1997.

[3] Bundesausschuss Farbe und Sachwertschutz (BFS): BFS-Merkblatt Nr. 19.1 - Risse in unverputztem und verputztem Mauerwerk, in Gipskartonplatten und ähnlichen Stoffen auf Unterkonstruktionen. 1991.

[4] Cyrol, W.: Merke! Risse! - Eine vergleichende Information zu den WTA- und BFS-Merkblättern. Bautenschutz und Bausanierung. Rudolf Müller Verlag, Köln 1999.

[5] Künzel, H.: Die Bewertung von Putzrissen bei Wärmedämmverbundsystemen. Bautenschutz und Bausanierung, Heft 6, S. 42-48, 1995.

[6] Cziesielski, E., Fechner, O.: Wärmedämmverbundsysteme: Untersuchungen zur Gebrauchsfähigkeit gerissener Putzsysteme. DFG-Forschungsschwerpunkt "Bauphysik der Außenwände". Berichtsband zum "Forschungsschwerpunkt Bauphysik der Außenwände", Fraunhofer IRB-Verlag, 2000.

[7] ibac: Prüfung vorhandener Systeme zur Instandsetzung gerissener Putzoberflächen. Institut für Bauforschung. Aachen. Fraunhofer IRB Verlag. F 2350. 1999.

[8] Ispo: Produktmappe - Isposan Elast. Silicon-Fassadenfarbe zur diffusionsoffenen Rissüberbrückung auf Putzen.

[9] Wülfrather: Produktmappe - Wülfrather ReTec-Verfahren. Sanierung schadhafter Kunstharzputze auf Wärmedämmverbundsystemen: Variante 1 - mineralischer Unterputz mit Gewebebewehrung; Variante 2 - mineralischer Unterputz mit zusätzlicher Dämmung.

Im Hinblick auf die Instandsetzung von WDVS wird verwiesen auf:

[10] Oster, K. L.: Die Nachbesserung und Sanierung von Wärmedämmverbundsystemen. In: Aachener Bausachverständigentage 1998, Bauverlag, Wiesbaden und Berlin

Zur Bewertung der optischen Beeinträchtigung von Rissen in Wärmedämmverbundsystemen siehe auch:

[11] Oswald, R.; Abel, R.: Hinzunehmende Unregelmäßigkeiten bei Gebäuden – Typische Erscheinungsbilder, Beurteilungskriterien, Grenzwerte. Bauverlag, Wiesbaden und Berlin, 2. Auflage, 2000

Vom Referenten Moriske nachträglich schriftlich beantwortete Fragen aus dem Teilnehmerkreis:

Frage:
Gibt es zum Thema „Fogging-Effekt" in Wohnungen einen neuen Erkenntnisstand?

Moriske:
Das Umweltbundesamt hat im Rahmen aktueller umfangreicher Untersuchungen in betroffenen Wohnungen – die Fallzahl nimmt übrigens nach wie vor, insbesondere in Wintermonaten, ständig zu – zunächst bestätigen können, dass der Eintrag höhersiedender organischer Verbindungen, insbesondere von Phthalaten (Weichmachern) in die Raumluft aus Farben, Lacken, Klebstoffen, PVC, Laminatböden etc. als erster Reaktionsschritt erforderlich ist, um das Phänomen der schwarzen Ablagerungen (Fogging-Phänomen) zu erzeugen. Darüber hinaus müssen allerdings andere chemische und physikalische Einflüsse (Staubbelastung, turbulente Luftströmungsbedingungen, geringe Luftwechselzahl, elektro- und bauphysikalische Einflüsse) vorhanden sein, um im Einzelfall zu den Ablagerungen zu führen. Auch das Nutzerverhalten (Heiz- und Lüftungsverhalten, Gebrauch von rußenden Kerzen etc.) spielt doch mehr, als dies bisher belegbar war, eine Rolle.

Frage:
Es gibt Hersteller, die die Luftwechselrate ihrer Lüftungsanlagen über die raumweisen Luftfeuchteraten steuern. In wie weit stehen die Luftfeuchtewerte in Wohngebäuden im Verhältnis zu den CO_2-Werten?

Moriske:
Ein unmittelbarer Zusammenhang besteht nicht. Mittelbar wird bei Vorliegen erhöhter CO_2-Konzentrationen, verursacht durch gleichzeitige Anwesenheit zahlreicher Personen in einem umgrenzten Raum (ohne zwischenzeitliches Lüften) oftmals auch eine höhere Feuchtelast im Raum durch Feuchtigkeitsabgabe der Personen beim Ausatmen und über die Haut sowie durch verschiedene Aktivitäten entstehen, ohne dies allerdings quantitativ mit den CO_2-Werten ins Verhältnis setzen zu können.

Frage:
Welche Luftwechselrate kann eine Fensterspaltlüftung im dahinter liegenden Raum bewirken?

Moriske:
Das kann nicht generell beantwortet werden. Die Luftwechselrate, besser Luftwechselzahl, im Raum, der mittels Fensterspaltlüftung mit Frischluft versorgt wird, hängt in erheblichem Maße von der Größe des Raumes, der Dimension und technischen Ausführung der Lüftungsspalte sowie den außen- und raumluftphysikalischen Bedingungen ab. Es gibt sicher Fälle, bei denen bei Vorhandensein mehrerer Fensterspaltlüftungen und dauerhafter Lüftung eine ausreichend hohe Luftwechselzahl (dauerhaft ca. 0.5-1/h und mehr) erreicht wird. Größer dürfte die Anzahl der Fälle sein, bei denen eine Fensterspaltlüftung (insbesondere bei ungeregelter Lüftung) nicht genügt, um den erforderlichen hygienischen Mindestluftwechsel sicherzustellen.

Vom Referenten Zeller nachträglich schriftlich beantwortete Fragen aus dem Teilnehmerkreis:

Frage:
Wie ist die Luftdichtigkeit zu messen?
Im verkleideten oder unverkleideten (Gipskarton) Zustand?

Zeller:
Für die Qualitätssicherung ist ein Messtermin vorzuziehen, zu dem die Luftdichtung noch

zugänglich ist. Nachweismessungen dagegen können nach DIN EN 13829 erst stattfinden, nachdem die Gebäudehülle fertiggestellt ist.

Zusatzfrage:
Können dann nicht die Gipskartonplatten die am ehesten luftdichte Schicht darstellen?

Zeller:
Wenn jemand es schafft, mit Gipskartonplatten eine dauerhafte Luftdichtung herzustellen, dann darf er das tun. Die Betonung liegt dabei auf „dauerhaft".
Eine Abdichtung durch Gipskartonplatten wird meist nicht dauerhaft dicht sein, z.B. weil sich Risse bilden.

Frage:
Kann man vom n_{50}-Wert zurückrechnen auf den natürlichen Luftwechsel?

Zeller:
Der natürliche Fugenluftwechsel hängt von n_{50} ab. Er hängt aber auch ab von der Leckageverteilung, von der Höhe des Luftverbundes im Gebäude und vor allem vom momentanen Wetter. Als Mittelwert über die Heizperiode und über viele Häuser kann die Fugenluftwechselrate nach DIN EN 832 abgeschätzt werden zu 0,04 bzw. 0,07 bzw. 0,1 mal n_{50} – abhängig von der Windexponiertheit des Gebäudes.

Frage:
Welche Luftdichtigkeit (n_{50}-Wert) wird werkvertraglich* geschuldet?
Ist eine Luftdichtigkeit von n_{50} = 3,9 in diesem Sinne mangelhaft (ohne mech. Lüftungsanlage)?

****Anmerkung:***
Die WSVO sagt: „luftdicht nach dem Stand der Technik". Wo ist dieser derzeit anzusiedeln, wenn es ohne besonderen Aufwand durchaus möglich ist, n_{50}-Werte von 0,8 ... 1,2 zu erreichen?

Zeller:
Die Anforderungen der WSVO wurden präzisiert durch die Veröffentlichung im Bundesanzeiger vom 8. Juli 1998. Die Grenzwerte betragen demnach $n_{50} = 3\ h^{-1}$ bei Gebäuden ohne und $n_{50} = 1{,}5\ h^{-1}$ bei Gebäuden mit Lüftungsanlage. Nebenbei: Werte von 0,8 bis 1,2 h^{-1} erfordern nach meiner Erfahrung durchaus einen besonderen Aufwand, zumindest eine gute Planung.

Anmerkung Oswald:
Bei der hier gestellten Frage, ob ein Einfamilienhaus mit dem gemessenen n_{50}-Wert von 3,9 denn nun mangelhaft sei, sollte man bedenken, dass die Messungen recht ungenau sein können – ich verweise auf die Vorträge.

Frage:
Gibt es Erkenntnisse über die Dauerhaftigkeit von Abklebungen bei Anschlüssen / Fugen (Außenwand / Außenwand) oder Einblasöffnungen (z.B. bei Zellulosefaserdämmung) auf Holzkonstruktionen?
Begründung der Frage: Bei einem eigenen Objekt hatten sich ca. 2 Wochen nach dem Blower-Door-Test (Ergebnisse bei 3 Objekten zwischen 0,66 und 0,73) ca. 10 % der Abklebungen wieder gelöst und mussten nachgearbeitet werden.

Zeller:
Diese Erfahrung haben wir auch schon gemacht. Leider lässt die Messung keine Aussage über die Dauerhaftigkeit der Luftdichtung zu. Ich habe den Eindruck, dass die renommierten Firmen gute Produkte anbieten, aber ich kann nicht sagen, welche der billigeren Produkte gut oder schlecht sind. Im Fachverband Luftdichtheit im Bauwesen e.V. (FLiB) wird unter Mitwirkung von Herstellern derzeit an Qualitätskriterien gearbeitet. Es wird aber noch lange dauern, bis Ergebnisse vorliegen werden.

Frage:
Der Klebstoff aller Klebebänder wird max. 15 Jahre lang halten, bei den meisten wahrscheinlich nicht einmal 10 Jahre!
Muss alles mechanisch verbunden werden?
Muss der Verbindungsstoß der Folie mit einer Doppellatte zusammengepresst werden?

Zeller:
Im DIN-Arbeitskreis zur neuen DIN 4108-7 waren sich die anwesenden Hersteller einig, dass bei Überlappungen (z.B. Verklebung Folie gegen Folie innerhalb eines Bauteils) keine mechanische Sicherung notwendig ist.

Die überwiegende Mehrheit der Mitarbeiter im Arbeitskreis halten dagegen eine mechanische Sicherung an Anschlüssen (d.h. gegen andere Bauteile) für erforderlich. Die mechanische Sicherung kann zwar keine absolute Dichtheit garantieren, aber sie kann zumindest ein Aufklaffen verhindern, falls die Verklebung nach 15 Jahren auf geht.

Frage:
Inwieweit haben Tackerstellen (Befestigung) der Luftdichtigkeitsfolie einen Einfluss auf die Luftdichtigkeit?

Zeller:
Die Tackerstellen haben keinen nennenswerten Einfluss. Trotzdem sollte die jeweils zuerst befestigte Folie so festgetackert werden, dass die Tackerlöcher später außerhalb der Verklebung mit der zweiten Folie liegen und somit außerhalb der Luftdichtung.
Zum Vergleich:
Bei einem Haus mit $n_{50} = 1\ h^{-1}$ und einem Innenvolumen von 400 m^3 beträgt die freie Öffnungsfläche aller Leckagen zusammen rund 200 cm^2.

PRO UND CONTRA – DAS AKTUELLE THEMA

Wie luftdicht muss ein Gebäude sein?

Oswald:
Lassen Sie mich folgende Anfangsfrage formulieren:

Wenn die Referenten dieses Vormittags einerseits zu dem Ergebnis kommen, dass wir bei sehr dichten Häusern im Hinblick auf einen großen Teil der Bevölkerung das notwendige Lüften nicht dem Einzelnen überlassen können und daher Lüftungsanlagen benötigen, andererseits jedoch vorgetragen wurde, dass bei Lüftungsanlagen im Ergebnis die Gesamtenergieeinsparung eher schlechter wird, dann frage ich mich, wie sinnvoll der ganze Aufwand ist, um eine extrem hohe Luftdichtheit der Gebäudehülle herzustellen und zu kontrollieren?

Hegner:
Die Luftdichtheit der Hülle garantiert in erster Linie Bauschadensfreiheit und den verminderten Energieverlust nehmen wir einfach mit. Es ist nicht möglich, über Undichtheiten ein Gebäude ausreichend zu belüften. Die Werte, die Herr Moriske gezeigt hat, Luftwechselzahlen von 0,3 - 0,4 h, suggerieren, dass bei klapprigen Fenstern eine ausreichende Lüftung möglich ist. Ich halte die Werte für zu hoch. Undichte Fenster ermöglichen einen Luftwechsel im Bereich von 0,1 - 0,15 h. D.h. wir müssen zusätzlich über ein Öffnen der Fenster lüften oder eine Lüftungsanlage einbauen. Was wir nicht machen sollten, ist, Bauteilanschlüsse undicht zu bauen. Deshalb gibt es die Anforderungen in der Energieeinsparverordnung. Eine letzte Bemerkung zum Mindestluftwechsel. Es ist eine Formulierung in der EnEV enthalten, dass ein Mindestluftwechsel gewährleistet sein muss. Dies ist nur ein Randvermerk, denn der Bund hat keine Kompetenz, hygienische Anforderungen zu regeln. Wir verweisen hier auf die Regelung der Länder. Die neue DIN 4108 Teil 2, die ja den Mindestwärmeschutz regelt, hat hier mittlerweile einen Mindestluftwechsel von 0,5 h definiert. Dieser Wert muss planerisch eingehalten werden. Die Länder werden dies mit Sicherheit über entsprechende bauaufsichtliche Erlasse einführen.

Moriske:
Der Bund wird bei der Frage des Mindestluftwechsel aus hygienischer Sicht auch ein Wörtchen mitzureden haben. Ich möchte gar nicht den Mindestluftwechsel in Gebäuden aus raumlufthygienischer Sicht definieren. Ich habe bewusst keine Zahl genannt. In der Energiesparverordnung steht ebenfalls keine Zahl. Wir kennen nämlich heute keinen hygienisch vertretbaren Mindestluftwechsel, den wir guten Gewissens in eine Forderung reinschreiben können. Diskutiert werden jetzt schon Mindestluftwechselzahlen von 0,5 bis 0,8 pro Stunde. Diese Zahlen liegen rechnerisch in der Energieeinsparverordnung durchaus in diesem Bereich mit 0,6/0,7 pro Stunde. In Niedrigenergiehäusern, die mit einer natürlichen Luftwechselzahl bei 0,3 pro Stunde liegen können und die keine zusätzliche mechanische Lüftungseinrichtungen aufweisen, haben wir es zunehmend mit Schimmelpilzbelastungen zu tun. Dies sollte uns zu denken geben.

Herr Hegner, Gebäude sollen natürlich nicht undichter gebaut werden. Da gehen wir vollkommen konform. In dichten Gebäuden ist das sachgerechte Lüften mehr denn je notwendig. Stellen Sie sich vor, die Leute haben vorher in einem Altbau gewohnt, der aufwendig energetisch saniert wurde und nun entsprechend einen sehr viel geringeren, natürlichen Luftwechsel besitzt. Das Lüftungsverhalten der Bewohner muss sich dann i. d. R. ändern. Ich möchte aber behaupten, dass verändertes Lüftungsverhalten der Bewohner nicht unbedingt in allen Fällen das Problem löst. Ich möchte auch vor dem generellen Einbau von Klimaanlagen bzw. von raumlufttechnischen Anlagen warnen. Lüftungsanlagen mit Wärmerückgewinnung sind zwar nicht dasselbe wie eine raumlufttechnische Anlage, aber es funktioniert ähnlich. Wir haben zuhauf Probleme in Gebäuden, die mit solchen Anlagen versorgt sind, weil sie nicht regelmäßig gewartet und kontrolliert werden. Somit kann es zu mikrobiellem Wachstum in der Anlage kommen. Niemand weiß heute, ob so was nicht auch in Niedrigenergiehäusern und Passivhäusern passiert.

Reiß:
Es sollte unterschieden werden zwischen Gebäuden mit Lüftungsanlage und ohne Lüftungsanlage. Wenn eine Lüftungsanlage eingebaut wird, dann sollte das Gebäude sehr dicht sein. Wenn keine Lüftungsanlage eingebaut wird, sondern natürlich gelüftet wird, dann sollten die Fensterfugen nicht übertrieben dicht sein. Die Fugendichtheit, der a-Wert, sollte nicht unter 0,9 liegen. Die Tendenz beim Bau von Niedrigenergiehäusern und energiesparenden Häusern geht dahin, Lüftungsanlagen einzubauen. Ursprünglich war die Funktion des Fensters der Lichteintrag und die Lüftung. Zunehmend wird die Funktion der Lüftung vom Fenster weggenommen und Lüftungsanlagen übertragen. Es kann nicht die Zukunft sein, alle Häuser mit Lüftungsanlagen auszustatten. In großen Gebäuden, in Versammlungsräumen, in Büros usw. versucht man bereits, von diesen mechanischen Lüftungsanlagen wegzukommen. Natürliche Lüftung wird propagiert. In Niedrigenergiehäusern und in Passivhäusern wird versucht mit aller Gewalt eine Lüftungsanlage einzubauen.

Cziesielski:
Ich verstehe die Zahl 0,9 bezogen auf die Fugendichtheit nicht. Wir sind doch froh, dass die Fenster dicht geworden sind.

Reiß:
Ja, aber nicht übertrieben dicht.

Cziesielski:
Jetzt sollen Sie maximal einen a-Wert von 0,9/h erreichen. Herrschaften, es gibt noch diese Handbewegung, Fenster auf, Fenster zu. Damit können Sie jeden a-Wert, den Sie wollen, erzielen. Aber lassen Sie die Fenster bitte so, wie sie sind, dann haben Sie den Vorteil, dass kein Regen reinkommt, keine Verdreckung stattfindet etc.

Oswald:
Herr Hegner und Herr Cziesielski, es geht doch hier nicht um so große Undichtheiten, dass daraus Bauschäden entstehen oder Regen eingetrieben werden kann. Auch die riesengroße Zahl älterer Gebäude, die „nur mitteldicht" sind, also bei n_{50}-Werten zwischen 3- und 8-fach liegen, hat doch gar keine Schäden. Ist aber der Wert von n_{50} = 0,5- bis 1,0-fach wirklich erstrebenswert? Bei der ganz hohen Dichtheit sehe ich das Problem.

Herr Moriske sagt, wir wollen eigentlich keine Lüftungsanlagen haben, was auch offenbar Meinung der meisten Zuhörer ist. Weiter wird ausgeführt, dass es bei sehr dichten Fenstern eine Möglichkeit geben muss, die Raumlufthygiene sicherzustellen. Diese beiden Forderungen können doch so nicht zusammenkommen oder sehe ich das falsch?

Moriske:
Aus der Sicht des Hygienikers und unter dem Aspekt der Nachhaltigkeit ist es sicherlich nicht sinnvoll, die Fenster an sich undichter zu machen. Aber wenn wir fordern, dass Gebäude dichter werden, dann muss das zu einem veränderten Nutzerverhalten führen. Dies ist sicherlich auch relativ leicht zu realisieren. Ich bin kein Freund vom Einbau mechanischer Lüftungsanlagen, da das richtige Nutzerverhalten hierbei schwieriger zu erreichen ist als beim natürlichen Lüften.

Zeller:
Kann man mit natürlicher Lüftung einen Mindestluftwechsel sicherstellen? Es wird nicht gelingen, ein Gebäude in einer bestimmten Weise undicht zu bauen, sagen wir geplant ein n_{50} zwischen 3 und 5 zu erhalten. Sie wissen wie schwierig es ist, ein Haus dicht zu bauen und Sie können ahnen, wie schwierig es wäre, eine definierte Undichtigkeit zu erreichen.
Wenn man durch Fugen passiv, ohne motorischen Antrieb lüften will, dann muss man dafür Bauteile vorsehen, die das leisten können. Üblicherweise sind das die Fenster. Es gibt allerdings keine Fensterstellung bei der das Fenster relativ wenig offen und somit für eine Dauerlüftung geeignet ist. Bei gekippten Fenstern ist der Luftwechsel im Winter deutlich zu hoch. Abgesehen davon, dass es Probleme mit der Regensicherheit, Einbruchsicherheit usw. geben kann. Für eine garantierte Grundlüftung mit passiven Mitteln muss ein Bauteil entwickelt werden, das eine kleine, einstellbare Lüftungsöffnung ermöglicht. Das wäre eine mögliche Lösung, wie man einen Mindestluftwechsel sicherstellen kann.

Die nächste Stufe ist eine mechanische Abluftanlage. Das ist eine gute Lösung, wenn jemand seine eigene Atemluft nicht durch ein Kanalnetz fördern will. Bei der Abluftanlage ist es so, dass die Zuluft durch passive Außenluftdurchlässe strömt. Das sind geeignete Öffnungen, deren Querschnitt sich verändern lässt. Man kann die Öffnung größer oder kleiner machen, je nachdem, in welchem Zimmer man sich aufhält. Wenn man wissen will, ob das Ding verschmutzt ist, schraubt man den Deckel ab, schaut rein. Die Reinigung ist von Hand ohne irgendwelche besonderen Werkzeuge möglich. Probleme mit Mikroorganismen in der Luftführung wird es nicht geben. Damit lässt sich eine Energieeinsparung erreichen.

So viel zum Thema „einfache Lüftungseinrichtungen". Nun zur Frage, wie man auch bei moderaten Luftwechselraten eine gesunde Innenluft erreicht: Der wichtigste Schritt ist es, die Innenraumluftbelastung zu reduzieren, beispielsweise durch Verwendung emissionsarmer Bodenbeläge und Einrichtungsgegenstände. Eine Luftwechselrate im Winter von 0,8 führt bereits zu trockener Raumluft.

Die zweite Methode zur Reduzierung der notwendigen Luftwechselrate ist die Lüftungseffizienz. Man muss die Abluft dort entnehmen, wo die Feuchtigkeit und die Geruchsstoffe und die Schadstoffe freigesetzt werden, d.h. in WC's, Küchen, Bädern. Wenn man die Abluft in den eben genannten Räumen entnimmt und in Wohn- und Schlafräumen die Zuluft einströmen lässt, dann kann man die Luftwechselrate weiter reduzieren. Das ist der Grund dafür, warum in Häusern mit gut regulierten Lüftungsanlagen Luftwechselraten von 0,3 zu einer gesunden Raumluftqualität führen und nicht dazu, dass die Feuchtigkeit zu hoch wird oder dass es stinkt.

Dahmen:
Es ist deutlich geworden, dass bei Vorhandensein einer mechanischen Lüftungsanlage auch ein entsprechend dichtes Gebäude ausgeführt werden muss. Sonst ist die mechanische Lüftungsanlage nicht in der Lage, den erforderlichen Luftwechsel durchzuführen. Auf der einen Seite wird ein Gebäude sehr dicht gemacht, um Grenzwerte einzuhalten und auf der anderen Seite gibt es die individuelle, nicht regelbare Fensterlüftung, um den notwendigen Luftwechsel zu erreichen. Ich sehe da einen Widerspruch. Wir machen hohe Aufwendungen, um alle Stellen dicht zu machen und müssen dann den notwendigen Luftwechsel über das unkontrollierbare Öffnen der Fenster regeln. Der Nutzer ist nicht normierbar. Herr Dr. Moriske, Sie halten es für möglich, das Nutzerverhalten in Richtung eines bestimmten Lüftens zu verändern. Ich glaube, die Wirklichkeit zeigt einen ganz anderen Weg. Wir haben immer wieder das Problem bei Schadensfällen, vor allem bei Schimmelpilzschäden in Gebäuden, dass, wenn wir nach dem Lüftungsverhalten fragen, geantwortet wird: „Morgens stellen wir die Fenster auf Kipp, ziehen die Gardine zu und dann sind wir bis abends aus dem Haus." Der Leibungsbereich wird so stark ausgekühlt und die Grundlage für Schäden ist dort gelegt. Der erforderliche Luftwechsel ist eigentlich nicht vollführt. Ein schneller Luftaustausch, ohne die Wärme aus den wärmespeichernden Bauteilen mit auszutauschen, sollte möglichst durch Stoßlüftung erreicht werden. Dieses Problem bekommen wir offensichtlich nicht in Griff, auch nicht mit einer mechanischen Lüftung. Beim Nutzer spielen offensichtlich andere Dinge eine Rolle, warum er das Fenster öffnet.

Zeller:
Ich wollte noch die Frage der Akzeptanz von mechanischen Lüftungsanlagen ansprechen. Herr Reiß hat gezeigt, dass das Fensterlüftungsverhalten in mechanisch gelüfteten Gebäuden sehr unterschiedlich ist. Der Nutzereinfluss auf die Lüftung und letztendlich auch auf seinen Energieverbrauch ist sehr hoch. Das Erstaunliche ist, dass im Mittel schon das herauskommt, was wir rechnerisch erwarten. Also wenn der berechnete Energiebedarf für Gebäude verglichen wird mit dem tatsächlichen Energieverbrauch können große Differenzen auftreten, aber bei Berücksichtigung eines größeren Ensembles von Gebäuden stellen wir fest, dass unabhängig vom Wärmeschutzniveau und von der Lüftungsstrategie der Mittelwert eigentlich erstaunlich gut stimmt. D.h. für den einen Nutzer, der die Fenster unnötig öffnet, gibt es immer einen anderen, der zusätzlich Energie einspart. Ende der neunziger Jahre gab es ein Förderprogramm für 30 Niedrigenergiehäuser in Hessen. Das waren die ersten in Deutschland in größerer Zahl gebauten Niedrigenergiehäuser. Überall waren mechanische Lüftungsanlagen eingebaut. Teilweise gab es Klagen der Nutzer darüber, dass die Lüftungsanlagen nicht so funktionierten , wie

sie es eigentlich erwartet hatten. Das Ingenieurbüro ebök hat diese Häuser und diese Anlagen untersucht und festgestellt, dass die Häuser häufig nicht dicht waren. Bei Abluftanlagen führt das dazu, dass die Belüftung nicht funktioniert. Desweiteren waren die Lüftungsanlagen oft nicht in Ordnung, weil keine Planung stattgefunden hatte. Oft sind die Anlagen nicht einreguliert worden, d.h. die Luftmengen haben nicht gestimmt. Wenn ich beispielsweise die Zuluft nicht ins Wohnzimmer bringe, sondern in irgendeinen weniger genutzten Raum, dann muss in dem Wohnzimmer zusätzlich über Fenster gelüftet werden. Das Ergebnis der Untersuchungen war, wenn es Klagen gab über mangelnde Belüftung, dann lag auch immer ein Fehler am Haus oder an der Lüftungsanlage vor.

Moriske:
Ich habe den Eindruck, dass die Debatte darum geht, wie wir den hygienisch erforderlichen zusätzlichen Luftwechsel am ehesten gewährleisten können über Fensterlüftung oder über mechanische Belüftung. Ich stimme Ihnen zu, dass das Nutzerverhalten sicherlich nicht normierbar ist, aber trotzdem muss bei nicht vorhandener mechanischer Belüftung darauf hingewiesen werden, dass das Nutzerverhalten u. U. geändert werden muss. Wenn eine mechanische Belüftungsanlage eingebaut ist, muss sichergestellt sein, dass die Anlage hygienisch regelmäßig gewartet und kontrolliert wird. Das ist der beste Schritt zur Vermeidung möglicher raumlufthygienischer Probleme biologischer Art. Wenn man Probleme chemischer Art vermeiden will, dann sollte man bereits bei der Planung, aber erst recht bei der Ausführung darauf achten, dass verstärkt Produkte verwendet werden, die weniger emittieren. Hier gibt es erste Ansätze einer Kennzeichnung emissionsarmer Produkte, damit bereits der Architekt, der Bauherr, aber auch der Bauingenieur darauf achten kann, dass solche Produkte verstärkt verwandt werden.

Reiß:
Ich möchte noch mal auf die Möglichkeit, Außenwanddurchlasselemente einzubauen, um eine bestimmte Grundlüftung zu erreichen, eingehen. Es ist eine akzeptable Lösung, dass man alles möglichst dicht ausführt, Fensterfugen mit einer Dichtigkeit von meinetwegen unter 1,0 und durch künstliche Außenluftdurchlasselemente Luft rein lässt, um wieder eine bestimmte Grundlüftung zu erreichen. Die Frage ist dann, ob man nicht besser den a-Wert nach unten begrenzen sollte. Herr Cziesielski sagte, wir sollten die Fenster nicht wieder undicht machen. In der Energieeinsparverordnung oder in der Wärmeschutzverordnung steht, dass der a-Wert kleiner 1 sein sollte. Kleiner 1 ist auch vernünftig. Die Anforderungen sollten hier nicht geringer werden. Aber an unserem Institut gemessene Fensterwerte liegen z.T. bei 0,01 und das ist wirklich nicht notwendig. Ich würde eine untere Begrenzung auf 0,5 begrüßen, dann hätte man einen bestimmten minimalen Grundluftwechsel und das übrige Gebäude wäre dicht. Die Frage ist dann, wie kann man die Luftdichtigkeitsmessung machen und sagen, gut das Gebäude ist eigentlich dicht und die gemessene höhere Luftwechselrate kommt gewollt über die Fensterfugen. Da sehe ich noch das Problem.

Zeller:
Es gibt meiner Ansicht nach keine Gründe, die gegen eine hohe Luftdichtigkeit sprechen – auch nicht bei Häusern mit Fensterlüftung. Auch in einem Haus mit $n_{50} = 3\ h^{-1}$ reicht der Fugenluftwechsel als alleinige Lüftung bei Weitem nicht aus. Hierfür bräuchte man einen volumenbezogenen Leckagestrom n_{50} zwischen 10 und $20\ h^{-1}$. Zugerscheinungen bei Wind oder großer Kälte wären jedoch die Folge. Ich halte es deshalb für unnötig, eine Mindestluftdurchlässigkeit zu fordern. Den Fugendurchlasskoeffizienten der Fenster zusätzlich auch nach unten zu begrenzen, wie eben gefordert, macht ebenfalls wenig Sinn. Wenn die Fenster den maximal zulässigen Fugendurchlasskoeffizienten nach Wärmeschutzverordnung von $a = 1\ m^3/(h\ m\ (daPa)^{2/3})$ genau erreichen würden, dann wäre ihr Beitrag zum volumenbezogenen Leckagestrom n_{50} in einem Einfamilienhaus zwischen 0,5 und $1\ h^{-1}$. Bei realen Wetterbedingungen ergibt das eine Fugenluftwechselrate von ca. $0{,}05\ h^{-1}$. Die Fensterfugen könnten also nicht den Mindestluftwechsel sicherstellen.

Oswald:
Niemand erwartet, dass auch bei den ungünstigsten Randbedingungen der gesamte notwendige Luftwechsel allein über Luftundichtheiten erfolgt. Tatsache ist, dass mit zu-

nehmender Dichtheit die Raumluftqualität sinkt und die Schimmelproblematik anwächst.

Frage:
Wie lüften wir denn nun richtig?

Hegner:
Der frühere Umweltminister Klaus Töpfer wollte die Probleme, die Sie alle geschildert haben, mit einer sogenannten TA Innenraumluft lösen und hat dies auch im Kabinett vorgeschlagen. Der damalige Bundeskanzler hat nach Aussage von Minister Töpfer dazu gesagt: „Du Klaus, ich mach doch immer das Fenster auf." Damit war die Frage im Kabinett geklärt. Wir kommen an dieser Stelle nur weiter, indem wir auf den Nutzer einwirken. Unser Faltblatt „Richtiges Lüften und Heizen" ist das am meisten gefragte Publikationsblättchen des Bauministeriums gewesen. Wir werden auf das Nutzerverhalten einwirken müssen. Darüber hinaus möchte ich die Planer auf gut funktionierende Techniken für die Grundlüftung hinweisen. Es gibt auch relativ einfache Lösungen mit definierten Außenwandluftdurchlässen bzw. Luftdurchlässen, die im Fensterrahmen untergebracht werden. Kombiniert mit einer sehr einfachen Abluftanlage kann damit ein guter Grundluftwechsel erreicht werden, der sicherlich viele Probleme löst. In anderen Ländern Europas, z.B. in Skandinavien oder Frankreich, ist dies übrigens durchaus gang und gäbe. Ich glaube, dass auch für den Niedrighausbereich solche Techniken vernünftig anwendbar sind und der, der dieses Geld nicht ausgeben will oder der dieses Kästchen nicht haben will, der muss halt das Fenster aufmachen.

Oswald:
Sehr viele fachkundige Teilnehmer dieser Tagung beziehen – wie die Publikumsreaktionen zeigen – eine sehr kritische Position zu den Neuerungen stark verschärfter Luftdichtheitsanforderungen und ihre Prüfung durch Blower-Door-Tests. Das hat Herrn Zeller dazu veranlasst, seinen Vortrag mit der Bemerkung zu beginnen, dass der Bauer nicht frisst, was er nicht kennt. Ich glaube, das ist das falsche Sprichwort – richtiger wäre hier: „Gebranntes Kind scheut das Feuer". Fast alle anwesenden Sachverständigenkollegen schlagen sich seit vielen Jahren mit der Schimmelpilzproblematik in Wohnungen herum, die ganz wesentlich dadurch verursacht worden ist, dass auf dem Verordnungsweg die Dichtheit der Fenster und das Heizverhalten der Bewohner erheblich verändert wurden, ohne die restlichen Komponenten des Gebäudes, z.B. den Mindestwärmeschutz, den geänderten Randbedingungen anzupassen.
Jetzt erleben wir ähnliches: erneut wird über Verordnungen faktisch die Luftdichtheit weiter wesentlich erhöht, ohne zugleich genauso scharf festzulegen, wo denn der notwendige Mindestluftwechsel herkommen soll. Hier allein auf das richtige Lüftungsverhalten des Nutzers zu bauen, ist – wie die Erfahrung lehrt – für weite Bevölkerungskreise unrealistisch.

Unsere Pro + Contra-Diskussion bleibt am Ende also offen.

2. PODIUMSDISKUSSION AM 24.04.2001

Frage:
Gibt es Erfahrungen mit der Bauteilbeheizung bei Nachweis von Sommerkondensation auf Innenwänden (z.B. in Kirchen)?

Rahn:
Ich selber habe nur bedingt praktische Erfahrung dahingehend, dass das was ich für den winterlichen Wärmeschutz berechnet habe im Zusammenhang mit Erfahrungswerten sich auch für den Sommerfall umsetzen lässt. Praktische Erfahrungen konnte ich an meinem eigenen Haus, einem mittlerweile trockengelegten Altbau, sammeln. Im Sommer kommt es in wenig solarerwärmten Räumen leichter zu Sorptionsfeuchte. Dies führt beispielsweise zu welligem Teppich und ist wirklich kein Abdichtungsproblem. Durch Beheizung dieser Räume können sie im Sommer und im Winter getrocknet werden. Bei erhöhter Sorptionsfeuchte in Folge von Abkühlung der warmen feuchten Luft, die von außen z. B. in eine Kirche einströmt, können sie durch Beheizung viel erreichen.

Frage:
Ist es sinnvoll, oberflächlich ausblühende Salze auf feuchtem Kellermauerwerk, welches keine horizontale oder vertikale Abdichtung besitzt, chemisch zu bekämpfen, bevor eine äußere Abdichtung angebracht wird, nur um den Wassertransport auf der inneren Oberfläche zu unterbinden? Kann es dabei ggf. zu Gefügezerstörungen im Mörtel oder Stein/Ziegel kommen? Welche Entsalzungsmaßnahmen sind sinnvoller?

Arendt:
Wenn Sie Salze chemisch bekämpfen wollen, muss man bei jedem Objekt hinterfragen, wie sinnvoll das ist. Normalerweise findet die Salzbekämpfung in der Form statt, dass der zerstörte Putz abgeschlagen wird. Zur gesamten Sanierungsmaßnahme gehört ebenfalls, dass die Fugen ausgekratzt werden, so tief Sie es schaffen, u. U. sogar mal den einen oder anderen lockeren Ziegel entfernen. In der Regel haben Sie so eine Menge an Salzen mechanisch entfernt, so dass eine chemische Salzbekämpfung nicht mehr sinnvoll ist. Hinzukommt, dass während der Verarbeitung stark giftige Produkte eingesetzt werden. Nachdem die Reaktion stattgefunden hat, sind sie nicht mehr löslich, damit ist dann auch der Gifteffekt nicht mehr hoch anzusetzen. Gegen das schlimmste Salz, die Nitrate, gibt es keine wirksame chemische Salzbekämpfung, obwohl es immer wieder angeboten wird.

Die chemische Salzbekämpfung ist inzwischen nur noch die Ausnahme. Wenn Sie es trotzdem machen wollen, brauchen Sie die genannten Bedenken allerdings nicht zu haben. Es kommt also nicht zu Gefügezerstörungen und welche Entsalzungsmaßnahmen sinnvoll sind, habe ich bereits genannt.

Frage:
Gibt es für den Einsteiger Empfehlungen, welches Messgerät zu kaufen ist, so eine Art Stiftung Warentest? Gibt es Listen von seriösen Firmen, die Sanierungen durchführen?

Arendt:
Ein Messgerät, das Sie als Einsteiger kaufen können, gibt es in dem Sinne nicht. Mit dem CM-Gerät, das rund 1.000,– DM kostet, können Sie, wenn Sie damit nach Gebrauchsanweisung messen und mitdenken, ordentliche Ergebnisse erhalten, zumindest bei den meisten baulichen Problemen. Aber Sie haben sowohl bei Herrn Venzmer, dann auch bei mir gehört, wo die Unterschiede zu genauerem Arbeiten liegen. Sie können nicht den Durchfeuchtungsgrad erkennen. Die Mindestlaborausstattung ist ein Bohrgerät, eine Bohrkrone, ein Darrschrank und eine sehr genaue Waage. Als Kosten können Sie 8.000,– DM, besser 10.000,– DM ansetzen.

Listen von Sanierungsfirmen gibt es selbstverständlich. Diese sagen allerdings wenig über die Seriosität aus. Selbst Referenzlisten sind häufig nicht verlässlich, vor allem was die Leistungsfähigkeit eines bestimmten Verfahrens angeht: Meist werden mehrere Maßnahmen in Kombination ausgeführt und es ist im Nachhinein schwer festzustellen, auf welche Komponente das positive Ergebnis zurückzuführen ist. Ist z. B. die wesentliche Ursache einer Sockeldurchfeuchtung eine defekte Regenrinne und richtet man im Zuge der Aufstellung eines "Zauberkästchens" auch die Rinne, so kann man von einer scheinbar "erfolgreichen" Aufstellung des Kästchens berichten.

Oswald:
Im Hinblick auf die Anwendung von Messgeräten und die Bewertung von Feuchtemessverfahren möchte ich klarstellen, dass die hier gemachten, negativen Aussagen zur Anwendung von elektrischen Messverfahren des Widerstands oder der Kapazität im Wesentlichen für altes Mauerwerk gelten. Im Neubaubereich, wo meist von einer gleichartigen Baustoffzusammensetzung und nicht von Versalzungen ausgegangen werden kann, sind diese elektrischen Verfahren zur Ermittlung der Feuchteverteilung und bei unbehandeltem Holz auch zur Ermittlung der genaueren Feuchtegehalte gut geeignet. Diese Messgeräte gehören daher zu Recht auch zur Grundausstattung eines Bausachverständigen. Deshalb finden Sie auch die Anbieter solcher Verfahren in unserer Ausstellung (Adressen s. Anhang des Berichts).

Frage:
Wo sind Ihre Forschungsergebnisse zur Elektroosmose und Elektrokinese veröffentlicht worden?

Venzmer:
Die ISBN-Nummer lautet: 3-345-00774-6, Verlag Bauwesen Berlin. Wir haben im September letzten Jahres einen Workshop durchgeführt und 10 bis 12 Referenten bei uns in Wismar gehabt, die zu dem Problem vorgetragen haben. Wir wollten diese Veranstaltung nutzen, um auf eigene Ergebnisse hinzuweisen. Insofern gibt es kein einheitliches Bild, sondern unterschiedliche Meinungen werden wiedergegeben. Ein Referent war Herr Prof. Müller aus Magdeburg, der sich mit dem "Zauberkasten" auseinandergesetzt hat. Er hat u. a. Folgendes vorgestellt: es hat eine intensive Diskussion gegeben, ob so etwas eingesetzt werden kann oder nicht. Dabei gab es einen heftigen Streit der Mitbewerber untereinander. Mittlerweile gibt es einen Erlass des sächsischen Staatsministeriums für Finanzen. Ich zitiere: "Im Übrigen habe ich (das ist derjenige, der diesen Erlass unterschrieben hat) das staatliche Vermögens- und Hochbauamt Zwickau angewiesen, bei künftigen Bauleistungen der Bauwerkstrockenlegung ausschließlich Verfahren zur Vergabe zu bringen, die den anerkannten Regeln der Technik entsprechen und deren Wirksamkeit durch Zeugnisse einer anerkannten Prüfstelle nachgewiesen ist." Das ist eine wichtige Information, auf die man sich durchaus berufen kann.

Lamers:
Zu diesem Erlass möchte ich noch eine Anmerkung machen: Die Hersteller dieser Produkte sind auf der Suche nach Referenzobjekten. Staatliche Stellen gaben die Zustimmung diese Kästchen aufhängen zu lassen, da für sie keine zusätzlichen Kosten dabei entstanden sind. Angewendet wurde es mysteriöserweise bei schon sanierten Gebäuden. Der Produkthersteller ist natürlich froh, dass er sein Kästchen in ein trockenes Gebäude, welches mit einer ganz normalen, seriösen Methode gut saniert war, rein stellen konnte. Das mag zusätzlich erklären, dass gerade in den Neuen Bundesländern plötzlich so ein Boom mit diesen Kästchen war.

Frage:
Wie sind Messungen der relativen Luftfeuchte im abgedichteten Bohrloch des zu bewertenden Baustoffs und die Beurteilung der Feuchte im Baustoff über die spezifische Sorptionstherme zu beurteilen?

Arendt:
Ab einem bestimmten Durchfeuchtungsgrad bzw. einer bestimmten Wassermenge in der Wand, haben Sie nur noch die Aussage, dass Sie 100 % relative Luftfeuchte haben. Diese Art der Messung, die seit langem angeboten wird, wird unbrauchbar, wenn die Durchfeuchtung zu stark ist. Dieses Verfahren ist eigentlich nicht zu empfehlen.

Oswald:
Man sollte das etwas relativieren: Bei den häufig anzutreffenden Feuchtegehalten unter der Sorptionsfeuchte bei 100 r. F. gibt das Messverfahren brauchbare Anhaltswerte und

auch die Aussage, dass der Feuchtegehalt des Baustoffs gleich oder größer der Sorptionsfeuchte bei 100 r. F. ist, kann durchaus schon ausreichen, um z. B. die Feuchteverteilung abzuschätzen.

Arendt:
Ich möchte noch eine Anmerkung zur thermischen Bausanierung machen. Das dies nicht sinnvoll funktionieren kann, lässt sich durch folgende Berechnung belegen. Folgender Energieverbrauch bei den Systemen ist üblich: 40 Watt pro Meter pro Stunde über das ganze Jahr verteilt. 40 Watt x 24 Stunden pro Tag ergibt ein kW am Tag. Bei einem nicht besonders großen Keller werden 100 m verlegt. Das sind 100 kW pro Tag. In 365 Tagen ist das so viel Strom, dass wir bei Stromkosten von 0,30 DM/kW weit über 10.000 DM zahlen. D.h. wenn Sie höchstens ein, zwei oder drei Jahre dieses unbrauchbare Verfahren angewendet haben, hätten Sie auch das teure Mauersägeverfahren verwenden oder das Objekt mit Blattgold belegen können.

Oswald:
Wir haben an den beiden hinter uns liegenden Tagen viele ernsthafte Probleme diskutiert, es haben sich Lösungen abgezeichnet, manches ist auch offen geblieben. Unsere Referenten haben uns aber auch einige Lebensweisheiten mitgegeben, die nicht unbedingt ganz ernst gemeint sind:
Die juristische Diskussion mit Herrn Keldungs hat mich dazu veranlasst, allgemein zu empfehlen, dass man selbst zum Zigaretteneinkauf möglichst einen Juristen mitnehmen sollte.
Herr Hilmer gab den guten Rat, im Zuge von Unterfangungen bei umstürzenden Giebelwänden immer seitlich wegzulaufen.
Herr Venzmer machte klar, dass die Bauwerksanierung kein Wunschkonzert ist und warnte im Hinblick auf Bautenschutzfirmen vor Apotheken, die nur gelbe Tabletten verkaufen.
Herr Arendt schließlich empfahl vor dem Einsatz aller Messtechnik zunächst das wesentliche menschliche "Messgerät": den Kopf zu benutzen.
Wir hoffen, diesem "Messgerät" mit unserer Veranstaltung einigen Denkstoff gegeben zu haben.

Verzeichnis der Aussteller, Aachen 2001

Während der Aachener Bausachverständigentage werden in einer begleitenden Informationsausstellung den Sachverständigen und Architekten interessierende Messgeräte, Literatur und Serviceleistungen vorgestellt.

AHLBORN
Mess- und Regelungstechnik
Eichenfeldstraße 1-3, 83602 Holzkirchen,
vertreten durch: Dipl.-Ing. F. Schoenenberg,
Petunienweg 4, 50127 Bergheim
Tel.: 02271 / 94 843 · Fax: 300 710
Messgeräte für Temperatur (auch Infrarot), Feuchtigkeit, Druck, Luftgeschwindigkeit, Messwerterfassung

BLOWER-DOOR GmbH
Im Enz, 31832 Springe
Tel.: 05044 / 97 530 · Fax: 97 566
Messung von Luftundichtigkeiten in der Gebäudehülle „Blower-Door-Verfahren", Infrarotkamera, umweltbezogene Beratung und Analytik, Minneapolix Blower-Door

BUCHLADEN PONTSTRASSE 39
Pontstraße 39, 52062 Aachen
Tel.: 0241 / 28 008 · Fax: 27 179
Fachbuchhandlung, Versandservice

CalCon GmbH
Heubergstraße 3, 85598 Baldham
Tel.: 08106 / 99 74 44 · Fax: 99 74 46
Software ‚epiqr' zur kostenorientierten Bewertung v. Altbauten, Instandsetzungsbedarf, energetische Sanierung

FRANKENNE
An der Schurzelter Brücke 13, 52074 Aachen
Templergraben 48, 52062 Aachen
Tel.: 0241 / 176 011 · Fax: 171 856
Vermessungsgeräte, Messung von Maßtoleranzen, Zubehör für Aufmaße, Rissmaßstäbe, Bürobedarf; Zeichen- u. Grafikmaterial

FRAUNHOFER –
IRB INFORMATIONSZENTRUM
RAUM UND BAU
Nobelstraße 12, 70569 Stuttgart
Postfach 80 07 69, 70504 Stuttgart
Tel.: 0711 / 970-2600 · Fax: 970 29 00
SCHADIS: bebilderte Volltext-Datenbank zu Bauschäden, Literaturdatenbanken, Veröffentlichungen des IRB-Verlags

G.T.Ü.
Gesellschaft für Technische Überwachung mbH
Jahnstraße 12, 70597 Stuttgart
Tel.: 0711 / 976 76 67 · Fax: 976 76 86
Baubegleitende Qualitätsüberwachung

HEINE-OPTOTECHNIK
Kientalstraße 7, 82211 Herrsching
Tel.: 08152 / 380 · Fax: 38 202
Heine-Endoskope (netzunabhängig), Risslupe

HELIOGRAPH
Ing.-Gesellschaft für rationelle Energieverwendung mbH
Hander Weg 17, 52072 Aachen
Tel.: 0241 / 938 98 60 · Fax: 938 98 79
Thermische und energetische Untersuchung von Gebäuden, Gebäudesimulation, Vermeidung von Überhitzungen und Zugerscheinungen, Luftdichtigkeitsprüfung, Erkennung und Langzeitbeobachtung von Feuchteschäden

HF sensor GmbH
Weißenfelser Straße 67, 04229 Leipzig
Tel.: 0341 / 497 260 · Fax: 497 26 22
Hochfrequenztechnik, Mikrowellentechnik, Sensortechnik

IFB HORST GRÜN – INSTITUT FÜR BAU-PHYSIK,
Mainstraße 1, 45478 Mülheim a.d.R.
Tel.: 0208 / 469 69 10 · Fax: 48 05 94
Objektberatung, Bauphysik und Fassadentechnik, Qualitätsprüfung und Schadenssanierung

KERN INGENIEURKONZEPTE
Hagelberger Straße 17, 10965 Berlin
Tel.: 030 / 789 56 780 · Fax: 789 56 781
Bauphysik Software „Dämmwerk", Wärme-, Feuchte-, Schall- und Brandschutz

MBS MAIER BEREITSTELLUNGS-SERVICE FÜR TROCKNUNGSGERÄTE GmbH
Brunnleitenstraße 12, 82284 Grafrath
Tel.: 08144 / 93 00-0 · Fax: 15 69
Wasserschadenbeseitigung, Leckageortung, Bautrocknung/-beheizung, Messtechnik, Renovierung

MUNTERS
Trocknungs-Service GmbH
Süderstraße 167, 20537 Hamburg
Tel.: 040 / 734 16-03 · Fax: 734 16-111
Trocknungs- und Sanierungsmethoden, Brandschadenbeseitigung, Messtechniken z.B.: Thermographie, Baufeuchtemessung, Leckortung etc.

PHOTOGRAPHICS
Hauptstraße 23, 85737 Ismaning
Tel.: 089 / 96 99 720 · Fax: 96 99 7222
Digitale Bildverwaltung für Sachverständige

PROGEO
Hauptstraße 2, 14979 Großbeeren
Tel.: 03370 / 122 200 · Fax: 122 219
Dichtigkeitsprüfung, Leckmelde-, Ortungs- und Überwachungsanlagen für Dächer und Bauwerksabdichtungen

PROTIMETER
Zweigniederlassung der
BOWTHORPE GmbH
Bergische Straße 10, 42781 Haan
Tel.: 02129 / 558 150 · Fax: 558 155
Zerstörungsfreie Messverfahren, Feuchte- und Temperaturmessgeräte für Anstriche, Fußböden, Holz, Beton

ROLF H. STEFFENS
Sperlingsweg 99, 50226 Frechen
Tel.: 02234 / 64 400 · Fax: 65 573
Sachverständigenausrüster, klappbare Wiege-, Richtlatten aus Leichtmetall

SOF/TEC GmbH
Frankenbachstraße, 53498 Bad Breisig
Tel.: 02633 / 45 490 · Fax: 454 959
Immobilien Software, Wertermittlung, Bauschadensermittlung

SUSPA SPANNBETON GmbH
Germanenstraße 8, 86343 Königsbrunn
Tel.: 08231 / 96 070 · Fax: 960 740
Baufeuchtemessung, Betonprüfgeräte, Bewehrungssucher, Korrosionsanalyse, vielfältiges Zubehör zur Probenentnahme, Messlupe, Rissmaßstäbe etc.

VON DER LIECK MESSTECHNIK
Robert-Koch-Straße 6, 52525 Heinsberg
Tel.: 02452 / 96 21 40 · Fax: 962 240
Messtechnik, Bauwerksdiagnostik, Sanierung von Brand- und Wasserschäden

WÖHLER
Schützenstraße 38, 33181 Bad Wünnenberg
Tel.: 02953 / 730 · Fax: 73 88
Messgeräte, Messungen: Baufeuchte, Lüftung, Luftwechsel; Infrarotmessung, Videoinspektionssysteme, Endoskopie

Register 1975 - 2001

Rahmenthemen der Aachener Bausachverständigentage

1975 – Dächer, Terrassen, Balkone
1976 – Außenwände und Öffnungsanschlüsse
1977 – Keller, Dränagen
1978 – Innenbauteile
1979 – Dach und Flachdach
1980 – Probleme beim erhöhten Wärmeschutz von Außenwänden
1981 – Nachbesserung von Bauschäden
1982 – Bauschadensverhütung unter Anwendung neuer Regelwerke
1983 – Feuchtigkeitsschutz und -schäden an Außenwänden und erdberührten Bauteilen
1984 – Wärme- und Feuchtigkeitsschutz von Dach und Wand
1985 – Rißbildung und andere Zerstörungen der Bauteiloberfläche
1986 – Genutzte Dächer und Terrassen
1987 – Leichte Dächer und Fassaden
1988 – Problemstellungen im Gebäudeinneren – Wärme, Feuchte, Schall
1989 – Mauerwerkswände und Putz
1990 – Erdberührte Bauteile und Gründungen
1991 – Fugen und Risse in Dach und Wand
1992 – Wärmeschutz – Wärmebrücken – Schimmelpilz
1993 – Belüftete und unbelüftete Konstruktionen bei Dach und Wand
1994 – Neubauprobleme – Feuchtigkeit und Wärmeschutz
1995 – Öffnungen in Dach und Wand
1996 – Instandsetzung und Modernisierung
1997 – Flache und geneigte Dächer. Neue Regelwerke und Erfahrungen
1998 – Außenwandkonstruktionen
1999 – Neue Entwicklungen in der Abdichtungstechnik
2000 – Grenzen der Energieeinsparung – Probleme im Gebäudeinneren
2001 – Nachbesserung, Instandsetzung und Modernisierung

Verlage: bis 1978 Forum-Verlag, Stuttgart
ab 1979 Bauverlag, Wiesbaden / Berlin
ab 2001 Friedrich Vieweg & Sohn Verlagsgesellschaft mbH, Wiesbaden

Lieferbare Titel ab 1996 sind beim Vieweg Verlag zu beziehen; die Tagungsbände vor 1996 können ggf. beim AIBau bestellt werden; vergriffene Titel sind in kopierter Form über das AIBau erhältlich.

Autoren der Aachener Bausachverständigentage

(die fettgedruckte Ziffer kennzeichnet das Jahr; die zweite Ziffer die erste Seite des Aufsatzes)

Die Vorträge der Aachener Bausachverständigentage, geordnet nach Jahrgängen, Referenten und Themen

(die fettgedruckte Ziffer kennzeichnet das Jahr; die zweite Ziffer die erste Seite des Aufsatzes)

75/3
Groß, Herbert
Forschungsförderung des Landes Nordrhein-Westfalen.

75/7
Bindhardt, Walter
Der Bausachverständige und das Gericht.

75/13
Schild, Erich
Ziele und Methoden der Bauschadensforschung.
Dargestellt am Beispiel der Untersuchung des Schadensschwerpunktes Dächer, Dachterrassen, Balkone.

75/27
Hoch, Eberhard
Konstruktion und Durchlüftung zweischaliger Dächer.

75/39
Cammerer, Walter F.
Rechnerische Abschätzung der Durchfeuchtungsgefahr von Dächern infolge von Wasserdampfdiffusion.

76/5
Moelle, Peter
Aufgabenstellung der Bauschadensforschung.

76/9
Schnutz, Hans H.
Das Beweissicherungsverfahren. Seine Bedeutung und die Rolle des Sachverständigen.

76/23
Obenhaus, Norbert
Die Haftung des Architekten gegenüber dem Bauherrn.

76/43
Schild, Erich
Das Berufsbild des Architekten und die Rechtsprechung.

76/79
Schild, Erich
Untersuchung der Bauschäden an Außenwänden und Öffnungsanschlüssen.

76/109
Oswald, Rainer
Schäden am Öffnungsbereich als Schadensschwerpunkt bei Außenwänden.

76/121
Wesche, Karlhans; Schubert, Peter
Risse im Mauerwerk – Ursachen, Kriterien, Messungen.

76/143
Pfefferkorn, Werner
Längenänderungen von Mauerwerk und Stahlbeton infolge von Schwinden und Temperaturveränderungen.

76/163
Grunau, Edvard B.
Durchfeuchtung von Außenwänden.

77/7
Franzki, Harald
Die Zusammenarbeit von Richter und Sachverständigem, Probleme und Lösungsvorschläge.

77/17
Obenhaus, Norbert
Die Mitwirkung des Architekten beim Abschluß des Bauvertrages.

77/26
Zimmermann, Günter
Zur Qualifikation des Bausachverständigen.

77/49
Schild, Erich
Untersuchung der Bauschäden an Kellern, Dränagen und Gründungen.

77/68
Rogier, Dietmar
Schäden und Mängel am Dränagesystem.

77/76
Schild, Erich
Nachbesserungsmaßnahmen bei Feuchtigkeitsschäden an Bauteilen im Erdreich.

77/82
Horstschäfer, Heinz-Josef
Nachträgliche Abdichtungen mit starren Innendichtungen.

77/86
Brand, Hermann
Nachträgliche Abdichtungen auf chemischem Wege.

77/89
Herken, Gerd
Nachträgliche Abdichtungen mit bituminösen Stoffen.

77/101
Reichert, Hubert
Abdichtungsmaßnahmen an erdberührten Bauteilen im Wohnungsbau.

77/115
Muth, Wilfried
Dränung zum Schutz von Bauteilen im Erdreich.

78/5
Schild, Erich
Architekt und Bausachverständiger.

78/11
Böshagen, Fritz
Das Schiedsgerichtsverfahren.

78/17
Gehrmann, Werner
Abgrenzung der Verantwortungsbereiche zwischen Architekt, Fachingenieur und ausführendem Unternehmer.

78/38
Meyer, Hans-Gerd
Normen, bauaufsichtliche Zulassungen, Richtlinien, Abgrenzungen der Geltungsbereiche.

78/48
Aurnhammer, Hans Eberhardt
Verfahren zur Bestimmung von Wertminderungen bei Baumängeln und Bauschäden.

78/65
Schild, Erich
Untersuchung der Bauschäden an Innenbauteilen.

78/79
Oswald, Rainer
Schäden an Oberflächenschichten von Innenbauteilen.

78/90
Mayer, Horst
Verformungen von Stahlbetondecken und Wege zur Vermeidung von Bauschäden.

78/109
Arnds, Wolfgang
Rißbildungen in tragenden und nichttragenden Innenwänden und deren Vermeidung.

78/122
Schütze, Wilhelm
Schäden und Mängel bei Estrichen.

78/131
Gösele, Karl
Maßnahmen des Schallschutzes bei Decken, Prüfmöglichkeiten an ausgeführten Bauteilen.

79/7
Soergel, Carl
Die Prozeßrisiken im Bauprozeß.

79/14
Pott, Werner
Gesamtschuldnerische Haftung von Architekten, Bauunternehmern und Sonderfachleuten.

79/22
Bleutge, Peter
Umfang und Grenzen rechtlicher Kenntnisse des öffentlich bestellten Sachverständigen.

79/33
Schild, Erich
Dächer neuerer Bauart, Probleme bei der Planung und Ausführung.

79/38
Wolf, Gert
Neue Dachkonstruktionen, Handwerkliche Probleme und Berücksichtigung bei den Festlegungen, der Richtlinien des Dachdeckerhandwerks – Kurzfassung.

79/40
Gertis, Karl A.
Neuere bauphysikalische und konstruktive Erkenntnisse im Flachdachbau.

79/44
Rogier, Dietmar
Sturmschaden an einem leichten Dach mit Kunststoffdichtungsbahnen.

79/49
Kramer, Carl; Gerhardt, H. J.; Kuhnert, B.
Die Windbeanspruchung von Flachdächern und deren konstruktive, Berücksichtigung.

79/64
Schild, Erich
Fallbeispiel eines Bauschadens an einem Sperrbetondach.

79/67
Mantscheff, Jack
Sperrbetondächer, Konstruktion und Ausführungstechnik.

79/76
Zimmermann, Günter
Stand der technischen Erkenntnisse der Konstruktion Umkehrdach.

79/82
Oswald, Rainer
Schadensfall an einem Stahltrapezblechdach mit Metalleindeckung.

79/87
Stemmann, Dietmar
Konstruktive Probleme und geltende Ausführungsbestimmungen bei der Erstellung von Stahlleichtdächern.

79/101
Venter, Eckard
Metalleindeckungen bei flachen und flachgeneigten Dächern.

80/7
Bleutge, Peter
Die Haftung des Sachverständigen für fehlerhafte Gutachten im gerichtlichen und außergerichtlichen Bereich, aktuelle Rechtslage und Gesetzgebungsvorhaben.

80/24
Jagenburg, Walter
Architekt und Haftung.

80/32
Franzki, Harald
Die Stellung des Sachverständigen als Helfer des Gerichts, Erfahrungen und Ausblicke.

80/38
Schild, Erich
Veränderung des Leistungsbildes des Architekten im Zusammenhang, mit erhöhten Anforderungen an den Wärmeschutz.

80/44
Gertis, Karl A.
Auswirkung zusätzlicher Wärmedämmschichten auf das bauphysikalische Verhalten von Außenwänden.

80/49
Künzel, Helmut
Witterungsbeanspruchung von Außenwänden, Regeneinwirkung und thermische Beanspruchung.

80/57
Cammerer, Walter F.
Wärmdämmstoffe für Außenwände, Eigenschaften und Anforderungen.

80/65
Heck, Friedrich
Außenwand – Dämmsysteme, Materialien, Ausführung, Bewährung.

80/81
Rogier, Dietmar
Untersuchung der Bauschäden an Fenstern.

80/94
Klein, Wolfgang
Der Einfluß des Fensters auf den Wärmehaushalt von Gebäuden.

80/113
Seiffert, Karl
Die Erhöhung des optimalen Wärmeschutzes von Gebäuden bei erheblicher Verteuerung der Wärme-Energie.

81/7
Jagenburg, Walter
Nachbesserung von Bauschäden in juristischer Sicht.

81/14
Müller, Klaus
Der Nachbesserungsanspruch – seine Grenzen.

81/25
Schild, Erich
Probleme für den Sachverständigen bei der Entscheidung von Nachbesserungen.

81/31
Klocke, Wilhelm
Preisabschätzung bei Nachbesserungsarbeiten und Ermittlung von Minderwerten.

81/45
Rogier, Dietmar
Grundüberlegungen bei der Nachbesserung von Dächern.

81/61
Grün, Eckard
Beispiel eines Bauschadens am Flachdach und seine Nachbesserung.

81/70
Jürgensen, Nikolai
Beispiel eines Bauschadens am Balkon/Loggia und seine Nachbesserung.

81/75
Dartsch, Bernhard
Nachbesserung von Bauschäden an Bauteilen aus Beton.

81/96
Arnds, Wolfgang
Grundüberlegungen bei der Nachbesserung von Außenwänden.

81/103
Sand, Friedhelm
Beispiel eines Bauschadens an einer Außenwand mit nachträglicher Innendämmung und seine Nachbesserung.

81/108
Oswald, Rainer
Beispiel eines Bauschadens an einer Außenwand mit Riemchenbekleidung und seine Nachbesserung.

81/113
Schild, Erich
Grundüberlegungen bei der Nachbesserung von erdberührten Bauteilen.

81/121
Höffmann, Heinz
Beispiel eines Bauschadens an einem Keller in Fertigteilkonstruktion und seine Nachbesserung.

81/128
Schlotmann, Bernhard
Beispiel eines Bauschadens an einem Keller mit unzureichender Abdichtung und seine Nachbesserung.

82/7
Schild, Erich
Die besondere Situation des Architekten bei der Anwendung neuer Regelwerke und DIN-Vorschriften.

82/11
Döbereiner, Walter
Die Haftung des Sachverständigen im Zusammenhang mit den anerkannten Regeln der Technik.

82/23
Pott, Werner
Haftung von Planer und Ausführendem bei Verstößen gegen allgemein anerkannte Regeln der Bautechnik.

82/30
Hummel, Rudolf
Die Abdichtung von Flachdächern.

82/36
Oswald, Rainer
Zur Belüftung zweischaliger Dächer.

82/44
Rogier, Dietmar
Dachabdichtungen mit Bitumenbahnen.

82/54
Dahmen, Günter
Die neue DIN 4108 und die Wärmeschutzverordnung, ihre Konsequenzen für Planer und Ausführende, winterlicher und sommerlicher Wärmeschutz.

82/63
Casselmann, Hans F.
Die neue DIN 4108 und die Wärmeschutzverordnung, ihre Konsequenzen für Planer und Ausführende, Tauwasserschutz im Inneren von Bauteilen nach DIN 4108, Ausg. 1981.

82/76
Schild, Erich
Zum Problem der Wärmebrücken; das Sonderproblem der geometrischen Wärmebrücke.

82/81
Trümper, Heinrich
Wärmeschutz und notwendige Raumlüftung in Wohngebäuden.

82/91
Künzel, Helmut
Schlagregenschutz von Außenwänden, Neufassung in DIN 4108.

82/97
Pohlenz, Rainer
Die neue DIN 4109 – Schallschutz im Hochbau, ihre Konsequenzen für Planer und Ausführende.

82/109
Knop, Wolf D.
Wärmedämm-Maßnahmen und ihre schalltechnischen Konsequenzen.

83/9
Jagenburg, Walter
Abweichen von vertraglich vereinbarten Ausführungen und Änderungen bei der Nachbesserung.

83/15
Schild, Erich
Verhältnismäßigkeit zwischen Schäden und Schadensermittlung, Ausforschung – Hinzuziehen von Sonderfachleuten.

83/21
Klopfer, Heinz
Bauphysikalische Betrachtungen zum Wassertransport und Wassergehalt in Außenwänden.

83/38
Cziesielski, Erich
Außenwände – Witterungsschutz im Fugenbereich – Fassadenverschmutzung.

83/57
Casselmann, Hans F.
Feuchtigkeitsgehalt von Wandbauteilen.

83/66
Knötel, Dietbert
Schäden und Oberflächenschutz an Fassaden.

83/78
Achtziger, Joachim
Meßmethoden – Feuchtigkeitsmessungen an Baumaterialien.

83/85
Dahmen, Günter
Kritische Anmerkungen zur DIN 18195.

83/95
Rogier, Dietmar
Abdichtung erdberührter Aufenthaltsräume.

83/103
Grube, Horst
Konstruktion und Ausführung von Wannen aus wasserundurchlässigem Beton.

83/113
Oswald, Rainer
Abdichtung von Naßräumen im Wohnungsbau.

83/119
Schumann, Dieter
Schlämmen, Putze, Injektagen und Injektionen. Möglichkeiten und Grenzen der Bauwerkssanierung im erdberührten Bereich.

84/9
Pott, Werner
Regeln der Technik, Risiko bei nicht ausreichend bewährten Materialien und Konstruktionen – Informationspflichten/-grenzen.

84/16
Jagenburg, Walter
Beratungspflichten des Architekten nach dem Leistungsbild des 15 HOAI.

84/22
Schild, Erich
Fortschritt, Wagnis, Schuldhaftes Risiko.

84/33
Haferland, Friedrich
Wärmeschutz an Außenwänden – Innen-, Kern- und Außendämmung, k-Wert und Speicherfähigkeit.

84/47
Lühr, Hans Peter
Kerndämmung – Probleme des Schlagregens, der Diffusion, der Ausführungstechnik.

84/59
König, Norbert
Bauphysikalische Probleme der Innendämmung.

84/71
Oswald, Rainer
Technische Qualitätsstandards und Kriterien zu ihrer Beurteilung.

84/76
Schild, Erich
Flaches oder geneigtes Dach – Weltanschauung oder Wirklichkeit.

84/79
Rogier, Dietmar
Langzeitbewährung von Flachdächern, Planung, Instandhaltung, Nachbesserung.

84/89
Hummel, Rudolf
Nachbesserung von Flachdächern aus der Sicht des Handwerkers.

84/94
Liersch, Klaus W.
Bauphysikalische Probleme des geneigten Daches.

84/105
Dahmen, Günter
Regendichtigkeit und Mindestneigungen von Eindeckungen aus Dachziegel und Dachsteinen, Faserzement und Blech.

85/9
Jagenburg, Walter
Umfang und Grenzen der Haftung des Architekten und Ingenieurs bei der Bauleitung.

85/14
Siegburg, Peter
Umfang und Grenzen der Hinweispflicht des Handwerkers.

85/30
Schild, Erich
Inhalt und Form des Sachverstänigengutachtens.

85/38
Pilny, Franz
Mechanismus und Erfassung der Rißbildung.

85/49
Oswald, Rainer
Rissebildungen in Oberflächenschichten, Beeinflussung durch Dehnungsfugen und Haftverbund.

85/58
Rybicki, Rudolf
Setzungsschäden an Gebäuden, Ursachen und Planungshinweise zur Vermeidung.

85/68
Schubert, Peter
Rißbildung in Leichtmauerwerk, Ursachen und Planungshinweise zur Vermeidung.

85/76
Dahmen, Günter
DIN 18550 Putz, Ausgabe Januar 1985.

85/83
Künzel, Helmut
Anforderungen an die thermo-mechanischen Eigenschaften von Außenputzen zur Vermeidung von Putzschäden.

85/89
Rogier, Dietmar
Rissebewertung und Rissesanierung.

85/100
Ruffert, Günther
Ursachen, Vorbeugung und Sanierung von Sichtbetonschäden.

86/9
Vygen, Klaus
Die Beweismittel im Bauprozeß.

86/18
Jagenburg, Walter
Juristische Probleme im Beweissicherungsverfahren.

86/23
Schild, Erich
Die Nachbesserungsentscheidung zwischen Flickwerk und Totalerneuerung.

86/32
Oswald, Rainer
Zur Funktionssicherheit von Dächern.

86/38
Dahmen, Günter
Die Regelwerke zum Wärmeschutz und zur Abdichtung von genutzten Dächern.

86/51
Steinhöfel, Hans-Joachim
Nutzschichten bei Terrassendächern.

86/57
Zimmermann, Günter
Die Detailausbildung bei Dachterrassen.

86/63
Lohmeyer, Gottfried
Anforderungen an die Konstruktion von Parkdecks aus wasserundurchlässigem Beton.

86/71
Oswald, Rainer
Begrünte Dachflächen – Konstruktionshinweise aus der Sicht des Sachverständigen.

86/76
Haack, Alfred
Parkdecks und befahrbare Dachflächen mit Gußasphaltbelägen.

86/93
Hoch, Eberhard
Detailprobleme bei bepflanzten Dächern.

86/99
Wolf, Gert
Begrünte Flachdächer aus der Sicht des Dachdeckerhandwerks.

86/104
Lamers, Reinhard
Ortungsverfahren für Undichtigkeiten und Durchfeuchtungsumfang.

86/111
Rogier, Dietmar
Grundüberlegungen und Vorgehensweise bei der Sanierung genutzter Dachflächen.

87/9
Ehm, Herbert
Möglichkeiten und Grenzen der Vereinfachung von Regelwerken aus der Sicht der Behörden und des DIN.

87/16
Jagenburg, Walter
Tendenzen zur Vereinfachung von Regelwerken, Konsequenzen für Architekten, Ingenieure und Sachverständige aus der Sicht des Juristen.

87/21
Oswald, Rainer
Grenzfragen bei der Gutachtenerstattung des Bausachverständigen.

87/25
Gertis, Karl A.
Speichern oder Dämmen? Beitrag zur k-Wert-Diskussion.

87/30
Pohl, Wolf-Hagen
Konstruktive und bauphysikalische Problemstellungen bei leichten Dächern.

87/53
Schild, Erich
Das geneigte Dach über Aufenthaltsräumen, Belüftung – Diffusion – Luftdichtigkeit.

87/60
Lamers, Reinhard
Fallbeispiele zu Tauwasser- und Feuchtigkeitsschäden an leichten Hallendächern.

87/68
Kniese, Arnd
Großformatige Dachdeckungen aus Aluminium- und Stahlprofilen.

87/80
Dahmen, Günter
Stahltrapezblechdächer mit Abdichtung.

87/87
Balkow, Dieter
Glasdächer – bauphysikalische und konstruktive Probleme.

87/94
Oswald, Rainer
Fassadenverschmutzung, Ursachen und Beurteilung.

87/101
Liersch, Klaus W.
Leichte Außenwandbekleidungen.

87/109
Schaupp, Wilhelm
Außenwandbekleidungen, Einschlägige DIN-Normen und bauaufsichtliche Regelungen.

88/9
Jagenburg, Walter
Die Produzentenhaftung, Bedeutung für den Baubereich.

88/17
Werner, Ulrich
Die Grenzen des Nachbesserungsanspruchs bei Bauschäden.

88/24
Bleutge, Peter
Aktuelle Aspekte der neuen Sachverständigenordnung, Werbung des Sachverständigen.

88/32
Schild, Erich
Fragen der Aus- und Fortbildung von Bausachverständigen.

88/38
Gertis, Karl A.
Temperatur und Luftfeuchte im Inneren von Wohnungen, Einflußfaktoren, Grenzwerte.

88/45
Künzel, Helmut
Instationärer Wärme- und Feuchteaustausch an Gebäudeinnenoberflächen.

88/52
Usemann, Klaus W.
Was muß der Bausachverständige über Schadstoffimmissionen im Gebäudeinneren wissen?

88/72
Oswald, Rainer
Der Feuchtigkeitsschutz von Naßräumen im Wohnungsbau nach dem neuesten Diskussionsstand.

88/77
Herken, Gerd
Anforderungen an die Abdichtung von Naßräumen des Wohnungsbaues in DIN-Normen.

88/82
Lamers, Reinhard
Abdichtungsprobleme bei Schwimmbädern, Problemstellung mit Fallbeispielen.

88/88
Schulze, Horst
Fliesenbeläge auf Gipsbauplatten und Spanplatten in Naßbereichen.

88/100
Grosser, Dietger
Der echte Hausschwamm (Serpula lacrimans), Erkennungsmerkmale, Lebensbedingungen, Vorbeugung und Bekämpfung.

88/111
Dahmen, Günter
Naturstein- und Keramikbeläge auf Fußbodenheizung.

88/121
Pohlenz, Rainer
Schallschutz von Holzbalkendecken bei Neubau- und Sanierungsmaßnahmen.

88/135
Braun, Eberhard
Maßgenauigkeit beim Ausbau, Ebenheitstoleranzen, Anforderung, Prüfung, Beurteilung.

89/9
Bleutge, Peter
Urheberschutz beim Sachverständigengutachten, Verwertung durch den Auftraggeber, Eigenverwertung durch den Sachverständigen.

89/15
Neuenfeld, Klaus
Die Feststellung des Verschuldens des objektüberwachenden Architekten durch den Sachverständigen.

89/21
Soergel, Carl
Die Prüfungs- und Hinweispflicht der am Bau Beteiligten.

89/27
Schild, Erich
Mauerwerksbau im Spannungsfeld zwischen architektonischer Gestaltung und Bauphysik.

89/35
Kirtschig, Kurt
Zur Funktionsweise von zweischaligem Mauerwerk mit Kerndämmung.

89/41
Dahmen, Günter
Wasseraufnahme von Sichtmauerwerk, Prüfmethoden und Aussagewert.

89/48
Pauls, Norbert
Ausblühungen von Sichtmauerwerk, Ursachen – Erkennung – Sanierung.

89/55
Lamers, Reinhard
Sanierung von Verblendschalen dargestellt an Schadensfällen.

89/61
Pfefferkorn, Werner
Dachdecken- und Geschoßdeckenauflage bei leichten Mauerwerkskonstruktionen, Erläuterungen zur DIN 18530 vom März 1987.

89/75
Jeran, Alois
Außenputz auf hochdämmendem Mauerwerk, Auswirkung der Stumpfstoßtechnik.

89/87
Schubert, Peter
Aussagefähigkeit von Putzprüfungen an ausgeführten Gebäuden, Putzzusammensetzung und Druckfestigkeit.

89/95
Cziesielski, Erich
Mineralische Wärmedämmverbundsysteme, Systemübersicht, Befestigung und Tragverhalten, Rißsicherheit, Wärmebrückenwirkung, Detaillösungen.

89/109
Künzel, Helmut
Wärmestau und Feuchtestau als Ursachen von Putzschäden bei Wärmedämmverbundsystemen.

89/115
Oswald, Rainer
Die Beurteilung von Außenputzen, Strategien zur Lösung typischer Problemstellungen.

89/122
Weber, Helmut
Anstriche und rißüberbrückende Beschichtungssysteme auf Putzen.

90/9
Bleutge, Peter
Beweiserhebung statt Beweissicherung.

90/17
Jagenburg, Walter
Juristische Probleme bei Gründungsschäden.

90/25
Schild, Erich
Allgemein anerkannte Regeln der Bautechnik.

90/35
Bölling, Willy H.
Gründungsprobleme bei Neubauten neben Altbauten, zeitlicher Verlauf von Setzungen.

90/41
Arnold, Karlheinz
Erschütterungen als Rißursachen.

90/49
Weber, Ulrich
Bergbauliche Einwirkungen auf Gebäude, Abgrenzungen und Möglichkeiten der Sanierung und Vermeidung.

90/61
Prinz, Helmut
Grundwasserabsenkung und Baumbewuchs als Ursache von Gebäudesetzungen.

90/69
Hilmer, Klaus
Ermittlung der Wasserbeanspruchung bei erdberührten Bauwerken.

90/80
Dahmen, Günter
Dränung zum Schutz baulicher Anlagen, Neufassung DIN 4095.

90/91
Cziesielski, Erich
Wassertransport durch Bauteile aus wasserundurchlässigem Beton, Schäden und konstruktive Empfehlungen.

90/101
Arendt, Claus
Verfahren zur Ursachenermittlung bei Feuchtigkeitsschäden an erdberührten Bauteilen.

90/108
Schumann, Dieter
Nachträgliche Innenabdichtungen bei erdberührten Bauteilen.

90/121
Hübler, Manfred
Bauwerkstrockenlegung, Instandsetzung feuchter Grundmauern.

90/130
Lamers, Reinhard
Unfallverhütung beim Ortstermin.

90/135
Kamphausen, P. A.
Bewertung von Verkehrswertminderungen bei Gebäudeabsenkungen und Schieflagen.

90/143
Kamphausen, P. A.
Bausachverständige im Beweissicherungsverfahren.

91/9
Werner, Ulrich
Auslegung von HOAI und VOB, Aufgabe des Sachverständigen oder des Juristen?

91/22
Mauer, Dietrich
Auslegung und Erweiterung der Beweisfragen durch den Sachverständigen.

91/27
Jagenburg, Walter
Die außervertragliche Baumängelhaftung.

91/35
Cziesielski, Erich
Gebäudedehnfugen.

91/43
Pfefferkorn, Werner
Erfahrungen mit fugenlosen Bauwerken.

91/49
Dahmen, Günter
Dehnfugen in Verblendschalen.

91/57
Schellbach, Gerhard
Mörtelfugen in Sichtmauerwerk und Verblendschalen.

91/72
Baust, Eberhard
Fugenabdichtung mit Dichtstoffen und Bändern.

91/82
Lamers, Reinhard
Dehnfugenabdichtung bei Dächern.

91/88
Hauser, Gerd; Maas, Anton
Auswirkungen von Fugen und Fehlstellen in Dampfsperren und Wärmedämmschichten.

91/96
Oswald, Rainer
Grundsätze der Rißbewertung.

91/100
Schießl, Peter
Risse in Sichtbetonbauteilen.

91/105
Fix, Wilhelm
Das Verpressen von Rissen.

91/111
Jürgensen, Nikolai
Öffnungsarbeiten beim Ortstermin.

92/9
Vogel, Eckhard
Europäische Normung, Rahmenbedingungen, Verfahren der Erarbeitung, Verbindlichkeit, Grundlage eines einheitlichen europäischen Baumarktes und Baugeschehens.

92/20
Bleutge, Peter
Aktuelle Probleme aus dem Gesetz über die Entschädigung von Zeugen und Sachverständigen (ZSEG).

92/33
Schild, Erich
Zur Grundsituation des Sachverständigen bei der Beurteilung von Schimmelpilzschäden.

92/42
Ehm, Herbert
Die zukünftigen Anforderungen an die Energieeinsparung bei Gebäuden, die Neufassung der Wärmeschutzverordnung.

92/46
Achtziger, Joachim
Wärmebedarfsberechnung und tatsächlicher Wärmebedarf, die Abschätzung des erhöhten Heizkostenaufwandes bei Wärmeschutzmängeln.

92/54
Trümper, Heinrich
Natürliche Lüftung in Wohnungen.

92/64
Hausladen, Gerhard
Lüftungsanlagen und Anlagen zur Wärmerückgewinnung in Wohngebäuden.

92/65
Zeller, M.; Ewert, M.
Berechnung der Raumströmung und ihres Einflusses auf die Schwitzwasser- und Schimmelpilzbildung auf Wänden.

92/70
Pult, Peter
Krankheiten durch Schimmelpilze.

92/73
Erhorn, Hans
Bauphysikalische Einflußfaktoren auf das Schimmelpilzwachstum in Wohnungen.

92/84
Arndt, Horst
Konstruktive Berücksichtigung von Wärmebrücken, Balkonplatten, Durchdringungen, Befestigungen.

92/90
Oswald, Rainer
Die geometrische Wärmebrücke, Sachverhalt und Beurteilungskriterien.

92/98
Hauser, Gerd
Wärmebrücken, Beurteilungsmöglichkeiten und Planungsinstrumente.

92/106
Dahmen, Günter
Die Bewertung von Wärmebrücken an ausgeführten Gebäuden, Vorgehensweise, Meßmethoden und Meßprobleme.

92/115
Kießl, Kurt
Wärmeschutzmaßnahmen durch Innendämmung, Beurteilung und Anwendungsgrenzen aus feuchtetechnischer Sicht.

92/125
Cziesielski, Erich
Die Nachbesserung von Wärmebrücken durch Beheizung der Oberflächen.

93/9
Werner, Ulrich
Erfahrungen mit der neuen Zivilprozeßordnung zum selbständigen Beweisverfahren.

93/17
Bleutge, Peter
Der deutsche Sachverständige im EG-Binnenmarkt – Selbständiger, Gesellschafter oder Angestellter, Tendenzen in der neuen Muster-SVO des DIHT.

93/24
Meyer, Hans Gerd
Brauchbarkeits-, Verwendbarkeits- und Übereinstimmungsnachweise nach der neuen Musterbauordnung.

93/29
Cziesielski, Erich
Belüftete Dächer und Wände, Stand der Technik.

93/38
Künzel, Helmut; Großkinsky, Theo
Das unbelüftete Sparrendach, Meßergebnisse, Folgerungen für die Praxis.

93/46
Liersch, Klaus W.
Die Belüftung schuppenförmiger Bekleidungen, Einfluß auf die Dauerhaftigkeit.

93/54
Schulze, Horst
Holz in unbelüfteten Konstruktionen des Wohnungsbaus.

93/65
Stauch, Detlef
Unbelüftete Dächer mit schuppenförmigen Eindeckungen aus der Sicht des Dachdeckerhandwerks.

93/69
Steger, Wolfgang
Die Tragkonstruktionen und Außenwände der Fertigungsbauarten in den neuen Bundesländern – Mängel, Schäden mit Instandsetzungs- und Modernisierungshinweisen.

93/75
Friedrich, Rolf
Die Dachkonstruktionen der Fertigteilbauweisen in den neuen Bundesländern, Erfahrungen, Schäden, Sanierungsmethoden.

93/92
Tanner, Christoph
Die Messung von Luftundichtigkeiten in der Gebäudehülle.

93/85
Dahmen, Günter
Leichte Dachkonstruktionen über Schwimmbädern – Schadenserfahrungen und Konstruktionshinweise.

93/100 Oswald, Rainer
Zur Prognose der Bewährung neuer Bauweisen, dargestellt am Beispiel der biologischen Bauweisen.

93/108
Lamers, Reinhard
Wintergärten, Bauphysik und Schadenserfahrung.

94/9
Motzke, Gerd
Mängelbeseitigung vor und nach der Abnahme – Beeinflussen Bauzeitabschnitte die Sachverständigenbegutachtung?

94/17
Weidhaas, Jutta
Die Zertifizierung von Sachverständigen.

94/21
Tredopp, Rainer
Qualitätsmanagement in der Bauwirtschaft.

94/26
Schlapka, Franz-Josef
Qualitätskontrollen durch den Sachverständigen.

94/35
Dahmen, Günter
Die neue Wärmeschutzverordnung und ihr Einfluß auf die Gestaltung von Neubauten.

94/46
Schickert, Gerald
Feuchtemeßverfahren im kritischen Überblick.

94/64
Kießl, Kurt
Feuchteeinflüsse auf den praktischen Wärmeschutz bei erhöhtem Dämmniveau.

94/72
Oswald, Rainer
Baufeuchte – Einflußgrößen und praktische Konsequenzen.

94/79
Schubert, Peter
Feuchtegehalte von Mauerwerkbaustoffen und feuchtebeeinflußte Eigenschaften.

94/86
Schnell, Werner
Das Trocknungsverhalten von Estrichen – Beurteilung und Schlußfolgerungen für die Praxis.

94/97
Grosser, Dietger
Feuchtegehalte und Trocknungsverhalten von Holz und Holzwerkstoffen.

94/111
Oswald, Rainer
Das aktuelle Thema: Gesundheitsrisiken durch Faserdämmstoffe? Konsequenzen für Planer und Sachverständige.

94/112
Lohrer, Wolfgang
Das aktuelle Thema: Gesundheitsrisiken durch Faserdämmstoffe? Konsequenzen für Planer und Sachverständige.

94/114
Muhle, Hartwig
Das aktuelle Thema: Gesundheitsrisiken durch Faserdämmstoffe? Konsequenzen für Planer und Sachverständige.

94/118
Draeger, Utz
Das aktuelle Thema: Gesundheitsrisiken durch Faserdämmstoffe? Konsequenzen für Planer und Sachverständige.

94/120
Royar, Jürgen
Das aktuelle Thema: Gesundheitsrisiken durch Faserdämmstoffe? Konsequenzen für Planer und Sachverständige.

94/124
Diskussion Gesundheitsgefährdung durch künstliche Mineralfasern?

94/128
Anhang zur Mineralfaserdiskussion Presseerklärung des Bundesministeriums für Umwelt, Naturschutz und Reaktorsicherheit und des Bundesministeriums für Arbeit vom 18. 3. 1994.

94/130
Lamers, Reinhard
Feuchtigkeit im Flachdach – Beurteilung und Nachbesserungsmethoden.

94/139
Hupe, Hans-Heiko
Leitungswasserschäden – Ursachenermittlung und Beseitigungsmöglichkeiten.

94/146
Jebrameck, Uwe
Technische Trocknungsverfahren.

95/9
Motzke, Gerd
Übertragung von Koordinierungs- und Planungsaufgaben auf Firmen und Hersteller, Grenzen und haftungsrechtliche Konsequenzen für Architekten und Ingenieure.

95/23
Kolb, E. A.
Die Rolle des Bausachverständigen im Qualitätsmanagement.

95/35
Erhorn, Hans
Die Bedeutung von Mauerwerksöffnungen für die Energiebilanz von Gebäuden.

95/51
Balkow, Dieter
Dämmende Isoliergläser – Bauweise und bauphysikalische Probleme.

95/55
Pohl, Wolf-Hagen
Der Wärmeschutz von Fensteranschlüssen in hochwärmegedämmten Mauerwerksbauten.

95/74
Schmid, Josef
Funktionsbeurteilungen bei Fenstern und Türen.

95/92
Memmert, Albrecht
Das Berufsbild des unabhängigen Fassadenberaters.

95/109
Pohlenz, Rainer
Schallschutz – Fenster und Lichtflächen.

95/119
Oswald, Rainer
Die Abdichtung von niveaugleichen Türschwellen.

95/125
Schulze, Jörg
Das aktuelle Thema: Der Streit um das "richtige" Fenster im Altbau.

95/127
Löfflad, Hans
Das aktuelle Thema: Der Streit um das "richtige" Fenster im Altbau.

95/131
Gerwers, Werner
Das aktuelle Thema: Der Streit um das "richtige" Fenster im Altbau.

95/133
Willmann, Klaus
Das aktuelle Thema: Der Streit um das "richtige" Fenster im Altbau.

95/135
Dahmen, Günter
Rolläden und Rolladenkästen aus bauphysikalischer Sicht.

95/142
Horstmann, Herbert
Lichtkuppeln und Rauchabzugsklappen – Bauweisen und Abdichtungsprobleme.

95/151
Froelich, Hans
Dachflächenfenster – Abdichtung und Wärmeschutz.

96/9
Jagenburg, Walter
Baumängel im Grenzbereich zwischen Gewährleistung und Instandhaltung

96/15
Arlt, Joachim
Die Instandsetzung als Planungsleistung – Leistungsbild, Vertragsgestaltung, Honorierung, Haftung

96/23
Oswald, Rainer
Instandsetzungsbedarf und Instandsetzungsmaßnahmen am Altbaubestand Deutschlands – ein Überblick

96/31
Lamers, Reinhard
Nachträglicher Wärmeschutz im Baubestand

96/40
Meisel, Ulli
Einfache Untersuchungsgeräte und -verfahren für Gebäudebeurteilungen durch den Sachverständigen

96/49
Franke, Lutz
Imprägnierungen und Beschichtungen auf Sichtmauerwerks- und Natursteinfassaden – Entwicklungen und Erkenntnisse

96/56
Fuhrmann, Günter
Beschichtungssysteme für Flachdächer – Beurteilungsgrundsätze und Leistungserwartungen

96/65
Brenne, Winfried
Balkoninstandsetzung und Loggiaverglasung – Methoden und Probleme

96/74
Gerner, Manfred
Das aktuelle Thema: Die Fachwerksanierung im Widerstreit zwischen Nutzerwünschen, Wärmeschutzanforderungen und Denkmalpflege; Fachwerkinstandsetzung und Fachwerkmodernisierung aus der Sicht der Denkmalpflege

96/78
Künzel, Helmut
Das aktuelle Thema: Die Fachwerksanierung im Widerstreit zwischen Nutzerwünschen, Wärmeschutzanforderungen und Denkmalpflege; Instandsetzung und Modernisierung von Fachwerkhäusern für heutige Wohnanforderungen

96/81
Nuss, Ingo
Beurteilungsprobleme bei Holzbauteilen

96/94
Dahmen, Günter
Nachträgliche Querschnittsabdichtungen – ein Systemvergleich

96/105
Weber, Helmut
Sanierputz im Langzeiteinsatz – ein Erfahrungsbericht

97/9
Sangenstedt, Hans Rudolf
Rolle und Haftung des staatlich anerkannten Sachverständigen

97/17
Jagenburg, Walter
Dreißigjährige Gewährleistung als Regelfall? Das Organisationsverschulden

97/25
Bleutge, Peter
Erfahrungen mit dem ZSEG

97/35
Borsch-Laaks, Robert
Diskussionsstand und Regelwerke zur Luftdichtheit von Dächern

97/50
Stauch, Detlef
Neue Beurteilungskriterien für Unterdächer, Unterdeckungen und Unterspannungen im ausgebauten Dach

97/56
Adriaans, Richard
Zellulosedämmstoffe im geneigten Dach – ein Erfahrungsbericht

97/63
Oswald, Rainer; Dahmen, Günter
Dämmelemente beim Dachausbau – Systeme und Probleme

97/70
Dahmen, Günter
Das unbelüftete Blechdach und die Regelwerke des Klempnerhandwerks

97/78
Künzel, Hartwig M.
Untersuchungen an unbelüfteten Blechdächern

97/84
Oswald, Rainer
Pfützen auf dem Dach – ein ewiger Streitpunkt?

97/91
Bauder, Paul-Hermann
Das aktuelle Thema: Argumente für einlagige Abdichtungen aus Bitumenbahnen

97/92
Herken, Gerd
Das aktuelle Thema: DIN 18195 Bauwerksabdichtungen, Teile 1 – 6, Entwurf Dezember 1996

97/95
Krings, Jürgen
Abdichtung mit Flüssigkunststoffen

97/98
Stauch, Detlef
Anforderungen an Dachabdichtungssysteme

97/100
Deutsche Bauchemie
Stellungnahme für den Tagungsband "Aachener Bausachverständigentage 1997"

97/101
Haack, Alfred
Die Abdichtung von Fugen in Flachdächern und Parkdecks aus WU-Beton

97/114
Kurth, Norbert
Schadenprobleme bei Pflasterbelägen auf Parkdecks und Parkplatzflächen

97/119
Cziesielski, Erich
Der Diskussionsstand beim Umkehrdach

98/9
Motzke, Gerd
Minderwert und Schadenersatzansprüche bei Baumängeln aus juristischer Sicht

98/22
Eschenfelder, Dieter
Gebrauchstauglichkeit von Bauprodukten

98/27
Oswald, Rainer
Beurteilungsgrundsätze für hinzunehmende Unregelmäßigkeiten

98/32
Becker, Klaus
Moderner Holzbau – Schwachstellen und Beurteilungsprobleme

98/40
Cziesielski, Erich
Keramische Beläge auf wärmegedämmten Außenwänden

98/50
Oster, Karl Ludwig
Die Nachbesserung und Sanierung von Wärmedämmverbundsystemen

98/57
Gierlinger, Erwin
Putz im Sockelbereich

98/70
Künzel, Helmut
Erfahrungen mit zweischaligem Mauerwerk – Kerndämmung, Hinterlüftung, Vormauerschale, Außenputz

98/77
Pohl, Reiner
Beurteilungsprobleme bei Stürzen, Konsolen und Ankern in Verblendschalen

98/82
Schubert, Peter
Keine Probleme mit Putz auf Leichtmauerwerk

98/85
Gierlinger, Erwin
Putzrisse auf Leichtmauerwerk – ist der Stein oder der Putz ursächlich?

98/90
Künzel, Helmut
Die Putze sind dem Mauerwerk anzupassen

98/92
Dahmen, Günter
Sonnenschutz in der Praxis – Welcher Sonnenschutz ist bei nicht klimatisierten Gebäuden geschuldet?

98/101
Blaich, Jürgen
Algen auf Fassaden

98/108
Oswald, Rainer
Die Wasserführung auf Fassaden – Fassadenverschmutzung und der Streit über die richtige Tropfkante

---

99/9
Oswald, Rainer
Neue Bauweisen und Bauschadensforschung

99/13
Soergel, Carl
Entwicklungen im privaten Baurecht

99/34
Jagenburg, Walter
Baurecht als Hemmschuh der technischen Entwicklung?

99/46
Bleutge, Peter
Entwicklungen im Berufsbild und in der Haftung des Sachverständigen

99/59
Braun, Eberhard
Die neue DIN 18 195 – Bauwerksabdichtungen

99/65
Stauch, Detlef
Die Entwicklung des Regelwerkes des deutschen Dachdeckerhandwerks

99/72
Dahmen, Günter
Erfahrungen und Regeln zu spachtelbaren Naßraumabdichtungen

99/81
Ebeling, Karsten
Konstruktionsregeln für Wannen aus WU-Beton

99/90
Klopfer, Heinz
Wassertransport und Beschichtungen bei WU-Beton-Wannen

99/100
Kohls, Arno
Anwendungsmöglichkeiten und -grenzen von Dickbeschichtungen

99/105
Buss, Eckart
Bitumen als Abdichtungs-/Konservierungsstoff

99/112
Warmbrunn, Dietmar
Große VBN-Umfrage unter öffentlich bestellten und vereidigten (Bau-) Sachverständigen

99/121
Oswald, Rainer
Die Berücksichtigung von Dickbeschichtungen in DIN E 18 195: 1998-9

99/127
Ruhnau, Ralf
Abdichtungen von Neubauten mit Betonit

99/135
Kabrede, Hans-Axel
Nachträgliches Abdichten erdberührter Bauteile

99/141
Lamers, Reinhard
Prüfmethoden für Bauwerksabdichtungen

00/9
Oswald, Rainer
Qualitätsprobleme – bei Bauträgerprojekten systembedingt?

00/15
Schulze-Hagen, Alfons
Die Haftung bei Qualitätskontrollen

00/26
Bleutge, Peter
Der Diskussionsstand zur Entschädigung des gerichtlich tätigen Sachverständigen

00/33
Dahmen, Günther
Die neue Energieeinsparverordnung – Konsequenzen für die Baupraxis und die Arbeit des Sachverständigen

00/42
Wolff, Dieter
Haustechnik und Energieeinsparung – Beurteilungsprobleme für den Sachverständigen

00/48
Achtziger, Joachim
Leisten neue Dämmmethoden, was sie versprechen?
– Kalziumsilikatplatten, hochdämmende Beschichtungen –

00/56
Metzemacher, Heinrich
Gipsputz und Kalziumsulfatestrich – im Wohnungsbad fehl am Platz?

00/62
Voos, Rudolf
Stolperstufen, Überzähne, Rutschgefahr – Problemfälle bei Fliesenbelägen

00/69
Quack, Friedrich
DIN-Normen und andere technische Regeln – ein nur bedingt geeigneter Bewertungsmaßstab?

00/72
Vogel, Eckhard
DIN-Normen und andere technische Regeln – ein nur bedingt geeigneter Bewertungsmaßstab?

00/80
Oswald, Rainer
Die Bedeutung von technischen Regeln für die Arbeit des Bausachverständigen, erläutert am Beispiel der Dichtstoff-Fußboden-Randfuge

00/86
Moriske, Heinz-Jörn
Plötzlich auftretende „schwarze" Ablagerungen in Wohnungen – das „Fogging"-Phänomen

00/92
Froelich, Hans
Haus- und Wohnungstüren: Verformungsprobleme und Schallschutz

00/100
Lamers, Reinhard
Die Bewährung innen gedämmter Fachwerkbauten

01/1
Keldungs, Karl-Heinz
Die "Unmöglichkeit" und "Unverhältnismäßigkeit" einer Nachbesserung aus juristischer Sicht

01/5
Jagenburg, Walter
Rechtliche Probleme bei Bauleistungen im Bestand

01/10
Hegner, Hans-Dieter
Die energetische Ertüchtigung des Baubestandes

01/20
Oswald, Rainer
Alte und neue Risse im Bestand – Beurteilungsregeln und -probleme

01/27
Hilmer, Klaus
Schäden bei Unterfangungen – die neue DIN 4123

01/39
Grünberger, Anton
Biozide, rissüberbrückende und schmutzabweisende Beschichtungen – ein Erfahrungsbericht

01/42
Wetzel, Christian
Rechnerunterstützte, systematische Zustandsbeschreibung von Gebäuden – der EPIQR-Gebäudepass

01/50
Cziesielski, Erich
Hinterlüftete Wärmedämmverbundsysteme im Altbau – sinnvoll oder risikoreich?

01/57
Hegner, Hans-Dieter
Das aktuelle Thema: Wie luftdicht muss ein Gebäude sein?
Die Berücksichtigung der Luftdichtheit in der EnEV

01/59
Reiß, Johann
Das aktuelle Thema: Wie luftdicht muss ein Gebäude sein?
Effektivität von Lüftungsanlagen im praktischen Einsatz – Wie groß ist der Einfluss des Nutzers?

01/67
Zeller, Joachim
Das aktuelle Thema: Wie luftdicht muss ein Gebäude sein?
Möglichkeiten und Grenzen der Luftdichtheitsprüfung

01/71
Dahmen, Günter
Das aktuelle Thema: Wie luftdicht muss ein Gebäude sein?
Typische Schwachstellen der Luftdichtheit; die Luftdichtheit als Beurteilungsproblem

01/76
Moriske, Heinz-Jörn
Das aktuelle Thema: Wie luftdicht muss ein Gebäude sein?
Luftwechselrate und Auswirkungen auf die Raumluftqualität

01/81
Venzmer, H.
Dauerthema aufsteigende Feuchte – Programmierte Fehlschläge, Lösungsansätze und Perspektiven für die Baupraxis

01/95
Rahn, Axel C.
Bauteilheizung als Maßnahme gegen aufsteigende Feuchtigkeit

01/103
Arendt, Claus
Der Aussagewert und die Praxistauglichkeit von Feuchtemessmethoden bei aufsteigender Feuchtigkeit

01/111
Lamers, Reinhard
„Elektronische Wundermittel" und andere Exotika zur Beseitigung von Mauerfeuchte

Stichwortverzeichnis

(die fettgedruckte Ziffer kennzeichnet das Jahr; die zweite Ziffer die erste Seite des Aufsatzes)

vieweg